2018 中文版

AutoCAD

从新手到高手

龙马高新教育 策划 贺小叶 编著

U0393180

人民邮电出版社

北京

图书在版编目（ＣＩＰ）数据

AutoCAD 2018中文版从新手到高手 / 贺小叶编著
. -- 北京 ：人民邮电出版社，2018.4
ISBN 978-7-115-48099-6

Ⅰ．①A… Ⅱ．①贺… Ⅲ．①AutoCAD软件 Ⅳ.
①TP391.72

中国版本图书馆CIP数据核字(2018)第056963号

内 容 提 要

本书以服务零基础读者为宗旨，用实例引导读者学习，深入浅出地介绍了 AutoCAD 2018 的相关知识和应用方法。

全书分为 6 篇，共 19 章。第 1 篇【基础入门篇】介绍了 AutoCAD 2018 的基础知识和基本设置等内容；第 2 篇【二维图形篇】介绍了图层、图块、绘制基本二维图形、编辑二维图形图像及绘制和编辑复杂二维图形等内容；第 3 篇【辅助绘图篇】介绍了文字与表格、尺寸标注、智能标注、编辑标注，以及查询与参数化设置等内容；第 4 篇【三维图形篇】介绍了绘制三维图形、编辑三维图形，以及渲染实体等内容；第 5 篇【综合案例篇】介绍了机械设计案例、家具设计案例以及建筑设计案例等内容；第 6 篇【高手秘籍篇】介绍了 AutoCAD 与 3D 打印、AutoCAD 2018 的辅助工具等内容。

本书附赠 14 小时与图书内容同步的视频教程，以及所有案例的配套素材和结果文件。此外，还附赠纸质《AutoCAD 2018 常用命令随身查》和大量电子版相关学习资源供读者扩展学习。

本书不仅适合 AutoCAD 2018 的初、中级用户学习使用，也可以作为各类院校相关专业学生和计算机辅助设计培训班学员的教材或辅导用书。

◆ 策　　划　龙马高新教育
　　编　　著　贺小叶
　　责任编辑　张　翼
　　责任印制　马振武

◆ 人民邮电出版社出版发行　　北京市丰台区成寿寺路 11 号
　　邮编　100164　　电子邮件　315@ptpress.com.cn
　　网址　http://www.ptpress.com.cn
　　三河市潮河印业有限公司印刷

◆ 开本：787×1092　1/16
　　印张：24
　　字数：585 千字　　　　　　　　　　2018 年 4 月第 1 版
　　印数：1 – 3 500 册　　　　　　　　 2018 年 4 月河北第 1 次印刷

定价：59.80 元

读者服务热线：(010)81055410　印装质量热线：(010)81055316
反盗版热线：(010)81055315
广告经营许可证：京东工商广登字 20170147 号

计算机是现代信息社会的重要工具，掌握丰富的计算机知识，正确熟练地操作计算机已成为信息时代对每个人的要求。为满足广大读者的学习需要，我们针对不同学习对象的接受能力，总结了多位计算机高手、高级设计师及电脑教育专家的经验，精心编写了这套"从新手到高手"丛书。

丛书主要内容

本套丛书涉及读者在日常工作和学习中各个常见的计算机应用领域，在介绍软、硬件的基础知识及具体操作时，均以读者经常使用的软、硬件版本为主，在必要的地方兼顾其他版本，以满足不同领域读者的需求。本套丛书主要包括以下品种。

《学电脑从新手到高手》	《电脑办公从新手到高手》
《Office 2013 从新手到高手》	《Word/Excel/PowerPoint 2013 三合一从新手到高手》
《Word/Excel/PowerPoint 2007 三合一从新手到高手》	《Word/Excel/PowerPoint 2010 三合一从新手到高手》
《PowerPoint 2013 从新手到高手》	《PowerPoint 2010 从新手到高手》
《Excel 2016 从新手到高手》	《Office VBA 应用从新手到高手》
《Dreamweaver CC 从新手到高手》	《Photoshop CC 从新手到高手》
《AutoCAD 2016 从新手到高手》	《AutoCAD 2017 从新手到高手》
《Windows 7 + Office 2013 从新手到高手》	《AutoCAD 2018 中文版从新手到高手》
《黑客攻防从新手到高手》	《Photoshop CS6 从新手到高手》
《淘宝网开店、管理、营销实战从新手到高手》	《SPSS 统计分析从新手到高手》
《HTML+CSS+JavaScript 网页制作从新手到高手》	《老年人学电脑从新手到高手》
《Windows 10 从新手到高手》	《MATLAB 2014 从新手到高手》
《AutoCAD + 3ds Max+ Photoshop 建筑设计从新手到高手》	《Project 2013 从新手到高手》

本书特色

+ 零基础、入门级的讲解

无论读者是否从事相关行业，是否使用过 AutoCAD 2018，都能从本书中找到最佳起点。本书入门级的讲解，可以帮助读者快速地从新手迈向高手的行列。

+ 精心排版，实用至上

双色印刷既美观大方，又能够突出重点、难点。精心编排的内容能够帮助读者深入理解所学知识并实现触类旁通。

+ 实例为主，图文并茂

在介绍的过程中，每个知识点均配有实例辅助讲解，每个操作步骤均配有对应的插图以加深认识。这种图文并茂的方法，能够使读者在学习过程中直观、清晰地看到操作过程和效果，便于深刻理解和掌握相关知识。

＋ 高手指导，扩展学习

本书在每章的最后以"高手私房菜"的形式为读者提炼了各种高级操作技巧，同时在全书最后的"高手秘籍篇"中，还总结了大量实用的操作方法，以便读者学习到更多内容。

＋ 单双混排，超大容量

本书采用单双栏混排的形式，大大扩充了信息容量，在将近 400 页的篇幅中容纳了传统图书 700 多页的内容。这样，就能在有限的篇幅中为读者奉送更多的知识和实战案例。

＋ 视频教程，手册辅助

本书配套的视频教程内容与书中的知识点紧密结合并相互补充，帮助读者体验实际应用环境，并借此掌握日常所需的技能和各种问题的处理方法，达到学以致用的目的。赠送的纸质手册，更是大大增强了本书的实用性。

◎ 视频教程

＋ 14 小时全程同步视频教程

视频教程涵盖本书的所有知识点，详细讲解了每个实例的操作过程和关键要点，帮助读者轻松掌握书中的操作方法和技巧，而扩展的讲解部分则可使读者获得更多相关的知识和内容。

＋ 超多、超值资源大放送

除了与图书内容同步的视频教程外，本书还通过云盘奉送了大量超值学习资源，包括 AutoCAD 2018 软件安装视频教程、AutoCAD 2018 快捷键查询手册电子书、100 套 AutoCAD 设计源文件、110 套 AutoCAD 行业图纸、6 小时 AutoCAD 机械设计视频教程、3 小时 AutoCAD 建筑设计视频教程、7 小时 AutoCAD 室内装潢设计视频教程、50 套精选 3ds Max 设计源文件、5 小时 3ds Max 视频教程、9 小时 Photoshop CC 视频教程、AutoCAD 官方认证考试大纲和样题，以及本书配套教学用 PPT 文件等超值资源，以方便读者扩展学习。

✿ 二维码视频教程学习方法

为了方便读者学习，本书以二维码的方式提供了大量视频教程。读者在手机上使用微信、QQ 等软件的"扫一扫"功能扫描二维码，即可通过手机观看视频教程。

✿ 扩展学习资源下载方法

除同步视频教程外，本书额外赠送了大量扩展学习资源。读者可以使用微信扫描封面二维码，关注"职场研究社"公众号，发送"48099"后，将获得资源下载链接和提取码。将下载链接复制到任何浏览器中并访问下载页面，即可通过提取码下载本书的扩展学习资源。

✿ 龙马高新教育 APP 使用说明

下载、安装并打开龙马高新教育 APP，可以直接使用手机号码注册并登录。

（1）在【个人信息】界面，用户可以订阅图书类型、查看问题及添加的收藏、与好友交流、管理离线缓存、反馈意见并更新应用等。

（2）在首页界面单击顶部的【全部图书】按钮，在弹出的下拉列表中可查看订阅的图书类型，在上方搜索框中可以搜索图书。

（3）进入图书详情页面，单击要学习的内容即可播放视频。此外，还可以发表评论、收藏图书并离线下载视频文件等。

（4）首页底部包含4个栏目：在【图书】栏目中可以显示并选择图书，在【问同学】栏目中可以与同学讨论问题，在【问专家】栏目中可以向专家咨询，在【晒作品】栏目中可以分享自己的作品。

创作团队

　　本书由龙马高新教育策划，贺小叶编著，其他参与本书编写、资料整理、多媒体开发及程序调试的人员有孔万里、周奎奎、张任、张田田、尚梦娟、李彩红、尹宗都、王果、陈小杰、左琨、邓艳丽、崔姝怡、侯蕾、左花苹、刘锦源、普宁、王常吉、师鸣若、钟宏伟、陈川、刘子威、徐永俊、朱涛和张允等。

　　在编写过程中，我们竭尽所能地将详尽的讲解呈现给读者，但也难免有疏漏和不妥之处，敬请广大读者不吝指正。若读者在阅读本书过程中产生疑问，或有任何建议，可发送电子邮件至 zhangyi@ptpress.com.cn。

编者

2018 年 3 月

目录

第1篇 基础入门篇

本篇为大家揭开 AutoCAD 2018 的神秘面纱，带领大家一同感受 AutoCAD 2018 的无限精彩！

📹 本章视频教程时间：26 分钟

本章将对 AutoCAD 2018 的安装、启动与退出、工作界面、新增功能等基本知识进行详细的介绍。

高手私房菜

第 2 章　提高绘图效率——AutoCAD 2018 的基本设置 23

　　　📽 本章视频教程时间：25 分钟

　　本章将对 AutoCAD 2018 的文件管理、命令的调用及坐标的输入等入门知识进行详细介绍。

高手私房菜

第 2 篇　二维图形篇

本篇为大家讲解使用 AutoCAD 2018 绘制二维图形的基本知识，帮助大家更加方便地进行操作。

　本章视频教程时间：40 分钟

图层相当于重叠的透明"图纸"，每张"图纸"上面的图形都具备自己的颜色、线宽、线型等特性，将所有"图纸"上面的图形绘制完成后，再根据需要进行相应的隐藏或显示操作，即可得到最终的图形需求结果。

高手私房菜

　本章视频教程时间：20 分钟

AutoCAD 提供了强大的块和属性功能，在绘图时可以创建块、插入块、定义属性、修改属性和编辑属性，极大地提高了绘图效率。

🍲 高手私房菜

第5章 绘制基本二维图形——绘制四角支架和玩具模型平面图 71

🎬 本章视频教程时间：55 分钟

    绘制二维图形是 AutoCAD 的核心功能，任何复杂的图形，都是由点、线等基本的二维图形组合而成的。通过本章的学习，读者将会了解到基本二维图形的绘制方法。对基本二维图形进行合理的绘制与布置后，将有利于提高绘制复杂二维图形的准确度，同时提高绘图效率。

🍲 **高手私房菜**

第 6 章 编辑二维图形图像——绘制古典窗户立面图 89

🎬 本章视频教程时间：1 小时 38 分钟

单纯地使用绘图命令，只能创建一些基本的图形对象。如果要绘制复杂的图形，在很多情况下必须借助图形编辑命令。AutoCAD 2018 提供了强大的图形编辑功能，可以帮助用户合理地构造和组织图形，既保证了绘图的精确性，又简化了绘图操作，从而极大地提高绘图效率。

高手私房菜

第 7 章 绘制和编辑复杂二维图形 125

本章视频教程时间：42 分钟

　　AutoCAD 可以满足用户的多种绘图需要，一种图形可以通过多种方式来绘制，如平行线虽然可以用两条直线来绘制，但是用多线绘制会更为快捷准确。本章将讲解如何绘制和编辑复杂的二维图形。

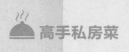

第3篇　辅助绘图篇

本篇通过讲解 AutoCAD 2018 辅助绘图的各种操作，可以让大家对 AutoCAD 2018 的绘图操作更加熟练。

📽 本章视频教程时间：33 分钟

绘图时需要对图形进行文本标注和说明。AutoCAD 2018 提供了强大的文字和表格功能，可以帮助用户创建文字和表格，从而标注图样中的非图信息，使图形一目了然，便于使用。

🍲 高手私房菜

🍲 **高手私房菜**

第11章　查询与参数化设置——给灯具平面图添加约束 199

🎬 本章视频教程时间：19 分钟

AutoCAD 中包含许多辅助管理功能供用户调用，例如查询、参数化、快速计算器、核查、修复等，本章将对相关工具的使用进行详细介绍。

🍲 **高手私房菜**

第4篇　三维图形篇

本篇为大家讲解使用 AutoCAD 2018 绘制三维图形的基本知识，帮助大家更加方便地进行操作。

🎬 本章视频教程时间：44 分钟

绘图时需要对图形进行文本标注和说明。AutoCAD 2018 提供了强大的文字和表格功能，可以帮助用户创建文字和表格，从而标注图样的非图信息，使设计和施工人员对图形一目了然。

🍲 **高手私房菜**

第13章　编辑三维图形——三维泵体建模 231

🎬 本章视频教程时间：1小时3分钟

　　在绘图时，用户可以对图形进行三维图形编辑。三维图形编辑就是对图形对象进行移动、旋转、镜像、阵列等修改操作，以及对曲面及网格对象进行编辑的过程。AutoCAD提供了强大的三维图形编辑功能，可以帮助用户合理地构造和组织图形。

🍲 **高手私房菜**

第 14 章　渲染实体——渲染书桌模型 257

🎬 本章视频教程时间：32 分钟

　　三维模型对象可以对事物进行整体上的有效表达，使其更加直观，结构更加明朗，但是在视觉效果上面却与真实物体存在着很大差距。AutoCAD 中的渲染功能有效地弥补了这一缺陷，使三维模型对象表现得更加完美，更加真实。

🍲 高手私房菜

第 5 篇　综合案例篇

本篇主要讲解 AutoCAD 2018 的实战案例。通过机械设计案例、家具设计案例及建筑设计案例的讲解，帮助用户全面掌握 CAD 绘图软件的使用。

🎬 本章视频教程时间：1 小时 22 分钟

通过冲床和模具对板材、带材、管材和型材等施加外力，使之产生塑性变形或分离，从而获得所需形状和尺寸的工件的成形加工方法称为冲压，用冲压方法得到的工件就是冲压件。

第16章　家具设计案例——绘制活动柜 ……………………… 295

活动柜可以节省很大的空间，在家庭和学校里面比较常见。活动柜按材质可以分为钢制活动柜、钢木活动柜、木制活动柜，按功能可以分为儿童活动柜、学生活动柜、隐形活动柜。

第17章　建筑设计案例——绘制残疾人卫生间详图 …………… 315

残疾人卫生间在机场、车站等公共场所比较常见，通常都配备有专门的无障碍设施，为残障者、老人或病人提供便利。本章以残疾人卫生间中的挂式小便器俯视图及挂式小便器右视图的绘制为例，详细介绍残疾人卫生间详图的绘制方法。

第 6 篇　高手秘籍篇

本篇介绍了 3D 打印、AutoCAD 2018 的辅助工具等内容，帮助读者更好地掌握 Auto CAD 2018 绘图软件的使用方法。

第 18 章　AutoCAD 与 3D 打印 334

本章视频教程时间：23 分钟

3D 打印的流程是：先通过计算机建模软件建模，再将建成的 3D 模型"分区"成逐层的截面，即切片，从而指导 3D 打印机逐层打印。

高手私房菜

📹 本章视频教程时间：20 分钟

AutoCAD 2018 具有强大的图形绘制功能，但要在没有安装 AutoCAD 的计算机中查看或简单编辑 AutoCAD 文件，重新安装 AutoCAD 就会比较麻烦，这时就可以安装一些辅助的小工具来查看或进行简单编辑。本章将介绍一些常用的 AutoCAD 2018 辅助工具的使用。

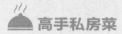
高手私房菜

赠送资源

赠送资源1　　AutoCAD 2018软件安装视频教程

赠送资源2　　AutoCAD 2018快捷键查询手册电子书

赠送资源3　　100套AutoCAD设计源文件

赠送资源4　　110套AutoCAD行业图纸

赠送资源5　　6小时AutoCAD机械设计视频教程

赠送资源6　　3小时AutoCAD建筑设计视频教程

赠送资源7　　7小时AutoCAD室内装潢设计视频教程

赠送资源8　　50套精选3ds Max设计源文件

赠送资源9　　5小时3ds Max视频教程

赠送资源10　　9小时Photoshop CC视频教程

赠送资源11　　AutoCAD官方认证考试大纲和样题

第1篇

基础入门篇

第 1 章

AutoCAD 2018 简介

本章视频教程时间：26 分钟

高手指引

　　要学习好 AutoCAD 2018，首先需要对 AutoCAD 2018 有一个清晰的认识，要知道 AutoCAD 2018 的安装、启动与退出、工作界面、图形文件管理、命令调用等基本知识，本章就围绕上述几点入门知识对 AutoCAD 2018 进行详细介绍。

重点导读

- AutoCAD 的行业应用
- AutoCAD 2018 对系统的要求
- AutoCAD 2018 的新增功能
- AutoCAD 2018 的工作界面

1.1 AutoCAD 2018 的行业应用

本节视频教程时间: 2 分钟

随着计算机技术的飞速发展，AutoCAD 软件在工程中的应用层次也在不断地提高，一个集成的、智能化的 AutoCAD 软件系统已经成为当今工程设计工具的首选。AutoCAD 使用方便，易于掌握，体系结构开放，因此被广泛应用于机械、建筑、电子、航天、造船、石油化工、土木工程、冶金、地质、气象、纺织、轻工和商业等领域。

1. AutoCAD 在机械制造行业中的应用

AutoCAD 在机械制造行业的应用是最早的，也是最广泛的。采用 AutoCAD 技术进行产品的设计，不但可以使设计人员放弃烦琐的手工绘制方法，更新传统的设计思想，实现设计自动化，降低产品的成本，提高企业及其产品在市场上的竞争能力，还可以使企业由原来的串行式作业转变为并行作业，建立一种全新的设计和生产技术管理体制，缩短产品的开发周期，提高劳动生产率。

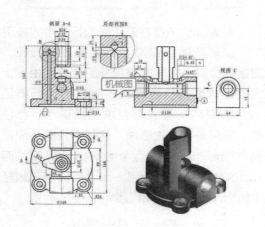

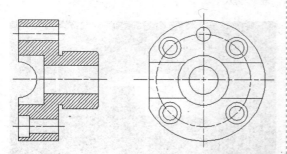

2. AutoCAD 在电子电气行业中的应用

AutoCAD 在电子电气领域的应用被称为电子电气 CAD。它主要包括电气原理图的编辑、电路功能仿真、工作环境模拟、印制板设计（自动布局、自动布线）与检测等。使用电子电气 CAD 软件还能迅速形成各种各样的报表文件（如元件清单报表），为元件的采购及工程预算和决算等提供了方便。

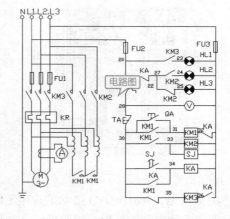

3. AutoCAD 在建筑行业中的应用

计算机辅助建筑设计（Computer Aided Architecture Design, CAAD）是 AutoCAD 在建筑方面的应用，它为建筑设计带来了一场真正的革命。随着 CAAD 软件从最初的二维通用绘图软件发展到如今的三维建筑模型软件，CAAD 技术已开始被广为采用。采用 CAAD 技术不但可以提高设计质量，缩短工程周期，更为可贵的是，还可以为国家和建筑商节约很大一部分建筑投资。

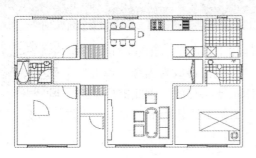

服装平面图

4. AutoCAD 在轻工纺织行业中的应用

以前我国纺织品及服装的花样设计、图案的协调、分色、描稿及配色等均由人工完成，速度慢且效率低。而目前国际市场上对纺织品及服装的要求是批量小、花色多、质量高、交货迅速，这使得我国纺织产品在国际市场上的竞争力显得不够强。而 AutoCAD 技术的使用，大大加快了我国轻工纺织及服装企业走向国际市场的步伐。

5. AutoCAD 在娱乐行业中的应用

时至今日，AutoCAD 技术已进入人们的日常生活，在电影、动画、广告等领域中大显身手。例如，美国好来坞电影公司主要利用 AutoCAD 技术构造布景，它通过利用虚拟现实的手法设计出人工难以做到的布景，这不仅可以节省大量的人力、物力及电影拍摄成本，还可以给观众营造一种新奇、古怪和难以想象的观影环境，获得丰厚的票房收入。

室内平面图

影院效果图

由上可见，AutoCAD 技术的应用范围将会越来越广，我国的 AutoCAD 技术应用也定会呈现出欣欣向荣的景象，因此学好 AutoCAD 技术将会成为更多人追求的目标。

1.2 安装 AutoCAD 2018

本节视频教程时间：4 分钟

图形是工程设计人员表达和交流技术的工具。随着计算机辅助设计技术的飞速发展和普及，越来越多的工程设计人员开始使用计算机绘制各种图形，从而解决了传统手工绘图中存在的效率低、绘图准确度差及劳动强度大等问题。在目前的计算机绘图领域，AutoCAD 是使用最为广泛的软件之一。

AutoCAD 具有易于掌握、使用方便、体系结构开放等优点，具有能够绘制二维图形与三维图形、渲染图形及打印输出图纸等功能。本书以 AutoCAD 2018 中文版为主进行讲解，以下如无特殊说明，"AutoCAD 2018"均指"AutoCAD 2018 中文版"。

1.2.1　AutoCAD 2018 对计算机配置的要求

AutoCAD 2018 对用户（非网络用户）的计算机最低配置要求见下表。

说明	计算机需求
操作系统	Windows 7 Enterprise
	Windows 7 Ultimate
	Windows 7 Professional
	Windows 7 Home Premium
	Windows 8/8.1 Enterprise
	Windows 8/8.1 Pro
	Windows 8 /8.1
	Windows 10
处理器	最小 Intel ® Pentium ® 4 或 AMD Athlon ™ 64 处理器
内存容量	用于 32 位 AutoCAD 2018：2 GB（建议使用 3 GB） 用于 64 位 AutoCAD 2018：4 GB（建议使用 8 GB）
显示分辨率	1024×768VGA 真彩色（推荐 1600×1050 或更高）
显卡	Windows 显示适配器（1024×768 真彩色功能。DirectX ® 9 或 DirectX 11 兼容的图形卡，建议
硬盘	6GB 以上
其他设备	鼠标、键盘及 DVD-ROM
Web 浏览器	Microsoft Internet Explorer 9.0 或更高版本

1.2.2　安装 AutoCAD 2018

安装 AutoCAD 2018 的具体操作步骤如下。

❶　获取软件后，双击 setup.exe 文件，系统会弹出【安装初始化】进度窗口。

❷　安装初始化完成后，系统会弹出安装向导主界面，选择安装语言后单击【安装在此计算

机上安装】选项按钮。

❸　确定安装要求后，会弹出【许可协议】界面，选中【我接受】前的单选按钮，单击【下一步】按钮。

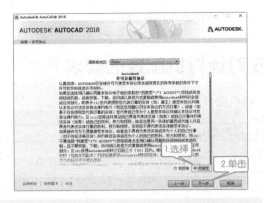

❹ 在【配置安装】界面中，选择要安装的组件及安装软件的目标位置后单击【安装】按钮。

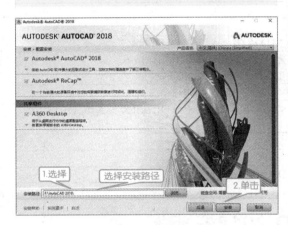

❺ 在【安装进度】界面中，显示各个组件的安装进度。

❻ AutoCAD 2018 安装完成后，在【安装完成】界面中单击【完成】按钮，退出安装向导界面。

> 提示 对于初学者，安装时如果安装盘的空间足够，可以选择全部组件进行安装。成功安装 AutoCAD 2018 后，还应进行产品注册。

1.2.3 启动与退出 AutoCAD 2018

AutoCAD 2018 的启动方法通常有以下两种。

（1）在【开始】菜单中选择【所有应用】➤【Autodesk】➤【AutoCAD 2018– Simplified Chinese】➤【AutoCAD 2018】命令。

（2）双击桌面上的快捷图标 A 。

如果需要退出 AutoCAD 2018，可以使用以下 5 种方法。

（1）在命令行中输入【QUIT】命令，按【Enter】键确定。

（2）单击标题栏中的【关闭】按钮 ✕ ，或在标题栏空白位置处右击，在弹出的下拉菜单中选择【关闭】选项。

（3）使用快捷键【Alt+F4】。

（4）双击【应用程序菜单】按钮 A 。

（5）单击【应用程序菜单】，在弹出的菜单中单击【退出 AutoCAD 2018】按钮 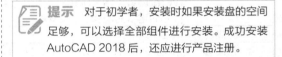 。

> 提示 系统参数 Startmode 控制着是否显示开始选项卡，当 Startmode 值为 1 时，显示开始选项卡，当该值为 0 时，不显示开始选项卡。

1.3 AutoCAD 2018 的新增功能

本节视频教程时间：4 分钟

AutoCAD 2018 对许多功能进行了改进和提升，如文件导航功能、DWG 文件格式更新、保存性能提升、支持高分辨率 (4K) 监视器、为系统变量监视器图标添加快捷菜单、增强的共享设计视图功能以及 AutoCAD Mobile 等。

1.3.1 文件导航功能

对于"打开""保存""附着"之类的操作以及许多其他操作，【文件导航】对话框现在可记住列的排序顺序。例如，如果用户按文件大小排序或按文件名反向排序，则在下次访问该对话框时，将使用相同的排序顺序自动显示文件。

1.3.2 DWG 文件格式更新

DWG 格式已更新，AutoCAD 之前的最高保存格式为 AutoCAD 2013，AutoCAD 2018 中可以将图形保存为 AutoCAD 2018，新的保存格式提高了打开和保存操作的效率，尤其是对于包含多个注释性对象和视口的图形。

打开一个文件，可以看到原文件大小为 83.4KB，创建程序为 AutoCAD 2017（保存格式为 AutoCAD 2013），打开该文件，将它另存为 AutoCAD 2018 格式，则文件大小为 60.9KB。

1.3.3 为系统变量监视器图标添加快捷菜单

AutoCAD 2018 为【系统变量监视器】图标添加了快捷菜单，当系统变量修改时，该图标显示在状态中。快捷菜单还包含配置【系统变量监视器】和【启用气泡式通知】的选项。

❶ 在状态栏单击【系统变量监视器】按钮。

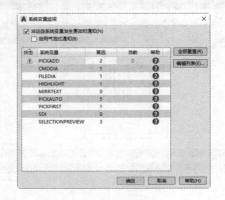

❷ 弹出【系统变量监视】对话框，在对话框中系统变量首选值改变的对象状态呈 ⚠，如下图所示。

❸ 单击【全部重置】按钮，修改的系统变量值重新更改回首选值，如下图所示。

列表中添加或删除对象。

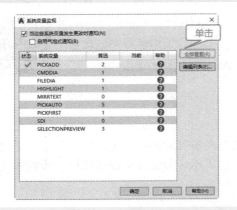

❹ 单击【编辑列表】按钮，在弹出的【编辑系统变量列表】中可以向【监视的系统变量】

提示 在【系统变量监视】对话框中勾选【启用气泡式通知】，当有系统变量变化时，系统会弹出提示消息。

1.3.4 增强的共享设计视图功能

　　【共享设计视图】可以轻松地将图形视图发布到云以促进相关方之间的协作，同时保护 DWG 文件。查看设计的相关方不需要登录到 A360，也不需要安装基于 AutoCAD 的产品。此外，由于他们无法访问源 DWG 文件，您可以随意与需要设计视图的任何人共享这些视图。

　　【共享设计视图】功能在之前版本中已经存在，在 AutoCAD 2018 中进一步得到增强，可以支持新的 DWG 文件格式。

　　AutoCAD 2018 中打开【共享设计视图】的方法有以下 3 种。

　　（1）单击【应用程序菜单】按钮，然后选择【发布】➤【设计视图】。

　　（2）单击【A360】选项卡➤【共享】面板➤【共享设计视图】按钮。

　　（3）在命令行中输入【ONLINEDESIGNSHARE/ON】命令并按空格键确认。

❶ 打开"素材 \CH01\ 卧室布局 .dwg"文件，如下图所示。

❷ 单击【应用程序菜单】按钮，然后选择【发布】➤【设计视图】。

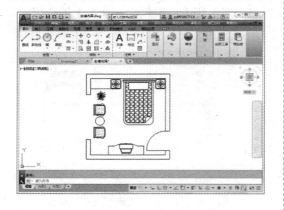

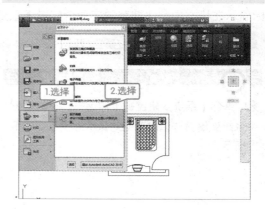

❸ 在弹出的【发布选项】提示框中选择【立即发布并显示在我的浏览器中】，如下图所示。

❹ 稍等几分钟后，发布的图形显示在浏览器中，如下图所示。

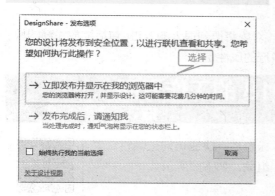

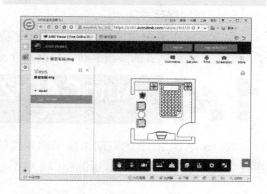

1.3.5 AutoCAD Mobile

AutoCAD Mobile 提供了基本绘图工具，以便用户随时随地工作，在平板电脑或智能手机上轻松查看、创建、编辑和共享 AutoCAD 图纸，而无需在工作现场或客户拜访期间携带图纸打印件，从而提高工作效率。用户可以查看图纸的每一个环节，包括精确测量、红线批注、添加注释、进行更改，甚至能够在许可条件下随时创建新图纸。

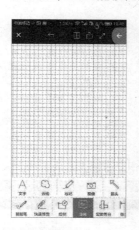

1.3.6 其他更新功能

除了上面介绍的新功能外，AutoCAD 2018 还增强了屏幕外选择、线型间隙选择、快速访问工具栏添加图层工具、SHX 文字识别、合并文字、外部参照等功能，关于这些新增功能，将在后面的相应章节进行介绍，这里不再赘述。本节将简单介绍 AutoCAD 2018 增强的高分辨监视器和保存性能。

1. 增强的高分辨监视器

在 AutoCAD 2018 中，高分辨率监视器的支持会继续改进，以确保即使在 4K 显示器以及更高分辨率屏幕上都能使用户有最佳观看体验。常用的用户界面元素（如"开始"选项卡、命令行、选项板、对话框、工具栏、ViewCube、拾取框和夹点）已相应地进行了缩放，并根据 Windows 设置显示。

2. 增强的保存性能

保存性能在 AutoCAD 2018 中得到了提升。对象将得到很大的改进，包括缩放注释的块、具有列和其他新格式的多行文字，以及属性和多行的属性定义。

1.4 AutoCAD 2018 的工作界面

本节视频教程时间：3分钟

AutoCAD 2018 的界面由应用程序菜单、标题栏、快速访问工具栏、菜单栏、功能区、命令窗口、绘图窗口和状态栏等组成，如下图所示。

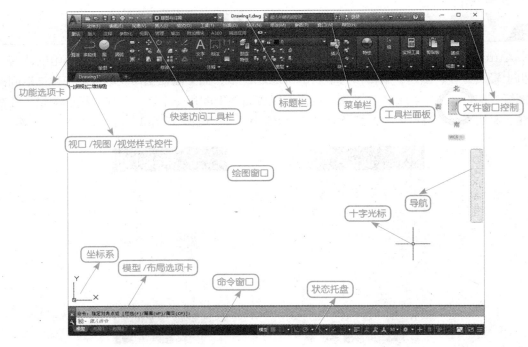

1. 切换工作空间

AutoCAD 2018 版本软件包括："草图与注释""三维基础""三维建模"3 种工作空间类型，用户可以根据需要切换工作空间，切换工作空间的有以下两种方法。

方法 1：启动 AutoCAD 2018，然后单击工作界面右下角中的"切换工作空间"按钮，在弹出的菜单中选择需要的工作空间，如下图所示。

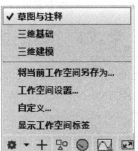

方法 2：用户也可以在快速访问工具栏中选择相应的工作空间，如下图所示。

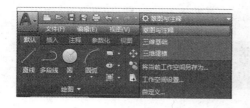

> **提示** 在切换工作空间后，AutoCAD 会默认将菜单栏隐藏，单击快速访问工具栏右侧的下拉按钮，弹出下拉列表，在下拉列表中选择【显示菜单栏】选项即可显示或隐藏菜单栏。

2. 应用程序菜单

在应用程序菜单中，可以搜索命令、访问常用工具并浏览文件。在 AutoCAD 2018 界面左上方，单击【应用程序】按钮 ，弹出应用程序菜单。

可以在应用程序菜单中快速创建、打开、保存、核查、修复和清除文件，打印或发布图形，还可以单击右下方的【选项】按钮打开【选项】对话框或退出 AutoCAD，如下左图所示。

在应用程序菜单上方的搜索框中，输入搜索字段，按【Enter】键确认，下方将显示搜索到的命令，如下右图所示。

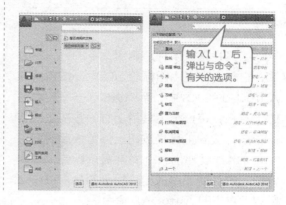

3. 标题栏

标题栏显示在 AutoCAD 工作界面的顶部，主要包括软件名称、文件名称、搜索区域、【登录】按钮、【Autodesk Exchange 应用程序】按钮、【保持连接】按钮、【帮助】按钮、【最小化】按钮、【最大化】按钮以及【关闭】按钮。

4. 菜单栏

菜单栏显示在绘图区域的顶部，AutoCAD 2018 默认有 12 个菜单选项，每个菜单选项下都有各类不同的菜单命令，是 AutoCAD 中最常用的调用命令的方式之一，如下图所示。

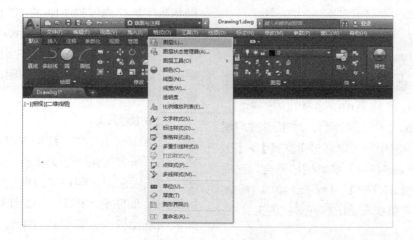

5. 选项卡与面板

AutoCAD 2018 根据任务标记将许多面板组织集中到某个选项卡中，面板包含的很多工具和控件与工具栏和对话框中的相同，如【默认】选项卡中的【绘图】面板，如下图所示。

> **提示** 在选项卡中的任一面板上按住鼠标左键，然后将其拖曳到绘图区域中，则该面板将在放置的区域浮动。浮动面板一直处于打开状态，直到被放回到选项卡中。

6. 工具栏

工具栏是应用程序调用命令的另一种方式，它包含许多由图标表示的命令按钮。在 AutoCAD 2018 中，系统提供了多个已命名的工具栏，每一个工具栏上有一些按钮，将鼠标指针放到工具栏按钮上停留一段时间，AutoCAD 会弹出一个文字提示标签，说明该按钮的功能。单击工具栏上的某一按钮可以启动对应的 AutoCAD 命令。

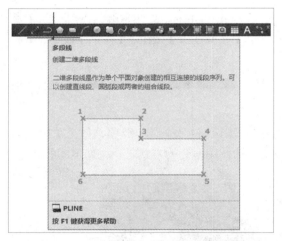

工具栏是 AutoCAD 经典工作界面下的重要内容，从 AutoCAD 2015 开始，AutoCAD 取消了经典界面，对于那些习惯用工具栏操作的用户可以通过【工具】➤【工具栏】➤【AutoCAD】菜单栏选择合自己需要的工具栏显示，如下图所示。菜单中，前面有"√"的菜单项表示已打开对应的工具栏。

AutoCAD 的工具栏是浮动的，用户可以将各工具栏拖曳到工作界面的任意位置。由于用计算机绘图时的绘图区域有限，因此，绘图时应根据需要只打开那些当前使用或常用的工具栏，并将其放到绘图窗口的适当位置。

7. 绘图窗口

在 AutoCAD 中，绘图窗口是绘图的工作区域，所有的绘图结果都反映在这个窗口中，如下图所示。用户可以根据需要关闭其周围和里面的各个工具栏，以增大绘图空间。如果图纸比较大，需要查看未显示部分时，可以单击窗口右边和下边滚动条上的箭头，或拖动滚动条上的滑块来移动图纸。

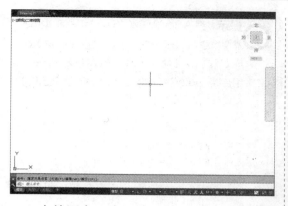

在绘图窗口中，除了显示当前的绘图结果外，还显示了当前使用的坐标系类型和坐标原点，以及 x 轴、y 轴、z 轴的方向。默认情况下，坐标系为世界坐标系。

绘图窗口的下方有【模型】和【布局】选项卡，单击相应选项卡可以在模型空间或布局空间之间切换。

8. 坐标系

在 AutoCAD 中有两个坐标系，一个是世界坐标系（World Coordinate System，WCS），一个是用户坐标系（User Coordinate System，UCS）。掌握这两种坐标系的使用方法对于精确绘图十分重要。

（1）世界坐标系

启动 AutoCAD 2018 后，在绘图区的左下角会看到一个坐标，即默认的世界坐标系（WCS），包含 x 轴和 y 轴，如下左图所示。如果是在三维空间中，则还有一个 z 轴，并且沿 x、y、z 轴的方向规定为正方向，如下右图所示。

通常在二维视图中，世界坐标系（WCS）的 x 轴水平，y 轴垂直。原点为 x 轴和 y 轴的交点（0，0）。

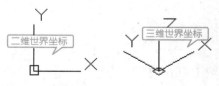

（2）用户坐标系

有时为了更方便地使用 AutoCAD 进行辅助设计，需要对坐标系的原点和方向进行相关设置和修改，即将世界坐标系更改为用户坐标系。更改为用户坐标系后的 x、y、z 轴仍然互相垂直，但是其方向和位置可以任意指定，有了很大的灵活性。

单击【工具】>【新建 UCS】>【三点】。

指定 UCS 的原点或 [面 (F)/ 命名 (NA)/ 对象 (OB)/ 上一个 (P)/ 视图 (V)/ 世界 (W)/ X/Y/Z/Z 轴 (ZA)] < 世界 >：_3
指定新原点 <0,0,0>：

> **提示**　【指定 UCS 的原点】：重新指定 UCS 的原点以确定新的 UCS。
> 【面】：将 UCS 与三维实体的选定面对齐。
> 【命名】：包含 4 个选项，【恢复】用于恢复已保存的 UCS 定义，使它成为当前 UCS。
> 【保存】选项是把当前 UCS 按指定名称保存。
> 【删除】选项是从已保存的定义列表删除指定的 UCS 定义。【?】选项是列出有关指定的 UCS 定义的详细信息。
> 【对象】：指定一个实体以定义新的坐标系。
> 【上一个】：恢复上一个 UCS。
> 【视图】：将新的 UCS 的 xy 平面设置在与当前视图平行的平面上。
> 【世界】：将当前的 UCS 设置成 WCS。
> 【X/Y/Z】：确定当前的 UCS 绕 x、y 和 z 轴中的某一轴旋转一定的角度以形成新的 UCS。
> 【Z 轴】：将当前 UCS 沿 z 轴的正方向移动一定的距离。

9. 命令行与文本窗口

【命令行】窗口位于绘图窗口的底部，用于接收输入的命令，并显示 AutoCAD 提供的信息。在 AutoCAD 2018 中，【命令行】窗口可以拖放为浮动窗口，如下图所示。处于浮动状态的【命令行】窗口随拖放位置的不同，其标题显示的方向也不同。

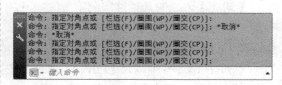

AutoCAD 文本窗口是记录 AutoCAD 命令的窗口，是放大的【命令行】窗口，它

除了记录已执行的命令，也可以用来输入新命令。在 AutoCAD 2018 中，可以通过执行【视图】➤【显示】➤【文本窗口】菜单命令，或在命令行中输入【TEXTSCR】命令或按【F2】键打开 AutoCAD 文本窗口，如下图所示。

提示 在 AutoCAD 2018 中，用户可以根据需要隐藏 / 打开命令行，隐藏 / 打开的方法为选择【工具】➤【命令行】命令或按【CTRL+9】组合键，AutoCAD 会弹出【命令行 - 关闭窗口】对话框，如下图所示。

10. 状态栏

状态栏用来显示 AutoCAD 当前的状态，如是否使用栅格、是否使用正交模式、是否显示线宽等，其位于 AutoCAD 界面的底部，如下图所示。

提示 单击状态栏最右端的自定义按钮"≡"，在弹出的选项菜单上，可以选择显示或关闭状态栏的各个选项，如下图所示。

1.5 AutoCAD 图形文件管理

本节视频教程时间：3 分钟

在 AutoCAD 中，图形文件管理一般包括创建新文件、打开图形文件、保存文件及关闭图形文件等。以下分别介绍各种图形文件管理的操作。

1.5.1 新建图形文件

AutoCAD 2018 中的【新建】功能用于创建新的图形文件。

【新建】命令的几种常用调用方法如下。

（1）选择【文件】➤【新建】菜单命令。

（2）单击快速访问工具栏中的【新建】按钮。

（3）在命令行中输入【NEW】命令并按空格键或【Enter】键确认。

（4）单击【应用程序菜单】按钮，然后选择【新建】➤【图形】菜单命令。

（5）使用【Ctrl+N】键盘组合键。

在菜单栏中选择【文件】➤【新建】菜单命令，弹出【选择样板】对话框，如图所示。

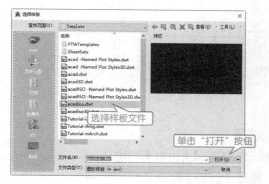

选择对应的样板后（初学者一般选择样板文件 acadiso.dwt 即可），单击【打开】按钮，就可以以对应的样板为模板建立新图形。

提示 【NEW】命令的方式由【STARTUP】系统变量控制，当【STARTUP】系统变量值为"0"时，执行【NEW】命令后，将显示【选择样板】对话框。当【STARTUP】系统变量值为"1"时，执行【NEW】命令后，将显示【创建新图形】对话框，如下图所示。

1.5.2 打开图形文件

AutoCAD 2018 中的【打开】功能用于打开现有的图形文件。

【打开】命令的几种常用调用方法如下。

（1）选择【文件】➤【打开】菜单命令。

（2）单击快速访问工具栏中的【打开】按钮 。

（3）在命令行中输入【OPEN】命令并按空格键或【Enter】键确认。

（4）单击【应用程序菜单】按钮 ，然后选择【打开】➤【图形】菜单命令。

（5）使用【Ctrl+O】键盘组合键。

在【菜单栏】中选择【文件】➤【打开】菜单命令，弹出【选择文件】对话框，如下图所示。

提示 【OPEN】命令的方式由【FILEDIA】系统变量控制，当【FILEDIA】系统变量值为"0"时，执行【OPEN】命令后，将以命令行的方式进行提示。

输入要打开的图形文件名 <.>:

当【FILEDIA】系统变量值为"1"时，执行【OPEN】命令后，将显示【选择文件】对话框。另外利用【打开】命令可以打开和加载局部图形，包括特定视图或图层中的几何图形。在【选择文件】对话框中单击【打开】旁边的箭头，然后选择【局部打开】或【以只读方式局部打开】，将显示【局部打开】对话框，如下图所示。

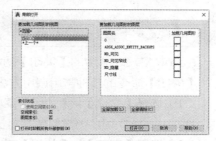

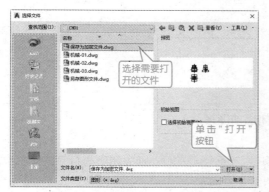

选择要打开的图形文件，单击【打开】按钮即可打开该图形文件。

1.5.3 保存图形文件

AutoCAD 2018 中的【保存】功能用于使用指定的默认文件格式保存当前图形。

【保存】命令的几种常用调用方法如下。

（1）选择【文件】➤【保存】菜单命令。

（2）单击快速访问工具栏中的【保存】按钮■。

（3）在命令行中输入【QSAVE】命令并按空格键或【Enter】键确认。

（4）单击【应用程序菜单】按钮▲·，然后选择【保存】命令。

（5）使用【Ctrl+S】键盘组合键。

在菜单栏中选择【文件】➤【保存】菜单命令，在图形第一次被保存时，AutoCAD 会弹出【图形另存为】对话框，需要用户确定文件的保存位置及文件名，如右图所示。如果图形已经保存过，只是在原有图形基础上重新对图形进行保存，则直接保存而不再弹出【图形另存为】对话框。

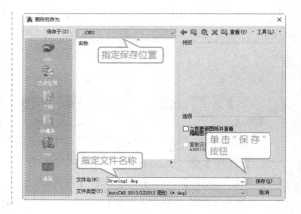

 提示 如果需要将已经命名的图形以新名称或新位置进行命名保存，可以执行另存为命令（SAVEAS），系统会弹出【图形另存为】对话框，用户可以根据需要进行命名保存。

另外可以在【选项】对话框的【打开和保存】选项卡中指定默认文件格式，如下图所示。

1.5.4 关闭图形文件

AutoCAD 2018 中的【关闭】功能用于关闭当前图形。

【关闭】命令的几种常用调用方法如下。

（1）选择【文件】➤【关闭】菜单命令（如果选择全部关闭，则关闭所有打开的图形文件，但 AutoCAD 程序仍然保留开启状态）。

（2）选择【窗口】➤【关闭】菜单命令。

（3）在绘图窗口中单击【关闭】按钮■。

（4）在命令行中输入【CLOSE】命令并按空格键或【Enter】键确认。

（5）单击【应用程序菜单】按钮 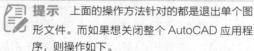，然后选择【关闭】➤【当前图形】菜单命令。

如果图形文件已经保存过，单击【关闭】按钮，图形文件将直接被关闭。如果图形文件尚未保存，则会弹出提示窗口，如图所示。单击【是】按钮，AutoCAD 会保存改动后的图形并关闭该图形；单击【否】按钮，将不保存图形并关闭该图形；单击【取消】按钮，将放弃当前操作。

> **提示**　上面的操作方法针对的都是退出单个图形文件。而如果想关闭整个 AutoCAD 应用程序，则操作如下。
> 1. 选择【文件】➤【退出】命令。
> 2. 单击工作界面右上角的【关闭】按钮。
> 3. 在命令行窗口中输入【QUIT】或【EXIT】命令并按空格键或 Enter 键。

1.6　命令的调用方法

本节视频教程时间：3 分钟

通常命令的基本调用方法可分为 4 种，即通过工具栏调用、通过菜单栏调用、通过功能区选项板调用、通过命令行调用。

1.6.1　输入命令

在命令行中输入命令即输入相关图形的指令，如直线的指令为"LINE（或 L）"，圆弧的指令为"ARC（或 A）"等。输入完相应指令后按【Enter】键或空格键即可对指令进行执行操作。下表提供了部分较为常用的图形指令及其缩写供用户参考。

命令全名	简写	对应操作	命令全名	简写	对应操作
POINT	PO	绘制点	LINE	L	绘制直线
XLINE	XL	绘制射线	PLINE	PL	绘制多段线
MLINE	ML	绘制多线	SPLINE	SPL	绘制样条曲线
POLYGON	POL	绘制正多边形	RECTANGLE	REC	绘制矩形
CIRCLE	C	绘制圆	ARC	A	绘制圆弧
DONUT	DO	绘制圆环	ELLIPSE	EL	绘制椭圆
REGION	REG	面域	MTEXT	MT/T	多行文本
BLOCK	B	块定义	INSERT	I	插入块
WBLOCK	W	定义块文件	DIVIDE	DIV	定数等分
BHATCH	H	填充	COPY	CO/CP	复制
MIRROR	MI	镜像	ARRAY	AR	阵列
OFFSET	O	偏移	ROTATE	RO	旋转
MOVE	M	移动	EXPLODE	X	分解
TRIM	TR	修剪	EXTEND	EX	延伸
STRETCH	S	拉伸	SCALE	SC	比例缩放

续表

命令全名	简写	对应操作	命令全名	简写	对应操作
BREAK	BR	打断	CHAMFER	CHA	倒角
PEDIT	PE	编辑多段线	DDEDIT	ED	修改文本
PAN	P	平移	ZOOM	Z	视图缩放

 ### 1.6.2 工具栏按钮

在使用工具栏调用命令之前，首先将工具栏调出来，选择【工具】➢【工具栏】➢【AutoCAD】，在弹出的子菜单中可以选择相应的命令，之后相应的工具栏就会显示在绘图窗口中。

选择【工具】➢【工具栏】➢【AutoCAD】➢【绘图】菜单命令，【绘图】工具栏将会显示在绘图窗口中，如图所示，单击相应的按钮即可执行命令。

 ### 1.6.3 命令行提示

不论采用哪一种方法调用 AutoCAD 命令，调用后的结果都是相同的。执行相关指令后命令行都会自动出现相关提示及选项供用户操作。下面以执行多线指令为例进行详细介绍。

❶ 在命令行输入【ML（多线）】后按空格键确认，命令行提示如下。

命令：ML
MLINE
当前设置：对正 = 上，比例 = 20.00，样式 = STANDARD
指定起点或 [对正 (J)/ 比例 (S)/ 样式 (ST)]：

❷ 命令行提示指定多线起点，并附有相应选项 "对正（J）、比例（S）、样式（ST）"。指定相应坐标点即可指定多线起点。在命令行中输入相应选项代码，如 "对正" 选项代码 "J"，然后按【Enter】键确认，即可执行对正设置。

 ### 1.6.4 退出命令

退出命令通常分为两种情况，一种是命令执行完成后退出命令，另外一种是调用命令后不执行（即直接退出命令）。对于第一种情况可通过按空格键、【Enter】键或【Esc】键来完成退出命令操作。第二种情况通常通过按【Esc】键来完成。用户须根据实际情况选择命令退出的方式。

 ### 1.6.5 重复执行命令

如果重复执行的是刚结束的上个命令，直接按【Enter】键或空格键即可重复执行。
单击鼠标右键，通过【重复】或【最近的输入】选项可以重复执行最近执行的命令，如下左图所示。此外，在单击命令行【最近使用命令】的下拉按钮，在弹出的快捷菜单中也可以选择最近执行的命令。

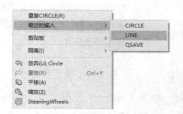

1.7 AutoCAD 2018 的坐标系统

本节视频教程时间：5 分钟

下面将对 AutoCAD 2017 的坐标系统及坐标值的几种输入方式进行详细介绍。

1.7.1 了解坐标系统

在 AutoCAD 2017 中，所有对象都是依据坐标系进行准确定位的，为了满足用户的不同需求，坐标系又分为世界坐标系和用户坐标系，无论是世界坐标系还是用户坐标系，其坐标值的输入方式是相同的，即都可以采用绝对直角坐标、绝对极坐标、相对直角坐标、相对极坐标中的任意一种方式进行坐标值的输入。另外需要注意，无论是采用世界坐标系还是采用用户坐标系，其坐标值的大小都是依据坐标系的原点进行确定的，坐标系的原点为（0，0），坐标轴的正方向取正值，反方向取负值。

绝对直角坐标是从原点出发的位移，其表示方式为（x，y），其中 x、y 分别对应坐标轴上的数值。

绝对极坐标也是从原点出发的位移，但绝对极坐标的参数是距离和角度，其中距离和角度之间用"<"分开，而角度值是和 x 轴正方向之间的夹角。相对直角坐标是指相对于某一点的 x 轴和 y 轴的距离。具体表示方式是在绝对坐标表达式的前面加上"@"符号。

相对极坐标是指相对于某一点的距离和角度。具体表示方式是在绝对极坐标表达式的前面加上"@"符号。

1.7.2 坐标值的常用输入方式

下面将对 AutoCAD 2018 中各种坐标输入方式进行详细介绍。

1. 绝对直角坐标的输入

❶ 新建一个图形文件，然后在命令行输入【L】并按空格键调用【直线】命令，在命令行输入"-1500,900"，命令行提示如下。

命令：L
指定第一个点：-1500,900

❷ 按空格键确认，如下图所示。

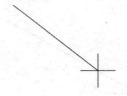

❸ 在命令行输入"2100,-1500"，命令行提示如下。

> 指定下一点或 [放弃 (U)]: 2100,-1500

❹ 连续按两次空格键确认后结果如下图所示。

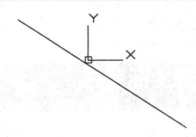

> **提示** 绝对直角坐标是从原点出发的位移，其表示方式为（ x, y ），其中 x、y 分别对应坐标轴上的数值。
>
> 关于"直线"命令将在 5.2.1 节中详细介绍。

2. 绝对极坐标的输入

❶ 新建一个图形文件，在命令行输入【L】并按空格键调用【直线】命令，在命令行输入"0,0"，即原点位置。命令行提示如下。

> 命令 : _line
> 指定第一个点 : 0,0

❷ 按空格键确认，如下图所示。

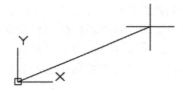

❸ 在命令行输入"1500<30"，其中 1500 确定直线的长度，30 确定直线和 x 轴正方向的角度。命令行提示如下。

> 指定下一点或 [放弃 (U)]: 1500<30

❹ 连续按两次空格键确认后结果如下图所示。

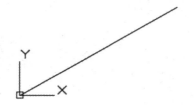

> **提示** 绝对极坐标也是从原点出发的位移，但绝对极坐标的参数是距离和角度，其中距离和角度之间用"<"分开，而角度值是和 x 轴正方向之间的夹角。

3. 相对直角坐标的输入

❶ 新建一个图形文件，在命令行输入【L】并按空格键调用【直线】命令，并在绘图区域中任意单击一点作为直线的起点，如下图所示。

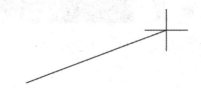

❷ 在命令行输入"@0,500"，提示如下。

> 指定下一点或 [放弃 (U)]: @0,500

❸ 连续按两次空格键确认后结果如下图所示。

> **提示** 相对直角坐标是指相对于某一点的 x 轴和 y 轴的距离。具体表示方式是在绝对坐标表达式的前面加上"@"符号。

4. 相对极坐标的输入

❶ 新建一个图形文件，在命令行输入【L】并按空格键调用【直线】命令，并在绘图区域中任意单击一点作为直线的起点，如下图所示。

❷ 在命令行输入"@500<135"，提示如下。

> 指定下一点或 [放弃 (U)]: @500<135

③ 连续按两次空格键确认后结果如下图所示。

> **提示** 相对极坐标是指相对于某一点的距离和角度。具体表示方式是在绝对极坐标表达式的前面加上"@"符号。

1.8 综合实战——编辑靠背椅图形

本节视频教程时间：1 分钟

下面将综合利用 AutoCAD 2018 的打开、保存、输出、关闭等功能对靠背椅图形进行编辑及输出操作，具体操作步骤如下。

❶ 打开"素材 \CH01\ 靠背椅 .dwg"文件，如下图所示。

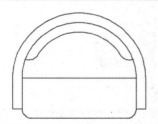

❷ 在绘图区域中将光标移至如图所示的水平直线段上面。

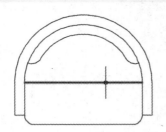

❸ 单击直线段，将该直线段选中，如图所示。

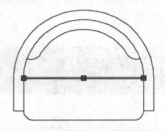

❹ 按键盘【Del】键将所选直线段删除，结果如图所示。

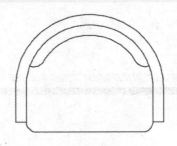

 # 高手私房菜

本节视频教程时间：1 分钟

技巧：同时打开多个图形文件

在绘图过程中，有时可能会根据需要将所涉及的多个图纸同时打开，以便于进行图形的绘制及编辑，下面将对同时打开多个图形文件的操作步骤进行介绍。

❶ 启动 AutoCAD 2018, 选择【文件】➤【打开】菜单命令, 弹出【选择文件】对话框。浏览至随书赠送的素材文件"素材 \CH01"文件夹, 然后按住【Ctrl】键分别单击"机械 -01.dwg、机械 -02.dwg、机械 -03.dwg"文件, 如图所示。

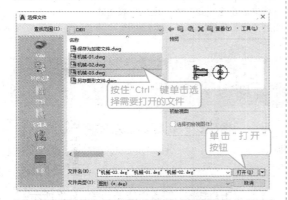

❷ 单击【打开】按钮后, 所选文件全部被打开, 结果如图所示。

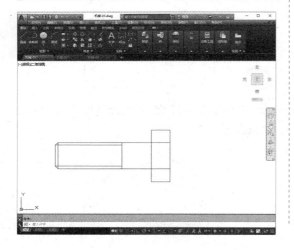

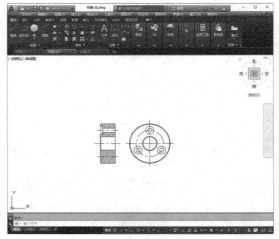

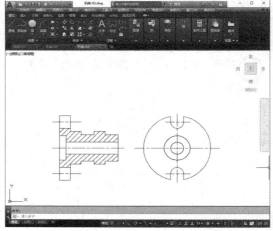

第 **2** 章

提高绘图效率——AutoCAD 2018 的基本设置

本章视频教程时间：25 分钟

高手指引

在绘图前，用户首先需要了解 AutoCAD 的基本设置。通过这些设置，用户可以更精确、更方便地绘制图形。在 AutoCAD 中，辅助绘图设置主要包括草图设置、选项设置、打印设置和绘图单位设置等。

重点导读

- ✚ 系统选项设置
- ✚ 对象捕捉
- ✚ 对象追踪

2.1 设置绘图区域和度量单位

本节视频教程时间：2 分钟

设置图形界限是把 AutoCAD 2018 默认绘图区域的边界设置为工作时所需要的区域边界，用户可在设置好的区域内绘图，以避免所绘制的图形超出该边界。

对图形单位的设置，主要是对长度类型、精度、角度和方向等进行精确控制。

2.1.1 设置绘图区域大小

设置绘图区域可以使图形在预定范围内绘制，避免超出图纸界限，这在需要 1：1 出图的情况下非常有用。

在 AutoCAD 2018 中设置绘图区域大小通常有以下两种方法。

（1）选择【格式】➤【图形界限】菜单命令。

（2）命令行输入【Limits】命令并按【Enter】键。

下面将设置一个图形区域大小为 297×210 的图形界限，具体操作步骤如下。

❶ 启动 AutoCAD 2018，选择【格式】➤【图形界限】菜单命令。然后在命令行输入"0,0"，并按【Enter】键确认，以指定左下角点的坐标。命令行提示如下。

命令：'_limits

重新设置模型空间界限：

指定左下角点或 [开(ON)/ 关(OFF)] <0.0000,0.0000>：0,0

> 💡 **提示** 当系统提示输入左下角点的坐标时，按【Enter】键确定可以保持默认。

❷ 在命令行输入"297,210"，并按【Enter】键确认，以指定右上角点的坐标。命令行提示如下。

指定右上角点 <420.0000,297.0000>：297,210

> 💡 **提示** 输入屏幕右上角点时，可根据所绘制图形的大小进行合理设定。

❸ 大小为"297×210"的图形界限创建完成。

2.1.2 设置绘图单位

AutoCAD 使用笛卡尔坐标系来确定图形中点的位置，两个点之间的距离以绘图单位来度量。所以，在绘图前，首先要确定绘图使用的单位。

用户在绘图时可以将绘图单位视为绘制对象的实际单位，如毫米（mm）、米（m）和千米（km）等，在国内工程制图中最常用的单位是毫米（mm）。

一般情况下，在 AutoCAD 中采用实际的测量单位来绘制图形，等完成图形绘制后，再按一定的缩放比例来输出图形。

在 AutoCAD 2018 中设置绘图单位通常有以下 3 种方法。

（1）选择【格式】➤【单位】菜单命令。

（2）命令行输入【UNITS/UN】命令并按空格键。

（3）选择【应用程序菜单】按钮 Ａ ➤【图形实用工具】➤ 单位。

下面将图形单位设置为"毫米",并对"类型"和"精度"进行精确设置,具体操作步骤如下。

❶ 启动 AutoCAD 2018,在命令行输入【UN】并按空格键调用【图形单位】对话框,弹出下图所示【图形单位】对话框。

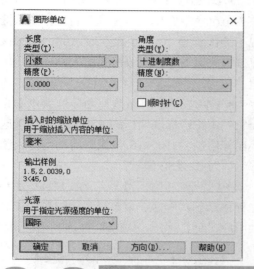

❷ 将【插入时的缩放单位】设置为【毫米】,在【长度】区的【精度】下拉列表中选择【0.0】,在【角度】区的【类型】下拉列表选择【弧度】,【精度】设置为【0.0r】,如下图所示。

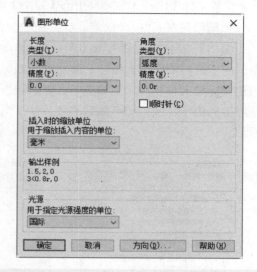

❸ 单击【确定】按钮,完成绘图单位的设置。

2.2 系统选项设置

本节视频教程时间:8 分钟

系统选项用于对系统的优化设置,包括文件设置、显示设置、打开和保存设置、打印和发布设置、系统设置、用户系统配置设置、绘图设置、三维建模设置、选择集设置、配置设置和联机。

AutoCAD 2018 中调用【选项】对话框的方法有以下 3 种。

(1)选择【工具】➤【选项】菜单命令。

(2)在命令行中输入【OPTIONS/OP】命令。

(3)选择【应用程序菜单】按钮 **A·**（窗口左上角）➤【选项】命令。

在命令行输入【OP】,按空格键弹出【选项】对话框,如下图所示。

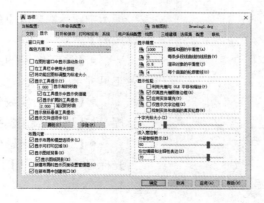

2.2.1 显示设置

显示设置用于设置窗口的明暗、背景颜色、布局元素、显示精度、显示性能及十字光标的大小等。在【选项】对话框中的【显示】选项卡下可以进行显示设置。

1. 窗口元素

窗口元素包括在图形窗口中显示滚动条、在工具栏中使用大按钮、将功能区图标调整为标准大小、显示工具提示、显示鼠标悬停工具提示、颜色和字体等选项，如下图所示。

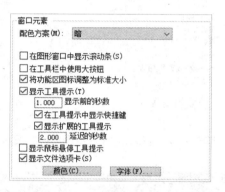

【窗口元素】选项区域中的各项的含义如下。

● 【配色方案】：用于设置窗口（例如，状态栏、标题栏、功能区栏和应用程序菜单边框）的明亮程度，在【窗口元素】选项区域中单击【配色方案】下三角按钮，在下拉列表框中可以设置配色方案为"明"或是"暗"。

● 【在图形窗口中显示滚动条】：勾选该复选框，将在绘图区域的底部和右侧显示滚动条，如下图所示。

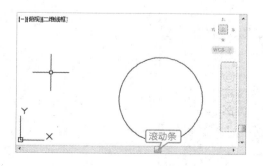

● 【在工具栏中使用大按钮】：该功能在 AutoCAD 经典工作环境下有效，默认情况下的图标是 16×16 像素显示的，勾选该复选框将以 32×32 像素的更大格式显示按钮。

● 【将功能区图标调整为标准大小】：当它们不符合标准图标的大小时，将功能区小图标缩放为 16×16 像素，将功能区大图标缩放为 32×32 像素。

● 【显示工具提示】：勾选该复选框后将光标移动到功能区、菜单栏、功能面板和其他用户界面上，将出现提示信息，如下图所示。

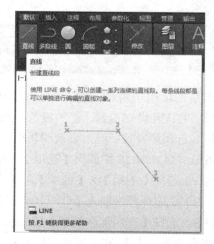

● 【在工具提示中显示快捷键】：在工具提示中显示快捷键【Alt + 按键】及【Ctrl + 按键】。

● 【显示扩展的工具提示】：控制扩展工具提示的显示。

● 【延迟的秒数】：设置显示基本工具提示与显示扩展工具提示之间的延迟时间。

● 【显示鼠标悬停工具提示】：控制当光标悬停在对象上时鼠标悬停工具提示的显

示，如下图所示。

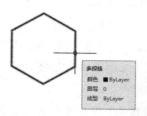

●【颜色】：单击该按钮，弹出【图形窗口颜色】对话框，在该对话框中可以设置窗口的背景颜色、光标颜色、栅格颜色等，如下图将二维模型空间的统一背景色设置为白色。

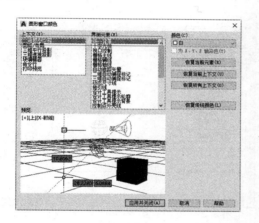

●【字体】：单击该按钮，弹出【命令行窗口字体】对话框。使用此对话框指定命令行窗口文字字体，如下图所示。

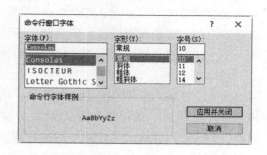

2. 十字光标大小显示

在【十字光标大小】选项框中可以对是指光标的大小进行设置，下图是"十字光标"为 5% 和 20% 的显示对比。

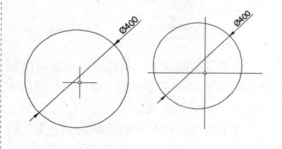

2.2.2 打开与保存设置

选择【打开和保存】选项卡，在这里用户可以设置文件另存的格式。如下图所示。

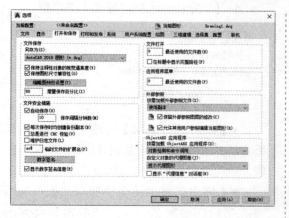

1.【文件保存】选项框

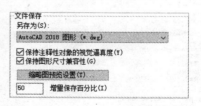

●【另存为】：该选项可以设置文件保存的格式和版本，这里的另存格式一旦设定就将被作为默认保存格式一直延用下去，直到下次修改为止。

●【缩略图预览设置】：单击该按钮，

弹出【缩略图预览设置】对话框，此对话框控制保存图形时是否更新缩略图预览。

●【增量保存百分比】：设置图形文件中潜在浪费空间的百分比。完全保存将消除浪费的空间。增量保存较快，但会增加图形的大小。如果将"增量保存百分比"设置为0，则每次保存都是完全保存。要优化性能，可将此值设置为50。如果硬盘空间不足，可将此值设置为25。如果将此值设置为20或更小，SAVE 和 SAVEAS 命令的执行速度将明显变慢。

2.【文件安全措施】选项框

●【自动保存】：勾选该复选框可以设置保存文件的间隔分钟数，这样可以避免因为意外造成数据丢失。

●【每次保存时均创建备份副本】：提高增量保存的速度，特别是对于大型图形。

当保存的源文件出现错误时，可以通过备份文件来恢复，关于如何打开备份文件请参见第1章高手支招相关内容。

●【安全选项】：主要用来给图形文件加密，关于如何给文件加密请参见第1章高手支招相关内容。

3. 设置临时图形文件保存位置

如果因为突然断电或死机造成文件没有保存，可以在【选项】对话框里打开【文件】选项卡，点开【临时图形文件位置】前面的"⊞"展开得到系统自动保存的临时文件路径，如下图所示。

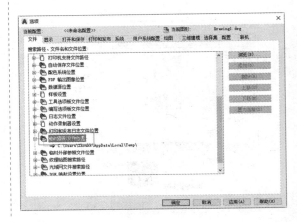

2.2.3 用户系统配置

用户系统配置可以设置是否采用 Windows 标准操作、插入比例、坐标输入的优先级、关联标注、块编辑器设置、线宽设置、默认比例列表等相关设置，如下图所示。

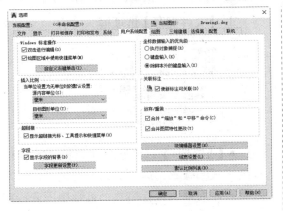

1.【Windows 标准操作】选项框

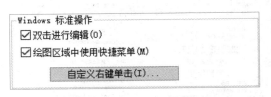

●【双击进行编辑】：选中该选项后直接双击图形就会弹出相应的图形编辑对话框，就可以对图形进行编辑操作了。

●【绘图区域中使用快捷菜单】：勾选该选项后在绘图区域单击"右键"会弹出相应的快捷菜单。如果取消该选项的选择，则下面的【自定义右键】按钮将不可用，AutoCAD 直接默认单击右键相当于重复上一次命令。

●【自定义右键单击】：按钮可控制在绘图区域中右击是显示快捷菜单还是与按【Enter】键的效果相同，单击【自定义右键单击……】按钮，弹出【自定义右键单击】对话框，如下图所示。

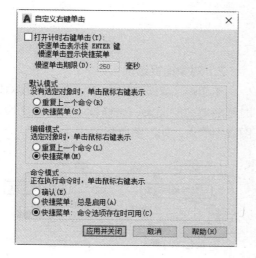

（1）打开计时右键单击

控制右击操作。快速单击与按【Enter】键的效果相同。缓慢单击将显示快捷菜单。可以用毫秒来设置慢速单击的持续时间。

（2）默认模式

确定未选中对象且没有命令在运行时，在绘图区域中右击所产生的结果。

●【重复上一个命令】：当没有选择任何对象且没有任何命令运行时，在绘图区域中与按【Enter】键的效果相同，即重复上一次使用的命令。

●【快捷菜单】：启用"默认"快捷菜单。

（3）编辑模式

确定当选中了一个或多个对象且没有命令在运行时，在绘图区域中右击所产生的结果。

●【重复上一个命令】：当选择了一个或多个对象且没有任何命令运行时，在绘图区域右击与按【Enter】键的效果相同，即重复上一次使用的命令。

●【快捷菜单】：启用"编辑"快捷菜单。

（4）命令模式

确定当命令正在运行时，在绘图区域右击所产生的结果。

●【确认】：当某个命令正在运行时，在绘图区域中右击与按【Enter】键的效果相同。

●【快捷菜单总是启用】：启用"命令"快捷菜单。

●【快捷菜单命令选项存在时可用】：仅当在命令提示下命令选项为可用状态时，才启用"命令"快捷菜单。如果没有可用的选项，则右击与按【Enter】键的效果一样。

2.【关联标注】选项框

勾选关联标注后，当图形发生变化时，标注尺寸也随着图形的变化而变化。当取消关联标注后，再进行尺寸的标注，当图形修改后尺寸不再随着图形变化。关联标注选项如下图所示。

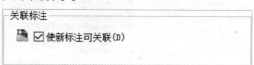

2.2.4 绘图设置

绘图设置可以设置绘制二维图形时的相关设置，包括自动捕捉设置、自动捕捉标记大小、对象捕捉选项以及靶框大小等，选择【绘图】选项卡，如下图所示。

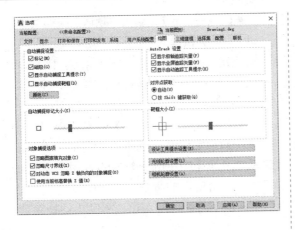

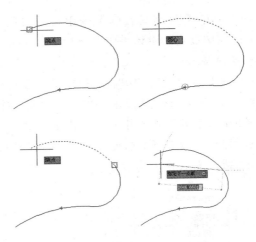

1. 自动捕捉设置

可以控制自动捕捉标记、工具提示和磁吸的显示。

勾选磁吸复选框，绘图时，当光标靠近对象时，按【Tab】键可以切换对象所有可用的捕捉点，即使不靠近该点，也可以吸取该点成为直线的一个端点。如下图所示。

2. 对象捕捉选项

【忽略图案填充对象】可以在捕捉对象时忽略填充的图案，这样就不会捕捉到填充图案中的点，如下图所示。

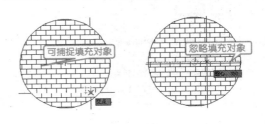

2.2.5 三维建模设置

三维建模设置主要用于设置三维绘图时的操作习惯和显示效果，其中较为常用的有视口控件的显示、曲面的素线显示和鼠标滚轮缩放方向，选择【三维建模】选项卡，如下图所示。

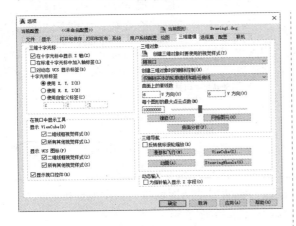

1. 显示视口控件

可以控制视口控件是否在绘图窗口显示，当勾选该复选框时显示视口控件，取消该复选框则不显示视口控件，下图分别为显示视口控件的绘图界面和不显示视口控件的绘图界面。

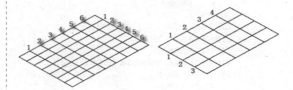

方向和 V 方向线数都为 6，下右图的平面曲面 U 方向的线数为 3，V 方向上的线数为 4。

3. 鼠标滚轮缩放设置

AutoCAD 默认向上滚动滚轮放大图形，向下滚动滚轮缩小图形，这可能和一些其他三维软件中的设置相反，对于习惯向上滚动滚轮缩小，向下滚动放大的读者，可以勾选【反转鼠标滚轮缩放】复选框，改变默认设置即可。

2. 曲面上的素线数

曲面上的素线数主要是控制曲面的 U 方向和 V 方向的线数，下左图的平面曲面 U

2.2.6　选择集设置

选择集设置主要包含选择模式的设置和夹点的设置，选择【选择集】选项卡，如下图所示。

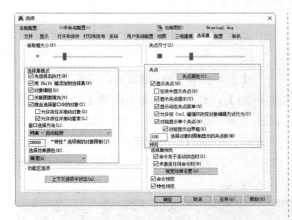

1. 选择集模式

【选择集模式】选项框中各选项的含义如下。

●【先选择后执行】：选中该复选框后，允许先选择对象（这时选择的对象显示有夹点），然后再调用命令。如果不勾选该命令，则只能先调用命令，然后再选择对象（这时选择的对象没有夹点，一般会以虚线或加亮显示）。

●【用 Shift 键添加到选择集】：勾选该选项后只有在按住【Shift】键时才能进行多项选择。

●【对象编组】：该选项是针对编组对象的，勾选了该复选框，只要选择编组对象中的任意一个，则整个对象将被选中。利用【GROUP】命令可以创建编组。

●【隐含选择窗口中的对象】：在对象外选择了一点时，初始化选择对象中的图形。

●【窗口选择方法】：窗口选择方法有 3 个选项，即两次单击、按住并拖动和两者—自动检测，如上图所示，默认选项为"两者—自动检测"。

2. 夹点设置

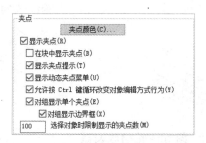

【夹点】选项框中各选项的含义如下。

● 【夹点颜色】：单击该按钮，弹出【夹点颜色】对话框，在该对话框中可以更改夹点显示的颜色，如下图所示。

● 【显示夹点】：勾选该选项后在没有任何命令执行的时候选择对象，将在对象上显示夹点，否则将不显示夹点，下图为勾选和不勾选情况下选择的效果对比。

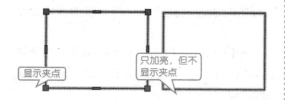

● 【在块中显示夹点】：该选项控制在没有命令执行时选择图块是否显示夹点，勾选该复选框则显示，否则不显示，两者的对比如下图所示。

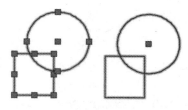

● 【显示夹点提示】：当光标悬停在支持夹点提示自定义对象的夹点上时，显示夹点的特定提示。

● 【显示动态夹点菜单】：控制在将鼠标悬停在多功能夹点上时动态菜单显示，如下图所示。

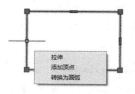

【允许按住 Ctrl 键循环改变对象编辑方式行为】：允许多功能夹点按【Ctrl】键循环改变对象的编辑方式。如上图，单击选中该夹点，然后按【Ctrl】键，可以在"拉伸""添加顶点""转换为圆弧"选项之间循环选择执行方式。

2.3 对象捕捉

 本节视频教程时间：3 分钟

在绘制图形时，往往难以使用光标准确定位，这时可以使用 AutoCAD 2018 提供的捕捉、栅格和正交等功能来辅助定位。

2.3.1 使用捕捉模式和栅格功能

捕捉和栅格是 AutoCAD 2018 中最基本的辅助绘图工具，而且捕捉功能和栅格功能需要同时启用才能起到利用栅格精确绘图的作用。

在 AutoCAD 2018 中启用捕捉和栅格功能通常有以下 4 种方法。

（1）选择【工具】➤【绘图设置】菜单命令➤【捕捉和栅格】选项卡。

（2）单击状态栏中的【捕捉模式】按钮▦和【栅格显示】按钮▦可分别开启捕捉功能和栅格功能。

（3）通过键盘【F9】快捷键和【F7】快捷键可分别开启捕捉功能和栅格功能。

（4）命令行输入【Dsettings】命令并按【Enter】键➤【捕捉和栅格】选项卡。

下面将利用捕捉和栅格功能绘制一个不规则多边形，具体操作步骤如下。

❶ 启动 AutoCAD 2018，选择【工具】➤【绘图设置】菜单命令，弹出【草图设置】对话框并选择【捕捉和栅格】选项卡。

❷ 选中【启用捕捉】复选框。

📝 **提示**　启用捕捉各选项含义如下。

● 【启用捕捉】：打开或关闭捕捉模式。也可以通过单击状态栏上的【捕捉】按钮或按【F9】键来打开或关闭捕捉模式。

● 【捕捉间距】：控制捕捉位置的不可见矩形栅格，以限制光标仅在指定的 x 和 y 间隔内移动。

● 【捕捉 X 轴间距】：指定 x 方向的捕捉间距。间距值必须为正实数。

● 【捕捉 Y 轴间距】：指定 y 方向的捕捉间距。间距值必须为正实数。

● 【x 轴间距和 y 轴间距相等】：为捕捉间距和栅格间距强制使用同一 x 和 y 间距值。捕捉间距可以与栅格间距不同。

● 【极轴间距】：控制极轴捕捉增量距离。

● 【极轴距离】：选定【捕捉类型和样式】下的【PolarSnap】时，设置捕捉增量距离。如果该值为 0，则 PolarSnap 距离采用【捕捉 x 轴间距】的值。【极轴距离】设置与极坐标追踪和（或）对象捕捉追踪结合使用。如果两个追踪功能都未启用，则【极轴距离】设置无效。

● 【矩形捕捉】：将捕捉样式设置为标准"矩形"捕捉模式。当捕捉类型设置为"栅格"并且打开【捕捉】模式时，光标将捕捉矩形捕捉栅格。

● 【等轴测捕捉】：将捕捉样式设置为"等轴测"捕捉模式。当捕捉类型设置为"栅格"并且打开【捕捉】模式时，光标将捕捉等轴测捕捉栅格。

● 【PolarSnap】：将捕捉类型设置为"PolarSnap"。如果启用了【捕捉】模式并在极轴追踪打开的情况下指定点，光标将沿在"极轴追踪"选项卡上相对于极轴追踪起点设置的极轴对齐角度进行捕捉。

❸ 选中【启用栅格】复选框。

提示 启用栅格各选项含义如下。

- 【启用栅格】：打开或关闭栅格。也可以通过单击状态栏上的【栅格】按钮或按【F7】键，或使用 GRIDMODE 系统变量，来打开或关闭栅格模式。
- 【二维模型空间】：将二维模型空间的栅格样式设定为点栅格。
- 【块编辑器】：将块编辑器的栅格样式设定为点栅格。
- 【图纸/布局】：将图纸和布局的栅格样式设定为点栅格。
- 【栅格间距】：控制栅格的显示，有助于形象化显示距离。
- 【栅格 Y 轴间距】：指定 y 方向上的栅格间距。如果该值为 0，则栅格采用【捕捉 Y 轴间距】的值。
- 【每条主线之间的栅格数】：指定主栅格线相对于次栅格线的频率。VSCURRENT 设置为除二维线框之外的任何视觉样式时，将显示栅格线而不是栅格点。
- 【栅格行为】：控制当 VSCURRENT 设置为除二维线框之外的任何视觉样式时，所显示栅格线的外观。
- 【自适应栅格】：缩小时，限制栅格密度。允许以小于栅格间距的间距再拆分。放大时，生成更多间距更小的栅格线。主栅格线的频率确定了这些栅格线的频率。
- 【显示超出界线的栅格】：显示超出 LIMITS 命令指定区域的栅格。
- 【遵循动态 UCS】：更改栅格平面以跟随动态 UCS 的 xy 平面。

④ 单击【确定】按钮，选择【绘图】➢【直线】菜单命令，在绘图区单击指定直线第一点。

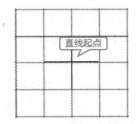

⑤ 在绘图区移动光标并单击指定直线的第二点。

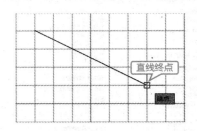

⑥ 重复上述步骤，最终效果如图所示。

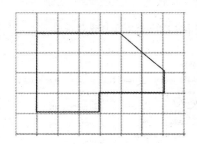

2.3.2 使用正交功能

开启正交功能可以在图纸上绘制水平或垂直的直线，相当于接受水平或垂直约束。在三维绘图或编辑状态中，光标将会沿标准轴测方向进行移动，即 x、y、z 轴（正负方向均可移动）。

在 AutoCAD 2018 中启用正交功能通常有以下两种方法。

（1）单击状态栏中的【正交模式】按钮 。

（2）通过键盘【F8】快捷键。

下面将利用正交功能绘制一个多边形，具体操作步骤如下。

① 启动 AutoCAD 2018，按【F8】键开启正交功能，然后选择【绘图】➢【直线】菜单命令，在绘图区域指定直线第一点。

❷ 沿水平方向移动光标并单击指定直线下一点。

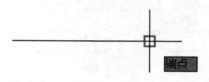

❸ 分别沿水平方向和竖直方向指定直线下一点，结果如右图所示。

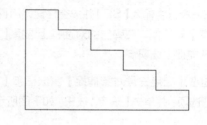

> **提示**　重复按【F8】键或重复单击【正交模式】按钮，可关闭正交功能。

2.4 三维对象捕捉

本节视频教程时间：2 分钟

使用三维对象捕捉功能可以控制三维对象的执行对象捕捉设置。使用执行对象捕捉设置，可以在对象上的精确位置指定捕捉点。选择多个选项后，将应用选定的捕捉模式，以返回距离靶框中心最近的点。

单击【三维对象捕捉】选项卡，如下图所示。

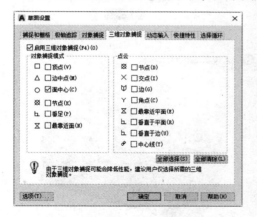

三维对象捕捉的各选项的含义如下。

在【对象捕捉模式】选项组中。

●【顶点】：捕捉到三维对象的最近顶点。

●【边中心】：捕捉到边的中心。

●【面中心】：捕捉到面的中心。

●【节点】：捕捉到样条曲线上的节点。

●【垂足】：捕捉到垂直于面的点。

●【最靠近面】：捕捉到最靠近三维对象面的点。

在【点云】选项组中。

●【节点】：捕捉到点云中最近的点。

●【交点】：捕捉到截面线矢量的交点。

●【边】：捕捉到两个平面的相交线上最近的点。

●【角点】：捕捉到三条线段的交点。

●【最靠近平面】：捕捉到点云的平面线段上最近的点。

●【垂直于平面】：捕捉到与点云的平面线段垂直的点。

●【垂直于边】：捕捉到与两个平面相交线垂直的点。

●【中心线】：捕捉到推断圆柱体中心线的最近的点。

●【全部选择】按钮：打开所有三维对象捕捉模式。

●【全部清除】按钮：关闭所有三维对象捕捉模式。

下面将利用三维对象捕捉定位点的方式装配减速器箱体模型，具体操作步骤如下。

❶ 打开"素材 \CH02\ 三维对象捕捉 .dwg"文件，如下图所示。

❷ 在命令行中输入【SE】并按空格键调用【草图设置】对话框,在弹出的对话框上选择【三维对象捕捉】选项卡。

❸ 勾选【启用三维对象捕捉】复选框和【面中心】选项,并单击【确定】按钮,如下图所示。

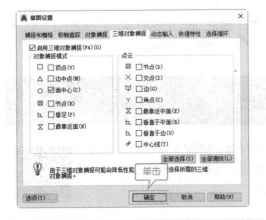

❹ 在命令行中输入【M】并按空格键调用【移动】命令,然后选择下箱体作为移动对象,并按空格键确认,如下图所示。

❺ 选择下图所示三维中心点作为移动基点。

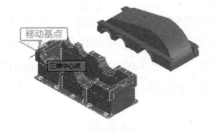

❻ 选择【视图】➤【动态观察】➤【受约束的动态观察】菜单命令,对视图进行相应旋转,如下图所示。

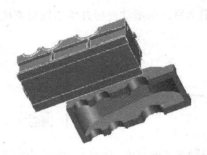

❼ 按【Esc】键退出动态观察,然后选择下图所示的三维中心点作为位移第二点。

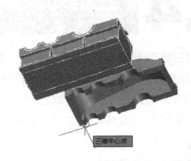

❽ 结果如图所示。

❾ 选择【视图】➤【三维视图】➤【西南等轴测】菜单命令,结果如下图所示。

2.5 对象追踪

本节视频教程时间：3 分钟

在 AutoCAD 中，用相对图形中的其他点来定位点的方法称为追踪。使用自动追踪功能可按指定角度绘制对象，或者绘制与其他对象有特定关系的对象。

2.5.1 极轴追踪

可以通过极轴追踪的设置进行与之相关的特殊点的捕捉。

在 AutoCAD 2018 中启用极轴追踪功能通常有以下 4 种方法。

（1）选择【工具】➤【绘图设置】菜单命令➤【极轴追踪】选项卡。

（2）单击状态栏中的【极轴追踪】按钮 。

（3）通过键盘【F10】快捷键。

（4）命令行输入【DSETTINGS】命令并按【Enter】键➤【极轴追踪】选项卡。

下面将利用极轴追踪的方式创建一个等边三角形，具体操作步骤如下。

❶ 启动 AutoCAD 2018，选择【工具】➤【绘图设置】菜单命令，弹出【草图设置】对话框，选择【极轴追踪】选项卡。

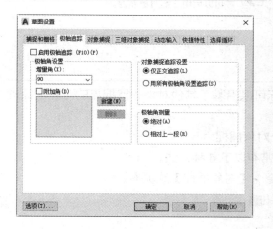

> 提示 极轴追踪选项卡各参数含义如下。
> ●【增量角】：设置用来显示极轴追踪对齐路径的极轴角增量。
> ●【附加角】：对极轴追踪使用列表中的任何一种附加角度。
> ●【角度列表】：如果选定"附加角"，将列出可用的附加角度。要添加新的角度，请单击【新建】。
> ●【新建】：最多可以添加 10 个附加极轴追踪对齐角度。
> ●【删除】：删除选定的附加角度。

> ●【仅正交追踪】：当对象捕捉追踪打开时，仅显示已获得的对象捕捉点的正交（水平/垂直）对象捕捉追踪路径。
> ●【用所有极轴角设置追踪】：将极轴追踪设置应用于对象捕捉追踪。
> ●【相对上一段】：根据上一个绘制线段确定极轴追踪角度。

❷ 勾选【启用极轴追踪】复选框，并将增量角设置为【60】，然后单击【确定】按钮。

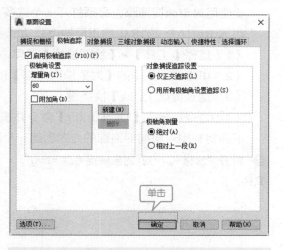

❸ 选择【绘图】➤【直线】菜单命令，并在空白绘图区域单击指定直线起点。

④ 移动光标以指定直线方向，如图所示。

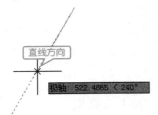

⑤ 在命令行输入"50"并按【Enter】键确认，以指定直线长度，命令行提示如下。

```
命令：_line
指定第一个点：
指定下一点或 [ 放弃 (U)]: 50
```

⑥ 结果如图所示。

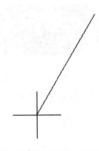

⑦ 重复步骤 3~6 的操作，分别在 0° 方向以及 120° 方向绘制长度为"50"的直线段，结果如图所示。

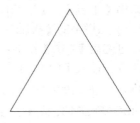

 提示　必须勾选【启用三维对象捕捉】复选框才可以启用三维对象捕捉。

2.5.2　对象捕捉追踪

使用对象捕捉追踪在命令中指定点时，光标可以沿基于其他对象的捕捉点的对齐路径进行追踪。

要使用对象捕捉追踪，必须打开一个或多个对象捕捉。

在 AutoCAD 2018 中启用极轴追踪功能通常有以下 4 种方法。

（1）选择【工具】➤【绘图设置】菜单命令 ➤【对象捕捉】选项卡。

（2）单击状态栏中的【对象捕捉追踪】按钮。

（3）通过键盘【F11】快捷键。

（4）命令行输入【Dsettings】命令并按【Enter】键 ➤【对象捕捉】选项卡。

下面将利用对象捕捉追踪的方式创建一个圆形，具体操作步骤如下。

① 打开"素材 \CH02\ 对象捕捉追踪 .dwg"文件。

② 选择【工具】➤【绘图设置】菜单命令，弹出【草图设置】对话框，选择【对象捕捉】选项卡。

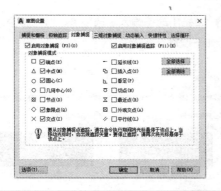

❸ 在【对象捕捉】选项卡中进行下图所示设置，并单击【确定】按钮。

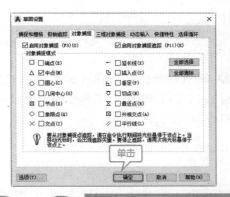

❹ 选择【绘图】➢【圆】➢【圆心、半径】菜单命令。利用对象捕捉追踪，捕捉矩形中心点为圆心。

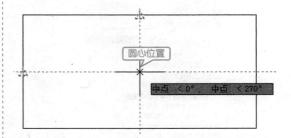

❺ 单击确定圆心，然后在命令行输入"50"作为圆的半径，并按【Enter】键确认，结果如图所示。

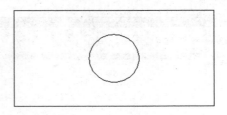

2.6 综合实战——创建样板文件

 本节视频教程时间：4 分钟

　　每个人的绘图习惯和爱好不同，通过本章介绍的基本设置可以设置适合自己绘图习惯的绘图环境，然后将完成设置的文件保存为 ".dwt" 文件（样板文件的格式）即可创建样板文件。

　　创建样板文件的具体操作步骤如下。

❶ 新建一个图形文件，然后在命令行输入【OP】并按空格键，在弹出的【选项】对话框中选择【显示】选项卡，如下图所示。

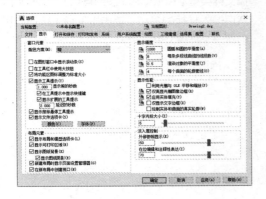

❷ 单击【颜色】按钮，在弹出的【图形窗口颜色】对话框上，将二维模型空间的统一背景改为白色，如下图所示。

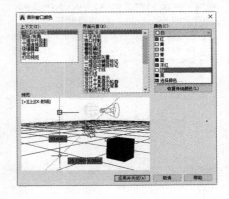

❸ 单击【应用并关闭】按钮，回到【选项】对话框，单击【配色方案】下拉列表，选择【明】，如下图所示。

❹ 单击【确定】按钮，回到绘图界面后，按【F7】将栅格关闭，结果如下图所示。

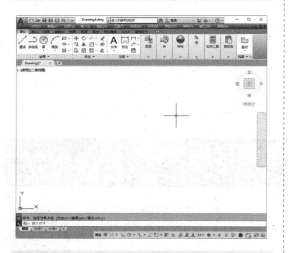

❺ 在命令行输入【SE】并按空格键，在弹出的【草图设置】对话框上选择【对象捕捉】选项卡，对对象捕捉模式进行如下设置。

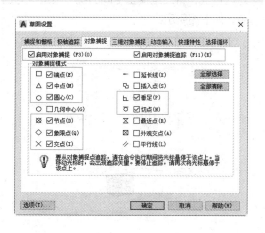

❻ 单击【动态输入】选项卡，对动态输入进行如下设置。

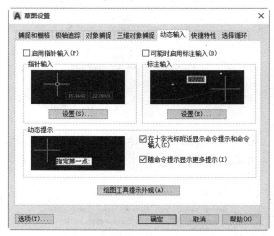

❼ 单击【确定】按钮，回到绘图界面后单击【文件】➤【打印】菜单命令，在弹出的【打印－模型】对话框中进行如下设置。

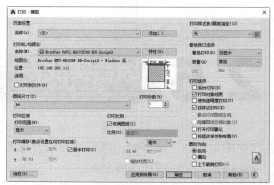

❽ 单击【应用到布局】按钮，然后单击【确定】按钮，关闭【打印－模型】对话框。按【Ctrl+S】组合键，在弹出的【图形另存为】对话框中选择文件类型【AutoCAD 图形样板（*.dwt）】，然后输入样板的名字，单击【保存】按钮即可创建一个样板文件。

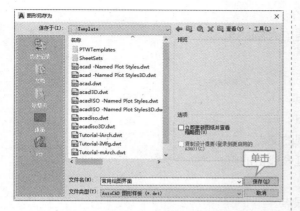

⑩ 创建完成后，再次启动 AutoCAD，然后单击新建按钮，在弹出的【选择样板】对话框中选择刚创建的样板文件为样板建立一个新的 AutoCAD 文件。

❾ 单击【保存】按钮，在弹出的【样板选项】对话框设置测量单位，然后单击【确定】按钮。

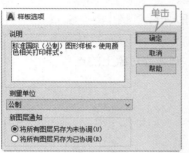

 高手私房菜

本节视频教程时间：3 分钟

技巧：临时捕捉

当需要临时捕捉某点时，可以按下【Shift】键或【Ctrl】键并右击，弹出对象捕捉快捷菜单，如下图所示。从中选择需要的命令，再把光标移到要捕捉对象的特征点附近，即可捕捉到相应的对象特征点。

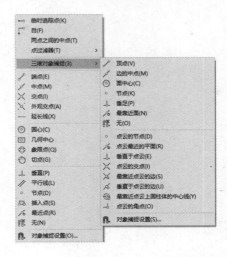

下面对"对象捕捉"的各选项进行具体介绍。

- 【临时追踪点■】：创建对象捕捉所使用的临时点。
- 【自■】：从临时参考点偏移。
- 【端点■】：捕捉到线段等对象的端点。
- 【中点■】：捕捉到线段等对象的中点。
- 【交点■】：捕捉到各对象之间的交点。
- 【外观交点■】：捕捉两个对象的外观的交点。
- 【延长线■】：捕捉到直线或圆弧的延长线上的点。
- 【圆心■】：捕捉到圆或圆弧的圆心。
- 【象限点■】：捕捉到圆或圆弧的象限点。
- 【捕切点■】：捕捉到圆或圆弧的切点。
- 【捕垂足■】：捕捉到垂直于线或圆上的点。
- 【平行线■】：捕捉到与指定线平行的线上的点。
- 【插入点■】：捕捉块、图形、文字或属性的插入点。
- 【节点■】：捕捉到节点对象。
- 【最近点■】：捕捉离拾取点最近的线段、圆、圆弧等对象上的点。
- 【无■】：关闭对象捕捉模式。
- 【对象捕捉设置■】：设置自动捕捉模式。

第 2 篇
二维图形篇

第

3

章

图层——创建机械制图图层

本章视频教程时间：40分钟

高手指引

    图层相当于重叠的透明"图纸"，每张"图纸"上面的图形都具备自己的颜色、线宽、线型等特性，将所有"图纸"上面的图形绘制完成后，再根据需要进行相应的隐藏或显示操作，即可得到最终的图形需求结果。为方便对 AutoCAD 对象进行统一管理和修改，用户可以把类型相同或相似的对象指定给同一图层。

重点导读

✚ 了解图层的基本概念
✚ 图层特性管理器
✚ 更改图层的控制状态
✚ 管理图层

3.1 图层的基本概念

本节视频教程时间：7 分钟

图层相当于重叠的透明图纸，每张图纸上面的图形都具备自己的颜色、线宽、线型等特性，将所有图纸上面的图形绘制完成后，用户可以根据需要对其进行相应的隐藏或显示设置，以得到最终的需求图形结果。

下面图 A 所示的桌椅图纸，可以理解为是由桌子和椅子两张透明的重叠图纸组合而成的，如图 B 所示。

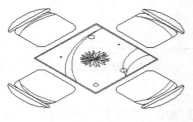

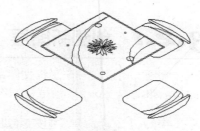

图 A　　　　　　　　　　　图 B

1. 图层的用途

为方便对 AutoCAD 对象进行统一管理和修改，用户可以把类型相同或相似的对象指定给同一图层。常见的图层管理功能有以下几项。

（1）为图层上的对象指定统一的颜色、线型、线宽等特性。

（2）设置某图层上的对象是否可见，以及是否被编辑。

（3）设置是否打印某图层上的对象。

2. 图层的特点

AutoCAD 中的新建图形均包含一个名称为"0"的图层，该图层无法删除或重命名。"0"图层主要有以下几个特点。

（1）"0"图层可以确保每个图形至少包含一个可用图层。

（2）"0"图层是一个特殊图层，可以提供与块中的控制颜色相关的参数。

 提示
"0"图层尽量用于放置图块，不要用于绘图。

3.2 图层特性管理器

本节视频教程时间：9 分钟

图层特性管理器可以显示图形中的图层列表及其特性，可以添加、删除和重命名图层，还可以更改图层特性、设置布局视口的特性替代或添加说明等。

打开图层特性管理器通常有以下 3 种方法。

（1）选择【格式】➤【图层】菜单命令。

（2）命令行输入【LAYER/LA】命令并按空格键。

（3）选择【默认】选项卡➤【图层】面板➤【图层特性】按钮 。

【图层特性管理器】对话框打开后如下图所示。

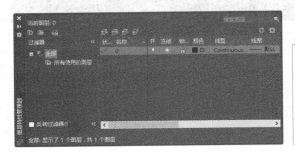

> **提示** AutoCAD 中的新建图形均包含一个名称为 "0" 的图层,该图层无法删除或重命名。图层 "0" 尽量用于放置图块,用户可以根据需要多创建几个图层,然后在相应图层上进行图形的绘制。

3.2.1 创建新图层

根据工作需要,可以在一个工程文件中创建多个图层,而每个图层可以控制相同属性的对象。下面将创建一个 "文字" 图层。

❶ 在命令行中输入【LA】命令,并按空格键确认。弹出【图层特性管理器】对话框,在该对话框中单击【新建图层】按钮 **各**。

❷ AutoCAD 自动创建一个名称为 "图层 1" 的图层,如下图所示。

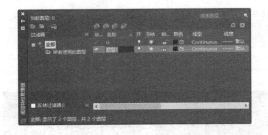

❸ 单击 "图层 1",在亮显的图层名上输入新图层名 "文字",结果如下图所示。

> **提示** 在 AutoCAD 中,创建的新图层默认名字为 "图层 1" "图层 2" ……,单击图层的名字,即可对图层名称进行修改,图层创建完毕后关闭【图层特性管理器】即可。
> 新图层将继承图层列表中当前选定图层的特性,比如颜色或开关状态等。

3.2.2 更改图层颜色

AutoCAD 系统中提供了 256 种颜色,通常在设置图层的颜色时,都会采用 7 种标准颜色:红色、黄色、绿色、青色、蓝色、紫色以及白色。这 7 种颜色区别较大又有名称,便于识别和调用。下面将通过更改手标牌颜色来介绍设置图层颜色的具体操作步骤。

❶ 打开 "素材 \CH03\ 更改图层颜色 .dwg",如下图所示。

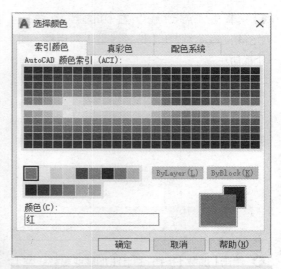

❷ 在命令行中输入【LA】命令，并按空格键
确认。弹出【图层特性管理器】对话框，如下
图所示。

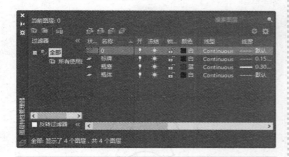

❸ 单击"标牌"右侧的颜色按钮■，弹出【选
择颜色】对话框，从中选择"红色"并单击【确
定】按钮，关闭该对话框，如下图所示。

❹ 设置完成后手标牌的颜色变更为红色。

3.2.3 更改图层线型

　　图层的线型用来表示图层中图形线条的特性，通过设置图层的线型可以区分不同对象所
代表的含义和作用，默认的线型方式为"Continuous（连续）"。AutoCAD 提供了实线、
虚线及点划线等 45 种线型，可以满足用户的不同要求。下面将通过更改点划线的线型来介
绍设置图层线型的操作步骤。

❶ 打开"素材 \CH03\ 更改图层线型 .dwg"，
如下图所示。

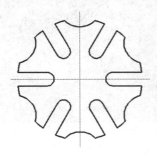

❷ 在命令行中输入【LA】命令，并按空格键
确认，弹出【图层特性管理器】对话框；如下
图所示。

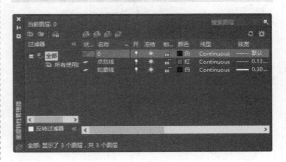

❸ 单击"点划线"右侧的线型按钮
Continuous，弹出【选择线型】对话框，如
下图所示。

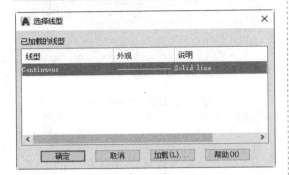

❹ 单击【加载】按钮，弹出【加载或重载线型】
对话框，如下图所示。

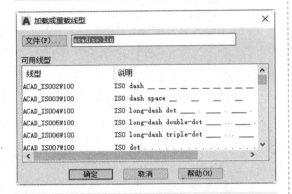

❺ 单击选择线型"CENTER"，并单击【确
定】按钮。

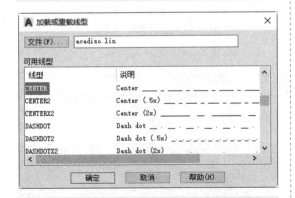

❻ 系统自动返回至【选择线型】对话框。选
择刚才加载的线型"CENTER"，并单击【确
定】按钮，如下图所示。

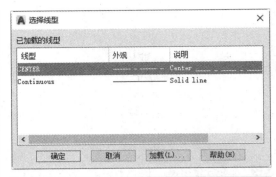

❼ 系统自动返回至【图层特性管理器】对话框，
将其关闭后，绘图区域显示如下图所示。

提示 如果中心线设置后仍显示为实线，可以
选择相应线条，然后选择【修改】➤【特性】
命令，在弹出的【特性】面板中对【线型比例】
进行相应更改。

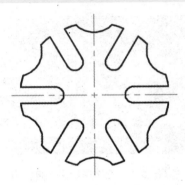

3.2.4　更改图层线宽

线宽是指定给图层对象和某些类型的文字的宽度值。使用线宽，可以用粗线和细线清楚地表现出截面的剖切方式、标高的深度、尺寸线和小标记，以及细节上的不同。

AutoCAD中有20多种线宽可供选择，其中TrueType字体、光栅图像、点和实体填充（二维实体）无法显示线宽。

下面将通过更改手柄线宽的方式介绍设置图层线宽的具体操作步骤。

❶　打开"素材\CH03\更改图层线宽.dwg"，如下图所示。

❷　在命令行中输入【LA】命令，并按空格键确认。弹出【图层特性管理器】对话框，如下图所示。

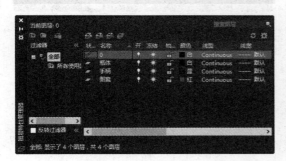

❸　单击"手柄"右侧的线宽按钮 —— 默认 ，弹出【线宽】选择框，并选择"0.30mm"作为新的线宽，如下图所示。

❹　单击【确定】按钮回到【图层特性管理器】对话框，"手柄"的线宽变成了0.3mm，如下图所示。

❺　单击【关闭】按钮，图中手柄的线宽发生改变，如下图所示。

提示　只有在线宽按钮显示打开时，线宽才能显示，打开线宽显示按钮的方法有如下两种。

（1）在状态栏上右击【显示/隐藏线宽】按钮。

（2）在命令行中输入【LWEIGHT /LW】后按空格键，在弹出的【线宽设置】对话框中勾选"显示线宽"，如下图所示。

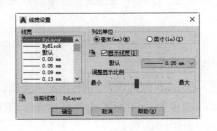

3.3 更改图层的控制状态

本节视频教程时间：5 分钟

图层可通过图层状态进行控制，以便于对图形进行管理和编辑。在 AutoCAD 2018 中有三个地方可以更改图层的控制状态：即图层特性管理器、快速工具栏图层下拉列表以及图层面板。下面将分别对图层状态的设置进行详细介绍。

3.3.1 打开／关闭图层

通过将图层打开或关闭可以控制图形的显示或隐藏。图层处于关闭状态时图层中的内容将被隐藏且无法编辑和打印。

① 打开"素材\CH03\打开或关闭图层.dwg"，如下图所示。

② 在命令行中输入【LA】命令，并按空格键确认。弹出【图层特性管理器】对话框，如下图所示。

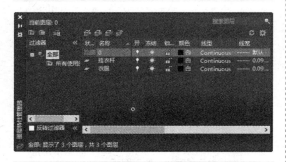

③ 单击"挂衣杆"后面的灯泡 💡（开／关按钮），

关闭该图层。

④ 关闭【图层特性管理器】对话框后挂衣杆处于不显示状态，如下图所示。

提示 若要显示图层中隐藏的文件，可重新单击灯泡按钮，使其呈亮显状态显示，以便打开被关闭的图层。

3.3.2 冻结／解冻图层

图层冻结时图层中的内容被隐藏，且该图层上的内容不能进行编辑和打印。将图层冻结可以减少复杂图形的重生成时间。图层冻结时将以灰色的雪花图标显示，图层解冻时将以明亮的太阳图标显示。

❶ 打开"素材 \CH03\ 冻结或解冻图层 .dwg",如下图所示。

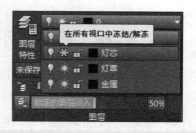

❸ 灯芯处于不显示状态,结果如下图所示。

❷ 单击【默认】选项卡下【图层】组中【图层】下拉按钮,单击"灯芯"后面的太阳图标,将该层冻结,如下图所示。

3·3·3 锁定 / 解锁图层

图层锁定后图层上的内容依然可见,但是不能被编辑。其具体操作步骤如下。

❶ 打开"素材 \CH03\ 锁定或解锁图层 .dwg",如下图所示。

❷ 单击【默认】选项卡 ➤【图层】面板中的图层选项,单击"植物"前面的锁定按钮,使"植物"图层锁定,如下图所示。

❸ 结果植物呈灰色显示,将光标移至锁定对象上,系统自动出现锁定符号,如下图所示。

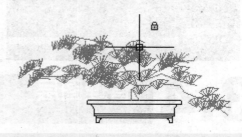

❹ 在命令行输入【M】并按空格键调用【移动】命令,选择绘图区域中的所有对象进行移动,命令提示如下。

命令：_move
选择对象：找到 612 个，总计 25 个
587 个在锁定的图层上。

❺ 结果花盆可以移动,但盆景不可以移动,如下图所示。

3·3·4 打印 / 不打印图层

图层的不打印设置只对图形中可见的图层（即图层是打开的并且是解冻的）有效。若图层设为打印但该层是冻结的或关闭的，此时 AutoCAD 将不打印该图层。

❶ 打开"素材 \CH03\ 打印或不打印图层 .dwg"，如下图所示。

❷ 在命令行中输入【LA】命令，并按空格键确认。弹出【图层特性管理器】对话框。

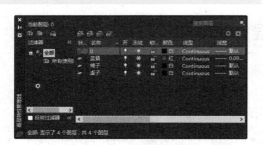

❸ "盆景"图层当前处于冻结状态。单击"桌子"图层右侧的打印按钮，使其处于不打印状态，如下图所示。

❹ 将【图层特性管理器】对话框关闭，然后选择【文件】➤【打印】命令，打印结果如下图所示。

3.4 管理图层

本节视频教程时间：5 分钟

通过对图层的有效管理，不仅可以提高绘图效率，保证绘图质量，还可以及时将无用图层删除，节约磁盘空间。下面将以实例的形式分别对图层的管理进行详细介绍。

3·4·1 切换当前层

根据绘图需要，可能会经常切换当前图层。切换当前图层的方法很多，例如可以利用【图层工具】菜单命令切换；可以利用图层选项板中的相应选项切换；可以利用【图层特性管理器】对话框切换；可以利用快速访问工具栏来切换等。

1. 利用【图层特性管理器】对话框切换当前图层

❶ 打开"素材 \CH03\ 切换当前层 .dwg"文件，如下图所示。

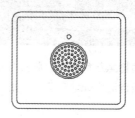

❷ 在命令行中输入【LA】命令，并按空格键确认。弹出【图层特性管理器】对话框。

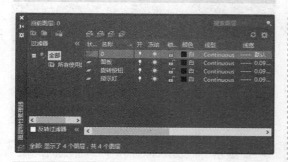

❸ 当前图层为图层"0"，选择"旋转按钮"层并单击置为当前按钮，结果如下图所示。

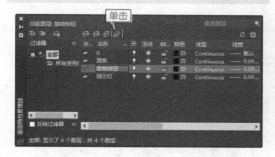

> **提示**　在"图层特性选项板"中选中图层，然后双击也可以将该层设置为当前层。

2. 利用"图层"选项卡切换当前图层

❶ 打开"素材 \CH03\ 切换当前层 .dwg"文件。

❷ 单击【默认】选项卡 ➤【图层】面板中的图层选项，将其展开，如下图所示。

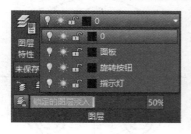

❸ 选择"旋转按钮"层，即可将该图层置为当前层，如下图所示。

3. 利用"图层工具"菜单命令切换当前图层

❶ 打开"素材 \CH03\ 切换当前层 .dwg"文件。

❷ 选择【格式】➤【图层工具】➤【将对象的图层置为当前】选项，如下图所示。

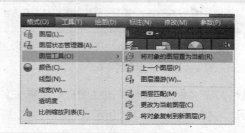

❸ 在绘图窗口中选择圆形，如下图所示。

❹ 系统自动将"旋转按钮"层置为当前。

3.4.2　删除图层

删除不用的图层可以有效地减少图形所占的空间。其具体操作步骤如下。

❶ 打开"素材\CH03\删除图层.dwg"文件，如下图所示。

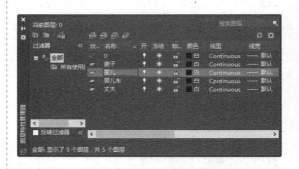

❷ 在命令行中输入【LA】命令，并按空格键确认。弹出【图层特性管理器】对话框。选择"全家福"图层，然后单击"删除"按钮，结果如下图所示。

提示　系统默认的图层"0"、包含图形对象的层、当前图层以及使用外部参照的图层是不能被删除的。

3·4·3　改变图形对象所在图层

在利用 AutoCAD 绘图的过程中可以将其他图层的对象切换至当前图层，以改变其显示状态。其具体操作步骤如下。

❶ 打开"素材\CH03\改变图形对象所在图层.dwg"文件，如下图所示。

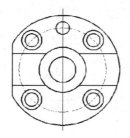

❷ 选择图中的中心线，如下图所示。

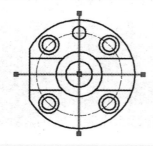

❸ 单击【默认】选项卡➤【图层】面板中的图层选项，选择"点划线"层，如下图所示。

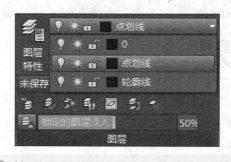

❹ 结果如下图所示。

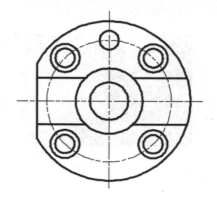

3.5 综合实战——创建机械制图图层

本节视频教程时间：7 分钟

为了使绘制的图形有层次感，一般在绘图之前会先根据需要设置若干图层，接下来就以机械制图为例，创建机械制图中常用的图层。

❶ 新建一个 "dwg" 文件，单击【默认】选项卡➤【图层】面板➤【图层特性】按钮，弹出【图层特性管理器】对话框，如下图所示。

❷ 连续单击【新建图层】按钮，除了 0 层再创建 6 个图层，如下图所示。

❸ 将新建的 6 个图层的名字依次更改为 "标注""粗实线""剖面线""文字""细实线""中心线"，如下图所示。

❹ 单击 "中心线" 图层的线型按钮

【Continuous】，弹出【选择线型】对话框。

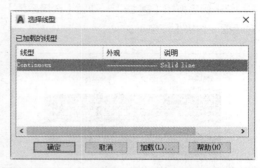

❺ 单击【加载】按钮，弹出【加载或重载线型】对话框，选择【CENTER】线型。

❻ 单击【确定】按钮后返回【选择线型】对话框并选择【CENTER】线型。

❼ 单击【确定】按钮后返回【图层特性管理器】对话框，"中心线" 图层的线型已变成【CENTER】线型，如下图所示。

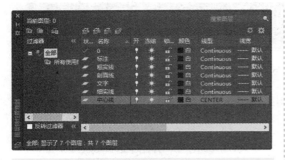

⑧ 单击颜色按钮【■ 白】，弹出【选择颜色】对话框，选择【红色】。

⑨ 单击【确定】按钮，返回到【图层特性管理器】后，颜色变成了红色。

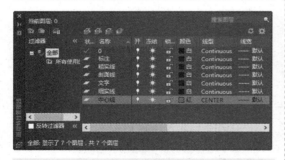

⑩ 单击线宽按钮【—— 默认】，弹出【线宽】对话框，选择线宽为 0.15mm。

⑪ 单击【确定】按钮，返回到【图层特性管理器】后，线宽变成了 0.15mm。

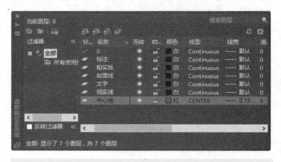

⑫ 重复步骤 2~11，设置其他图层的颜色、线型和线宽，结果如下图所示。

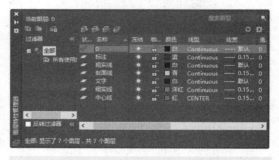

⑬ 设置完成后关闭【图层特性管理器】对话框。

高手私房菜

本节视频教程时间：7 分钟

技巧 1：在同一个图层上显示不同的线型、线宽和颜色

对于图形较小、结构比较明确、比较容易绘制的图形，新建图层就显得比较烦琐。在这种情况下，可以在同一个图层上为图形对象的不同区域进行不同线型、不同线宽及不同颜色的设置，以便于实现对图层的管理。其具体操作步骤如下。

❶　打开"素材 \CH03\ 同一个图层上显示不同的线型、线宽和颜色 .dwg"文件，如下图所示。

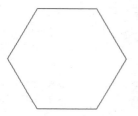

❷　单击选择下图所示的线段。

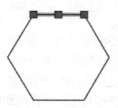

❸　单击【默认】选项卡 ➤【特性】面板中的颜色下拉按钮，并选择"红色"。

❹　单击【默认】选项卡 ➤【特性】面板中的线宽下拉按钮，并选择线宽值"0.30"。

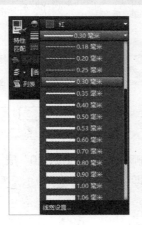

❺　单击【默认】选项卡 ➤【特性】面板中的线型下拉按钮，单击【其他】选项。

❻　弹出【线型管理器】对话框，单击"加载"按钮，如下图所示。

❼　弹出【加载或重载线型】对话框并选择"ACAD_ISO003W100"线型，然后单击【确定】按钮，如下图所示。

❽　回到【线型管理器】对话框后，可以看到"ACAD_ISO003W100"线型已经存在。

⑨ 单击【确定】按钮，关闭"线型管理器"，然后单击【默认】选项卡➤【特性】面板中的线型下拉按钮，并选择刚加载的"ACAD_ISO003W100"线型，如下图所示。

⑩ 所有设置完成后结果如下图所示。

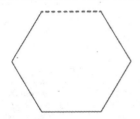

技巧 2：如何删除顽固图层

方法 1：

打开一个 AutoCAD 文件，将无用图层全部关闭，然后在绘图窗口中将需要的图形全部选中，并按下键盘上的【Ctrl+C】组合键。之后新建一个图形文件，并在新建图形文件中按下键盘上的【Ctrl+V】组合键，无用图层将不会被粘贴至新文件中。

方法 2：

❶ 打开一个 AutoCAD 文件，把要删除的图层关闭，在绘图窗口中只保留需要的可见图形，然后选择【文件】➤【另存为】命令，确定文件名及保存路径后，将文件类型指定为"*.DXF"格式，并在"图形另存为"对话框中选择"工具➤选项"命令，如下图所示。

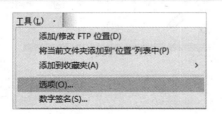

❷ 在弹出的【另存为选项】对话框中选择【DXF 选项】，并勾选【选择对象】复选框。如下图所示。

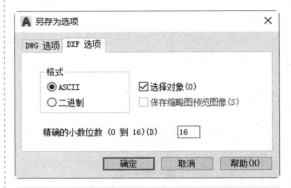

❸ 单击【另存为选项】对话框中的【确定】按钮后，系统自动返回至【图形另存为】对话框。单击【保存】按钮，系统自动进入绘图窗口，在绘图窗口中选择需要保留的图形对象，然后按【Enter】键确认并退出当前文件，即可完成相应对象的保存。在新文件中无用的图块被删除。

方法 3：

使用 laytrans 命令可将需删除的图层影射为"0"层，这个方法可以删除具有实体对象或被其他块嵌套定义的图层。

❶ 在命令行中输入【LAYTRANS】，并按【Enter】键确认。

命令：LAYTRANS

❷ 打开【图层转换器】对话框，如下图所示。

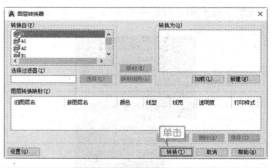

❸ 将需删除的图层影射为"0"层，单击【转换】按钮即可。

第4章

图块——创建并插入带属性的 "粗糙度" 图块

本章视频教程时间：20 分钟

高手指引

AutoCAD 提供了强大的块和属性功能，在绘图时可以创建块、插入块、定义属性、修改属性和编辑属性，极大地提高了绘图效率。

重点导读

- 认识块
- 创建块
- 创建和编辑带属性的块

4.1 认识块

本节视频教程时间：1分钟

　　图块是一组图形实体的总称，在图形中需要插入某些特殊符号时经常会用到该功能。在应用过程中，AutoCAD 图块将作为一个独立的、完整的对象来操作，在图块中各部分图形可以拥有各自的图层、线型、颜色等特征。用户可以根据需要按指定比例和角度将图块插入到指定位置。

　　AutoCAD 图块是作为一个实体插入的，在应用过程中只保存图块的整体特征参数，而不需要保存图块中每一个实体的特征参数，因此在复杂图形中应用图块功能可以有效节省磁盘空间。

　　在应用图块的过程中，如果修改或重定义一个已定义的图块，系统将自动更新当前图形中已插入的所有相关图块。

　　块可以是绘制在几个图层上的不同颜色、线型和线宽特性的对象的组合。尽管块总是在当前图层上，但块参照保存了有关包含在该块中的对象的原图层、颜色和线型特性的信息。可以控制块中的对象是保留其原特性还是继承当前图层的颜色、线型或线宽设置。

4.2 创建块

本节视频教程时间：6分钟

　　图块是一组图形实体的总称，在应用过程中，AutoCAD 图块将作为一个独立的、完整的对象来操作，在图块中各部分图形可以拥有各自的图层、线型、颜色等特征。

 ## 4.2.1 创建内部块

　　块分为内部块和全局块（写块），内部块顾名思义只能在当前图形内部使用。创建内部块的方法通常有"使用对话框"创建或"命令行"创建，下面将分别进行详细介绍。

1. 使用对话框创建块

【块定义】对话框的几种常用调用方法如下。

（1）选择【绘图】➤【块】➤【创建】菜单命令。

（2）在命令行中输入【BLOCK/B】命令并按空格键确认。

（3）单击【插入】选项卡➤【块定义】面板中的【创建块】按钮。

调用命令后，弹出【块定义】对话框，如下图所示。

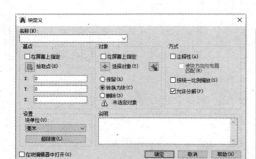

> 提示　【块定义】对话框中各选项含义如下。
>
> ● 【名称】文本框：指定块的名称。名称最多可以包含 255 个字符，包括字母、数字、空格，以及操作系统或程序未作他用的任何特殊字符。
>
> ● 【基点】：指定块的插入基点，默认值是 (0,0,0)。用户可以选中【在屏幕上指定】复选框，也可单击【拾取点】按钮，在绘图区单击指定。

提示 ●【对象】：指定新块中要包含的对象，以及创建块之后如何处理这些对象，如果选择保留，则创建块以后，选定对象仍保留在图形中；如果选择转化为块，则创建块以后，将选定对象转换成块后保留在图形中；如果选择删除，则创建块以后，将选定对象从图形中删除。

●【方式】：指定块的方式。在该区域中可指定块参照是否可以被分解和是否阻止块参照不按统一比例缩放。如果勾选了【允许分解】，则块插入到图形后可以将其分解，否则不能将插入的块分解。

●【设置】：指定块的设置。在该区域中可指定块参照插入单位等。

　　下面将对使用对话框创建块的方法进行详细介绍，具体操作步骤如下。

❶ 打开 "素材 \CH04\ 使用对话框创建块 .dwg" 文件。

❷ 在命令行中输入【B】命令并按空格键确认，在弹出【块定义】对话框上选择【转换为块】，如下图所示。

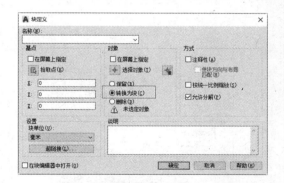

❸ 单击【选择对象】前的 ⊕ 按钮，并在绘图区域中选择下图所示的图形对象作为组成块的对象。

选择图形对象

❹ 按【Enter】键以确认，返回【块定义】对话框，单击【拾取点】按钮 🔣，然后捕捉下图所示的中点为拾取点。

中点

❺ 返回【块定义】对话框后为块添加名称【花瓶】，并单击【确定】按钮结束块的创建。

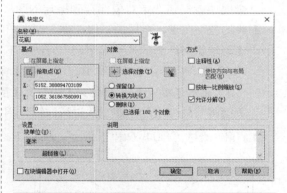

❻ 回到绘图区域后鼠标放置到图形上，AutoCAD 提示图形为块，如下图所示。

块参照
颜色 ■ByLayer
图层 0
线型 ByLayer

61

2. 使用命令行创建块

下面对使用命令行创建块的方法进行详细介绍。

❶ 打开"素材 \CH04\ 使用命令行创建块.dwg"文件。

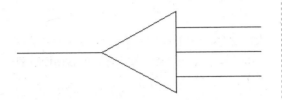

❷ 在命令行中输入【-B】并按【Enter】键确认。

命令：-B

❸ 在命令行中输入块名称"电缆密封终端"并按【Enter】键确认。

输入块名或 [?]: 电缆密封终端

❹ 在绘图区域中单击指定基点，如图所示。

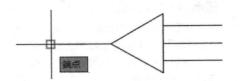

❺ 在绘图区域中选择下图所示的图形对象作为组成块的对象。

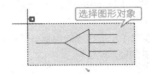

选择图形对象

❻ 按【Enter】键确认以结束命令。

> **提示** AutoCAD 默认使用【-BLOCK】命令创建块后原图形是删除的。在【-BLOCK】命令创建块之后立即输入【OOPS】命令可以恢复已删除的对象并且创建块依然保留着。

4.2.2 创建全局块

全局块就是将选定对象保存到指定的图形文件或将块转换为指定的图形文件，全局块和内部块的差别在于，全局块不仅能插入到当前的图形中，还能插入到其他外部图形中。

【写块】对话框的几种常用调用方法如下。

（1）在命令行中输入【WBLOCK/W】命令并按空格键确认。

（2）单击【插入】选项卡 ➤【块定义】面板中的【写块】按钮 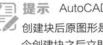。

下面将对外部块的创建方法进行详细介绍，具体操作步骤如下。

❶ 打开"素材 \CH04\ 双扇门 .dwg"文件。

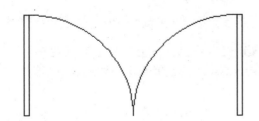

❷ 在命令行中输入【W】命令后按空格键，弹出【写块】对话框。

❸ 单击【选择对象】前的 ✛ 按钮，在绘图区选择对象，并按【Enter】键确认。

選擇圖形對象

④　单击【拾取点】前的 ■ 按钮，在绘图区选择下图所示的点作为插入基点。

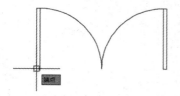

基点

⑤　在【文件名和路径】栏中可以设置保存路径。

選擇圖形對象

⑥　设置完成后单击【确定】按钮。

4.3　创建和编辑带属性的块

本节视频教程时间：7 分钟

　　要想创建属性，首先要创建包含属性特征的属性定义。属性特征主要包括标记（标识属性的名称）、插入块时显示的提示、值的信息、文字格式、块中的位置和所有可选模式（不可见、常数、验证、预设、锁定位置和多行）。

4.3.1　定义属性

　　属性是所创建的包含在块定义中的对象，属性可以存储数据，例如部件号、产品名等。在 AutoCAD 2018 中调用【属性定义】对话框的方法有以下 3 种。

　　（1）选择【绘图】➤【块】➤【定义属性】菜单命令。

　　（2）在命令行中输入【ATTDEF/ATT】命令并按空格键确认。

　　（3）单击【插入】选项卡➤【块定义】面板中的【定义属性】按钮 。

选择【绘图】➤【块】➤【定义属性】菜单命令，系统弹出【属性定义】对话框，如下图所示。

　　【模式】区域中各选项含义如下。

● 【不可见】：指定插入块时不显示或打印属性值。ATTDISP 将覆盖"不可见"模式。

● 【固定】：在插入块时赋予属性固定值。

- ●【验证】：插入块时提示验证属性值是否正确。
- ●【预设】：插入包含预设属性值的块时，将属性设置为默认值。
- ●【锁定位置】：锁定块参照中属性的位置。解锁后，属性可以相对于使用夹点编辑的块的其他部分移动，并且可以调整多行文字属性的大小。
- ●【多行】：指定属性值可以包含多行文字。选定此项后，可以指定属性的边界宽度。

【插入点】区域中各选项含义如下。

- ●【在屏幕上指定】：关闭对话框后将显示"起点"提示，使用定点设备相对于要与属性关联的对象指定属性的位置。
- ●【X】：指定属性插入点的 x 坐标。
- ●【Y】：指定属性插入点的 y 坐标。
- ●【Z】：指定属性插入点的 z 坐标。

【属性】区域中各选项含义如下。

- ●【标记】：标识图形中每次出现的属性，使用任何字符组合（空格除外）输入属性标记，小写字母会自动转换为大写字母。

> **提示** 指定在插入包含该属性定义的块时显示的提示，如果不输入提示，属性标记将用作提示，如果在"模式"区域中选择"常数"模式，"属性提示"选项将不可用。

- ●【默认】：指定默认属性值。
- ●【插入字段按钮 ▦】：显示【字段】对话框，可以插入一个字段作为属性的全部或部分值。

【文字设置】区域中各选项含义如下。

- ●【对正】：指定属性文字的对正。此项是关于对正选项的说明。
- ●【文字样式】：指定属性文字的预定义样式。显示当前加载的文字样式。
- ●【注释性】：指定属性为注释性。如果块是注释性的，则属性将与块的方向相匹配。单击信息图标可以了解有关注释性对象的详细信息。
- ●【文字高度】：指定属性文字的高度。此高度为从原点到指定位置的测量值。如果选择有固定高度的文字样式，或者在【对正】下拉列表中选择了【对齐】或【高度】选项，则此项不可用。
- ●【旋转】：指定属性文字的旋转角度。此旋转角度为从原点到指定位置的测量值。如果在【对正】下拉列表中选择了【对齐】或【调整】选项，则【旋转】选项不可用。
- ●【边界宽度】：换行前需指定多行文字属性中文字行的最大长度。值 0.000 表示对文字行的长度没有限制。此选项不适用于单行文字属性。

4·3·2 创建带属性的块

下面将利用【属性定义】对话框创建带属性的块，具体操作步骤如下。

1. 定义属性

❶ 打开"素材 \CH04\ 树木 .dwg"文件。

② 选择【绘图】➤【块】➤【定义属性】菜单命令，弹出【属性定义】对话框，勾选【锁定位置】，并输入属性标记"shumu"，如图所示。

③ 在【文字设置】区的【对正】下拉列表中选择【左对齐】选项，在【文字高度】文本框中输入"700"，如图所示。

④ 单击【确定】按钮，在绘图区域中单击指定起点，如图所示。

⑤ 结果如图所示。

SHUMU

2. 创建块

① 在命令行中输入【B】命令并按空格键确认，弹出【块定义】对话框，如图所示。

② 单击【选择对象】前的 ✛ 按钮，并在绘图区域中选择下图所示的图形对象作为组成块的对象。

选择图形对象
SHUMU

③ 按【Enter】键确认，然后单击【拾取点】前的 按钮，并在绘图区域中单击指定插入基点，如图所示。

单击指定插入
基点
SHUMU

❹ 返回【块定义】对话框，为块添加名称，如图所示。

❺ 单击【确定】按钮，弹出【编辑属性】对话框，输入参数值"shumu1"，如图所示。

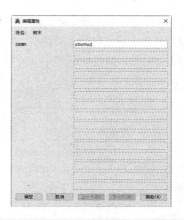

❻ 单击【确定】按钮，结果如图所示。

shumu1

4·3·3 插入带属性的块

下面将利用【插入】命令插入带属性的块，具体操作步骤如下。

❶ 打开"素材\CH04\电路图.dwg"文件。

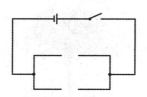

❷ 在命令行中输入【I】命令并按空格键确认，弹出【插入】对话框，在【名称】栏中选择【灯泡】选项，如图所示。

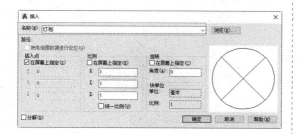

❸ 单击【确定】按钮，然后在绘图区域中单击指定插入点，如图所示。

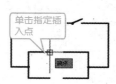

单击指定插入点

❹ 在弹出的【编辑属性】对话框中输入灯泡标记"L1"，如下图所示。

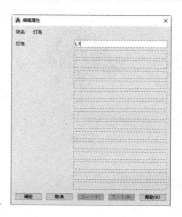

⑤ 结果如图所示。

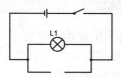

⑥ 重复步骤 2~4，插入灯泡 L2，结果如图所 示。

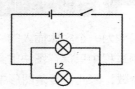

4·3·4 修改属性定义

编辑块中每个属性的值、文字选项和特性。

编辑单个属性命令的几种常用调用方法如下。

（1）选择【修改】➤【对象】➤【属性】➤【单个】菜单命令。

（2）在命令行中输入【EATTEDIT】命令并按空格键确认。

（3）单击【默认】选项卡➤【块】面板➤【编辑属性】按钮 ❖。

下面将利用单个属性编辑命令对块的属性进行修改，具体操作步骤如下。

❶ 打开"素材 \CH04\ 修改属性定义 .dwg"文件。

❷ 单击【默认】选项卡➤【块】面板➤【编辑属性】按钮 ❖，在绘图区单击选择要编辑的图块，如图所示。

❸ 弹出【增强属性编辑器】对话框，修改【值】参数为"1.6"，如图所示。

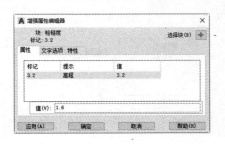

❹ 选中【文字选项】选项卡，修改【倾斜角度】参数为"15"，如图所示。

❺ 选择【特性】选项卡，修改【颜色】为"红色"，如图所示。

❻ 单击【确定】按钮，结果如图所示。

4.4 插入块

本节视频教程时间：3 分钟

图块是作为一个实体插入的，用户可以根据需要按指定插入的比例和角度。在应用过程中只保存图块的整体特征参数，而不需要保存图块中每一个实体的特征参数，因此在复杂图形中应用图块功能可以有效节省磁盘空间。

1. "插入"对话框

在 AutoCAD 2018 中调用【插入】对话框的方法有以下 4 种。

（1）选择【插入】➤【块】菜单命令。

（2）在命令行中输入【INSERT/I】命令并按空格键确认。

（3）单击【默认】选项卡➤【块】面板中的【插入】按钮。

（4）单击【插入】选项卡➤【块】面板中的【插入】按钮。

调用【插入】命令后，弹出【插入】对话框，如下图所示。

【插入】对话框中各选项含义如下。

● 【名称】：指定要插入块的名称。

● 【插入点】：指定块的插入点。

● 【比例】：指定插入块的缩放比例。如果指定负的 x、y 和 z 缩放比例因子，则插入块的镜像图像。

● 【旋转】：在当前 UCS 中指定插入块的旋转角度。

● 【块单位】：显示有关块单位的信息。

● 【分解】：分解块并插入该块的各个部分。选中时，只可以指定统一的比例因子。

2. 插入"电视机"图块

❶ 打开"素材 \CH04\ 电视柜 .dwg"文件，如下图所示。

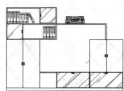

❷ 在命令行中输入【I】命令后按空格键，弹出【插入】对话框，如下图所示。

❸ 单击【名称】下拉列表，选择【hgh】图块，如下图所示。

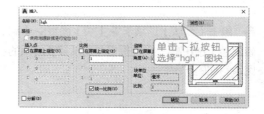

单击下拉按钮，选择"hgh"图块

❹ 单击【确定】按钮，在命令行中输入【fro】并按空格键确认，命令行提示如下。

指定插入点或 [基点 (B)/ 比例 (S)/ 旋转 (R)]：
fro

❺ 在绘图区域中捕捉下图所示的端点作为基点。

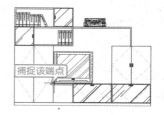

捕捉该端点

❻ 在命令行中输入偏移值并按【Enter】键确认，命令行提示如下。

基点：< 偏移 >：@185，0

❼ 结果如下图所示。

图块插入结果

4.5 综合实战——创建并插入带属性的"粗糙度"图块

本节视频教程时间：2 分钟

本实例是一张粗糙度符号图，下面介绍制作带属性的块，作为机械制图中粗糙度符号的调用和插入。通过该实例的练习，读者应熟练掌握附着属性和插入块的方法。

1. 创建带属性的块

❶ 打开"素材 \CH05\ 粗糙度图块 .dwg"文件，如下图所示。

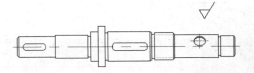

❷ 在命令行中输入【ATT】命令后按空格键，弹出【属性定义】对话框，在【标记】文本框中输入"粗糙度"，将【对正】方式设置为"居中"，在【文字高度】文本框中输入"2.5"，如下图所示。

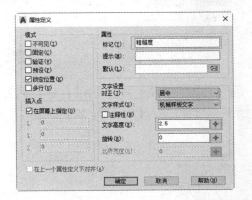

❸ 单击【确定】按钮后，在绘图区域将粗糙度符号的横线中点作为插入点，并单击鼠标左键确认，结果如下图所示。

❹ 在命令行中输入【B】命令后按空格键，弹出【块定义】对话框，输入名称"粗糙度符号"，在【对象】区域单击选中【删除】单选项，如下图所示。

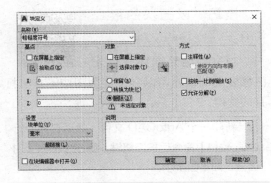

❺ 单击【选择对象】按钮，在绘图区域选择对象，并按空格键确认，如下图所示。

❻ 单击【拾取点】前的按钮，在绘图区域选择下图所示的点作为插入时的基点。

❼ 返回【块定义】对话框，单击【确定】按钮后，单击【插入】选项卡下【块定义】面板中的【管理属性】按钮，弹出【块属性管理编辑器】，单击【编辑】按钮，弹出【编辑属性】对话框，选择【属性】选项卡，在【数据】选项区域中将【标记】改为3.2，并单击【确定】按钮。

❽ 返回【块属性管理器】，单击【应用】按钮，再单击【确定】按钮。

2. 插入块

❶ 在命令行中输入【I】命令后按空格键，弹出【插入】对话框，选择名称为"粗糙度符号"的图块，并单击【确定】按钮，然后选择下图位置作为插入点。

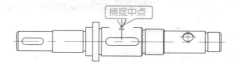

❷ 弹出【编辑属性】对话框，将粗糙度指定为"1.6"，单击【确定】按钮后结果如下图所示。

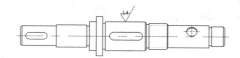

 ## 高手私房菜

📹 本节视频教程时间：1分钟

技巧：以图块的形式打开无法修复的文件

当文件遭到损坏并且无法修复的时候，可以尝试使用图块的方法打开该文件。

❶ 新建一个 AutoCAD 文件，然后在命令行中输入【I】命令后按空格键，弹出【插入】对话框，如下图所示。

❷ 单击【浏览】按钮，弹出【选择图形文件】对话框，如下图所示。

❸ 浏览到相应文件并且单击【打开】按钮，系统返回到【插入】对话框，如下图所示。

❹ 单击【确定】按钮，按命令行提示即可完成操作。

第**5**章

绘制基本二维图形——绘制 四角支架和玩具模型平面图

 本章视频教程时间：55 分钟

高手指引

　　绘制二维图形是 AutoCAD 的核心功能，任何复杂的图形，都是由点、线等基本二维图形组合而成的。通过本章的学习，读者将会了解到基本二维图形的绘制方法。对基本二维图形进行合理的绘制与布置，将有利于提高复杂二维图形的绘制的准确度，同时提高绘图效率。

重点导读

+ 绘制点的方法
+ 绘制直线的多种方法
+ 绘制构造线、射线、矩形、正多边形、圆和圆弧的方法

5.1 绘制点

本节视频教程时间：12 分钟

点是绘图的基础，通常可以这样理解：点构成线，线构成面，面构成体。在 AutoCAD 2018 中，点可以作为绘制复杂图形的辅助点使用，可以作为某项标识使用，也可以作为直线、圆、矩形、圆弧、椭圆的相应特征的划分点使用。

5.1.1 设置点样式

绘制点之前首先要设置点的样式，AutoCAD 默认的点样式在图形中很难辨别，所以更改点的样式，有利于观察点在图形中的位置。

在 AutoCAD 2018 中调用【点样式】的命令通常有以下 3 种方法。

（1）选择【格式】➤【点样式】菜单命令。

（2）单击【默认】选项卡 ➤【实用工具】面板的下拉按钮 ➤ 点样式按钮 。

（3）在命令行输入【DDPTYPE/ PTYPE】命令并按空格键。

选择【格式】➤【点样式】菜单命令，弹出下图所示的【点样式】对话框，中文版 AutoCAD 2018 提供了 20 种点的样式，可以根据绘图需要任意选择一种点样式。

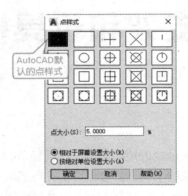

● 【点大小】文本框：用于设置点在屏幕中显示的大小比例。

● 【相对于屏幕设置大小】单选按钮：选中此单选按钮，点的大小比例将相对于计算机屏幕呈现，不随图形的缩放而改变。

● 【按绝对单位设置大小】单选按钮：选中此单选按钮，点的大小表示点的绝对尺寸，当对图形进行缩放时，点的大小也随之变化。

5.1.2 绘制单点与多点

单点与多点的区别在于：单点在执行一次命令的情况下只能绘制一个点，而多点却可以在执行一次命令的情况下连续绘制多个点。

1. 绘制单点

在 AutoCAD 2018 中调用【单点】命令通常有以下两种方法。

（1）选择【绘图】➤【点】➤【单点】菜单命令。

（2）命令行输入【POINT/PO】命令并按空格键。

单点的绘制步骤如下。

❶ 选择【格式】➤【点样式】菜单命令，在弹出的【点样式】对话框中选择需要的样式，如下图所示。

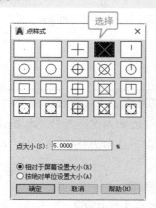

❷ 在命令行输入【PO】命令并按空格键，命令行将出现"指定点"的提示，用户在绘图区域单击鼠标左键确定点的位置即可创建一个相应点，绘制点如下图所示。

2. 绘制多点

在 AutoCAD 2018 中调用【多点】命令通常有以下两种方法。

（1）选择【绘图】➤【点】➤【多点】菜单命令。

（2）单击【默认】选项卡 ➤【绘图】面板 ➤【多点】按钮 。

执行【多点】命令后，命令行将出现"指定点"的提示，用户在绘图区域连续单击鼠标左键确定点的位置即可创建多个相应点。

多点对象

> **提示** 在绘制点之前，首先应该设置点样式。绘制多点时按【Esc】键可以终止【多点】命令。

5.1.3 绘制定数等分点

定数等分点可以将等分对象的长度或周长等间隔排列，所生成的点通常被用作对象捕捉点或某种标识使用的辅助点。

在 AutoCAD 2018 中调用【定数等分】命令通常有以下 3 种方法。

（1）选择【绘图】➤【点】➤【定数等分】菜单命令。

（2）在命令行输入【DIVIDE/DIV】命令并按空格键。

（3）单击【默认】选项卡 ➤【绘图】面板 ➤【定数等分】按钮 。

下面将对样条曲线图形进行定数等分，具体操作步骤如下。

❶ 打开"素材\CH05\定数等分.dwg"文件，如下图所示。

❷ 选择【格式】➤【点样式】菜单命令，在弹出的【点样式】对话框中选择需要的样式，如下图所示。

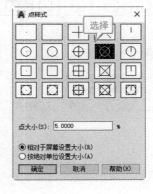

❸ 命令行输入【DIV】命令并按空格键，命令行提示如下。

```
命令：_divide
选择要定数等分的对象：    // 选择样条曲线
输入线段数目或 [ 块 (B)]: 5  ↙
```

❹ 结果如下图所示。

> **提示** 在命令行中指定线段数目为"5"，表示将当前所选对象进行 5 等分。对于闭合图形（比如圆）等分点数和等分段数相等，对于开放图形，等分点数为等分段数 *n* 减去 1。

5.1.4 绘制定距等分点

通过定距等分可以从选定对象的一个端点划分出相等的长度。对直线、样条曲线等非闭合图形进行定距等分时需要注意光标点选对象的位置，此位置即为定距等分的起始位置。

在 AutoCAD 2018 中调用【定距等分】命令通常有以下 3 种方法。

（1）选择【绘图】➤【点】➤【定距等分】菜单命令。

（2）在命令行输入【MEASURE/ME】命令并按空格键。

（3）单击【默认】选项卡➤【绘图】面板➤【定距等分】按钮▨。

下面将对直线段图形进行定距等分，具体操作步骤如下。

❶ 打开"素材 \CH05\ 定距等分 .dwg"文件，如下图所示。

❷ 选择【格式】➤【点样式】菜单命令，在弹出的【点样式】对话框中选择需要的样式，如下图所示。

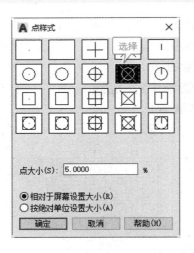

❸ 命令行输入【ME】命令并按空格键，然后在绘图区域选择直线作为定距等分的对象。

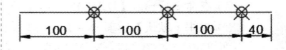

❹ 在命令行输入"100"作为等分距离，并按空格键确认。

```
指定线段长度或 [ 块 (B)]: 100  ↙
```

❺ 结果如下图所示，前面按 100 等分，不能完全等分时，最后一段距离小于等分距。

| 100 | 100 | 100 | 40 |

> **提示** 定距等分与选择的位置有关，等分是从选择的一段开始等分的，所以当不能完全按输入的距离进行等分时，最后一段的距离会小于等分距离。

5.2 直线的多种绘制方法

本节视频教程时间：6 分钟

使用【直线】命令，可以创建一系列连续的线段，在一个由多条线段连接而成的简单图形中，每条线段都是一个单独的直线对象。

在 AutoCAD 2018 中调用【直线】命令通常有以下 3 种方法。

（1）选择【绘图】➤【直线】菜单命令。

（2）在命令行输入【LINE/L】命令并按空格键。

（3）单击【默认】选项卡 ➤【绘图】面板 ➤【直线】按钮 /。

AutoCAD 中默认的直线绘制方法是两点绘制，即连接任意两点即可绘制一条直线。

❶ 打开"素材 \CH05\ 房屋图 .dwg"文件。

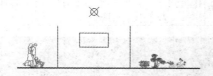

❷ 在命令行中输入【L】命令并按空格键调用【直线】命令，然后在绘图区域捕捉下图所示节点作为直线起点。

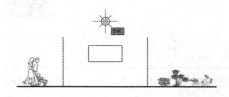

❸ 在命令行输入直线下一点的坐标值，并按空格键确认。

指定下一点或 [放弃 (U)]: @3<202

❹ 按空格键结束【直线】命令，结果如下图所示。

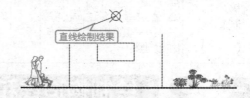

❺ 重复执行【直线】命令，并在绘图区域捕捉步骤 2 的节点作为直线起点，然后在命令行输入直线的下一点坐标值，并按空格键确认。

指定下一点或 [放弃 (U)]: @3<338

❻ 按空格键结束【直线】命令，结果如下图所示。

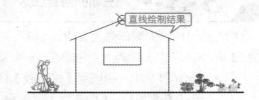

📝 **提示**　在绘图之前首先将"节点"设置为对象捕捉模式，否则无法捕捉到图中的点。

除了通过连接两点绘制直线外，还可以通过绝对坐标、相对直角坐标、相对极坐标等方法来绘制直线。具体绘制方法参见下表。

绘制方法	绘制步骤	结果图形	相应命令行显示
通过输入绝对坐标绘制直线	① 指定第一个点（或输入绝对坐标确定第一个点）； ② 依次输入第二点、第三点……的绝对坐标	(500,1000) (500,500)　(1000,500)	命令：_LINE 指定第一个点：500,500 指定下一点或 [放弃 (U)]: 500,1000 指定下一点或 [放弃 (U)]: 1000,500 指定下一点或 [闭合 (C)/ 放弃 (U)]: c // 闭合图形

绘制方法	绘制步骤	结果图形	相应命令行显示

通过输入相对直角坐标绘制直线	① 指定第一个点（或输入绝对坐标确定第一个点）；
	② 依次输入第二点、第三点……的相对前一点的直角坐标
		第二点
		
		第一点　第三点
			命令：_ LINE
			指定第一个点：
			// 任意点击一点作为第一点
			指定下一点或 [放弃 (U)]：@0,500
			指定下一点或 [放弃 (U)]：@500,-500
			指定下一点或 [闭合 (C)/ 放弃 (U)]：c
			// 闭合图形

通过输入相对极坐标绘制直线	① 指定第一个点（或输入绝对坐标确定第一个点）；
	② 依次输入第二点、第三点……的相对前一点的极坐标
		第三点
		
		第二点　第一点
			命令：_ LINE
			指定第一个点：
			// 任意点击一点作为第一点
			指定下一点或 [放弃 (U)]：@500<180
			指定下一点或 [放弃 (U)]：@500<90
			指定下一点或 [闭合 (C)/ 放弃 (U)]：c
			// 闭合图形

5.3 绘制构造线和射线

本节视频教程时间：3 分钟

构造线或射线通常作为辅助线使用，也可以通过修剪使其成为固定长度的直线段或中心线。下面将对其进行详细介绍。

5.3.1 绘制构造线

构造线是两端无限延伸的直线，可以用来作为创建其他对象时的参考线，在执行一次【构造线】命令时，可以连续绘制多条通过一个公共点的构造线。

在 AutoCAD 2018 中调用【构造线】命令通常有以下 3 种方法。

（1）选择【绘图】➤【构造线】菜单命令。

（2）在命令行输入【XLINE/XL】命令并按空格键。

（3）单击【默认】选项卡 ➤【绘图】面板 ➤【构造线】按钮。

绘制构造线的具体操作步骤如下。

❶ 在命令行输入【XL】命令并按空格键，调用【构造线】命令，并根据命令行提示在绘图区单击一点作为构造线的中点。

❷ 在绘图区移动光标并单击以指定构造线通过点，如下图所示。

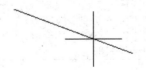

❸ 按空格键退出命令，结果下图所示。

提示　构造线没有端点，但是构造线有中点，绘制构造线时，指定的第一点就是构造线的中点。

5.3.2 绘制射线

射线是一端固定，另一端无限延伸的直线。使用【射线】命令，可以创建一系列始于一点并继续无限延伸的直线。

在 AutoCAD 2018 中调用【射线】命令通常有以下 3 种方法。

（1）选择【绘图】➤【射线】菜单命令。

（2）在命令行输入【RAY】命令并按空格键。

（3）单击【默认】选项卡➤【绘图】面板➤【射线】按钮 ✐。

绘制射线的具体操作步骤如下。

❶ 在命令行输入【RAY】命令并按空格键，调用【射线】命令，并根据命令行提示在绘图区单击一点作为射线的端点。

❷ 在绘图区移动光标并单击以指定射线通过点，如下图所示。

❸ 按空格键退出命令，结果如下图所示。

> **提示**　射线有端点，但是射线没有中点，绘制射线时，指定的第一点就是射线的端点。

5.4 绘制矩形和多边形

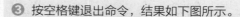

🎬 本节视频教程时间：9 分钟

矩形为四条线段首尾相接且四个角均为直角的四边形，而正多边形是由至少三条线段首尾相接组合成的规则图形，其中矩形属于正多边形的概念范围。

 5.4.1 绘制矩形

矩形的特点是相邻两条边相互垂直，非相邻的两条边平行且长度相等，整个矩形是一个单独的对象。

在 AutoCAD 2018 中调用【矩形】命令通常有以下 3 种方法。

（1）选择【绘图】➤【矩形】菜单命令。

（2）在命令行输入【RECTANG/REC】命令并按"空格键"。

（3）单击【默认】选项卡➤【绘图】面板➤【矩形】按钮 ▭。

调用【矩形】命令，在绘图窗口中，点击任意地方为第一个角点，以该点为基点可以往任意方向移动光标并单击绘制一个矩形。

除了用默认的指定两点绘制矩形外，AutoCAD 还提供了面积绘制、尺寸绘制和旋转绘制等绘制方法，具体的绘制方法参见下表。

绘制方法	绘制步骤	结果图形	相应命令行显示

面积绘制法	① 指定第一个角点；
	② 输入【A】选择面积绘制法；
	③ 输入绘制矩形的面积值；
	④ 指定矩形的长或宽
		8
		12.5
			命令：_RECTANG
			指定第一个角点或 [倒角 (C)/ 标高 (E)/ 圆角 (F)/ 厚度 (T)/ 宽度 (W)]：
			// 单击指定第一角点
			指定另一个角点或 [面积 (A)/ 尺寸 (D)/ 旋转 (R)]：A
			输入以当前单位计算的矩形面积 <100.0000>：
			// 按空格键接受默认值
			计算矩形标注时依据 [长度 (L)/ 宽度 (W)] < 长度 >：
			 // 按空格键接受默认值
			输入矩形长度 <10.0000>：8

尺寸绘制法	① 指定第一个角点；
	② 输入【D】选择尺寸绘制法；
	③ 指定矩形的长度和宽度；
	④ 拖动鼠标指定矩形的放置位置
		8
		12.5
			命令：_RECTANG
			指定第一个角点或 [倒角 (C)/ 标高 (E)/ 圆角 (F)/ 厚度 (T)/ 宽度 (W)]：
			// 单击指定第一角点
			指定另一个角点或 [面积 (A)/ 尺寸 (D)/ 旋转 (R)]：D
			指定矩形的长度 <8.0000>：8
			指定矩形的宽度 <12.5000>：12.5
			指定另一个角点或 [面积 (A)/ 尺寸 (D)/ 旋转 (R)]：
			// 拖动鼠标指定矩形的放置位置

旋转绘制法	① 指定第一个角点；
	② 输入【R】选择旋转绘制法；
	③ 输入旋转的角度；
	④ 拖动鼠标指定矩形的另一角点或输入【A】【D】通过面积或尺寸确定矩形的另一个角点
		45°	命令：_RECTANG
			指定第一个角点或 [倒角 (C)/ 标高 (E)/ 圆角 (F)/ 厚度 (T)/ 宽度 (W)]：
			 // 单击指定第一角点
			指定另一个角点或 [面积 (A)/ 尺寸 (D)/ 旋转 (R)]：R
			指定旋转角度或 [拾取点 (P)] <0>：45
			指定另一个角点或 [面积 (A)/ 尺寸 (D)/ 旋转 (R)]：
			// 拖动鼠标指定矩形的另一个角点

提示 在 AutoCAD 的矩形尺寸绘制方法里，长不是指较长的那条边，宽也不是指较短的那条边。沿着 x 轴方向的边为长，沿着 y 轴方向的边为宽。绘制矩形时在指定第一个角点之前选择相应的选项，可以绘制带有倒角、圆角或具有线宽的矩形，如果选择标高和厚度选项则在三维图形中可以观察到一个长方体。

5·4·2 绘制多边形

多边形是由 3 条或 3 条以上的线段构成的封闭图形，多边形每条边的长度都是相等的，多边形的绘制方法可以分为外切于圆和内接于圆两种。外切于圆是将多边形的边与圆相切，而内接于圆则是将多边形的顶点与圆相接。

在 AutoCAD 2018 中调用【多边形】命令通常有以下 3 种方法。

（1）选择【绘图】➤【多边形】菜单命令。

（2）在命令行输入【POLYGON/POL】命令并按"空格键"。

（3）单击【默认】选项卡➤【绘图】面板➤【多边形】按钮 ⬠。

1. 绘制内接于圆的正六边形

❶ 打开"素材 \CH05\ 绘制正多边形 .dwg"文件，如下图所示。

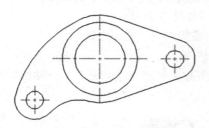

❷ 单击【默认】选项卡➤【绘图】面板➤【多边形】按钮 ⬠，根据命令提示输入侧面数 6，并捕捉圆心为正多边形的中心点，如下图所示。

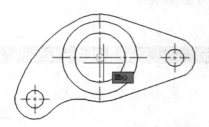

❸ 根据提示输入【I（内接于圆）】选项，当命令提示指定内接圆的半径时，捕捉下图中的象限点。

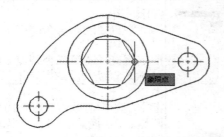

❹ 内接于圆的正六边形绘制完毕后如下图所示。

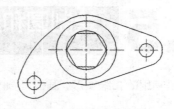

2. 绘制外切于圆的正六边形

❶ 单击【默认】选项卡➤【绘图】面板➤【多边形】按钮 ⬠，根据命令提示输入侧面数 6，并捕捉圆心为正多边形的中心点。

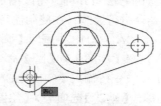

❷ 输入【C（外切于圆）】，当命令行提示指定半径时，捕捉下图所示的象限点。

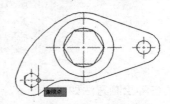

❸ 外切于圆的正六边形绘制完成后如下图所示。

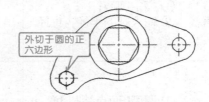

外切于圆的正六边形

❹ 重复正六边形命令，继续绘制外切于圆的正六边形，结果如下图所示。

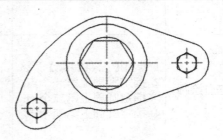

5.5 绘制圆和圆弧

本节视频教程时间：12 分钟

圆是常用的二维图形，圆弧是圆的一部分。本节介绍绘制圆和圆弧的方法。

5.5.1 绘制圆

创建圆的方法有 6 种，可以指定圆心、半径、直径、圆周上的点或其他对象上的点等不同的方法结合进行绘制，在使用任意一种方法绘制圆之前，需要先调用【圆】命令。

在 AutoCAD 2018 中调用【圆】命令通常有以下 3 种方法。

（1）选择【绘图】▶【圆】命令，选择一种方法进行绘制，如下左图所示。

（2）在命令行输入【CIRCLE/C】后按"空格键"。

（3）单击【默认】选项卡▶【绘图】面板▶【圆】按钮 （单击下拉列表选择一种绘制方法，如下右图所示）。

圆的各种绘制方法如下表所示。

绘制方法	绘制步骤	结果图形	相应命令行显示
圆心、半径 / 直径	① 指定圆心； ② 输入圆的半径 / 直径		命令：_ CIRCLE 指定圆的圆心或 [三点 (3P)/ 两点 (2P)/ 切点、切点、半径 (T)]： 指定圆的半径或 [直径 (D)]：45

两点绘圆	① 调用【两点绘圆】命令；
	② 指定直径上的第一点；
	③ 指定直径上的第二点或输入直径长度
			命令：_circle
			指定圆的圆心或 [三点 (3P)/ 两点 (2P)/ 切点、切点、半径 (T)]：_2p
			指定圆直径的第一个端点：
			// 指定第一点
			指定圆直径的第二个端点：80
			// 输入直径长度或指定第二点

三点绘圆	① 调用【三点绘圆】命令； ② 指定圆周上第一个点； ③ 指定圆周上第二个点； ④ 指定圆周上第三个点		命令：_circle 指定圆的圆心或 [三点 (3P)/ 两点 (2P)/ 切点、切点、半径 (T)]：_3p 指定圆上的第一个点： 指定圆上的第二个点： 指定圆上的第三个点：

续表

绘制方法	绘制步骤	结果图形	相应命令行显示
相切、相切、半径	① 调用【相切、相切、半径】绘圆命令； ② 选择与圆相切的两个对象； ③ 输入圆的半径		命令：_circle 指定圆的圆心或 [三点 (3P)/两点 (2P)/ 切点、切点、半径 (T)]：_ttr 指定对象与圆的第一个切点： 指定对象与圆的第二个切点： 指定圆的半径 <35.0000>：45
相切、相切、相切	① 调用【相切、相切、相切】绘圆命令； ② 选择与圆相切的三个对象		命令：_circle 指定圆的圆心或 [三点 (3P)/两点 (2P)/ 切点、切点、半径 (T)]：_3p 指定圆上的第一个点：_tan 到 指定圆上的第二个点：_tan 到 指定圆上的第三个点：_tan 到

5·5·2 绘制圆弧

绘制圆弧的默认方法是通过确定三点来绘制。此外，圆弧还可以通过设置起点、方向、中点、角度和弦长等参数来绘制。

在 AutoCAD 2018 中有 3 种方法可以调用【圆弧】命令。

（1）选择【绘图】➤【圆弧】命令，选择一种方法进行绘制圆，如下左图所示。

（2）在命令行输入【ARC/A】后按"空格键"。

（3）单击【默认】选项卡 ➤【绘图】面板 ➤【圆弧】按钮 ▨（单击下拉列表选择一种绘制方法，如下右图所示）。

想要弄清圆弧命令的所有选项似乎不太容易，但是只要能够理解一条圆弧中所包含的各种要素，那么就能根据需要使用这些选项了。下左图是绘制圆弧时可以使用的各种要素。

除了知道绘制圆弧所需要的要素外，还要知道 AutoCAD 提供绘制圆弧选项的流程示意图，开始执行【ARC】命令时，只有两个选项：指定起点或圆心。然后根据你的已有信息选择后面的选项。下右图是绘制圆弧时的流程图。

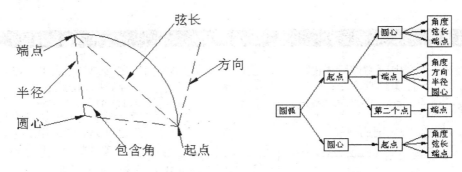

圆弧的各种绘制方法如下表所示。

绘制方法	绘制步骤	结果图形	相应命令行显示
三点	① 调用【三点画弧】命令； ② 指定三个不在同一条直线上的三个点即可完成圆弧的绘制		命令：_arc 指定圆弧的起点或 [圆心 (C)]： 指定圆弧的第二个点或 [圆心 (C)/ 端点 (E)]： 指定圆弧的端点：
起点、圆心、端点	① 调用【起点、圆心、端点】画弧命令； ② 指定圆弧的起点； ③ 指定圆弧的圆心； ④ 指定圆弧的端点		命令：_arc 指定圆弧的起点或 [圆心 (C)]： 指定圆弧的第二个点或 [圆心 (C)/ 端点 (E)]：_c 指定圆弧的圆心： 指定圆弧的端点或 [角度 (A)/ 弦长 (L)]：
起点、圆心、角度	① 调用【起点、圆心、角度】画弧命令； ② 指定圆弧的起点； ③ 指定圆弧的圆心； ④ 指定圆弧所包含的角度。 提示：当输入的角度为正值时圆弧沿起点方向逆时针生成，当角度为负值时，圆弧沿起点方向顺时针生成		命令：_arc 指定圆弧的起点或 [圆心 (C)]： 指定圆弧的第二个点或 [圆心 (C)/ 端点 (E)]：_c 指定圆弧的圆心： 指定圆弧的端点或 [角度 (A)/ 弦长 (L)]：_a 指定包含角：120
起点、圆心、长度	① 调用【起点、圆心、长度】画弧命令； ② 指定圆弧的起点； ③ 指定圆弧的圆心； ④ 指定圆弧的弦长。 提示：弦长为正值时得到的弧为"劣弧（小于 180°）"，弦长为负值时，得到的弧为"优弧（大于 180°）"		命令：_arc 指定圆弧的起点或 [圆心 (C)]： 指定圆弧的第二个点或 [圆心 (C)/ 端点 (E)]：_c 指定圆弧的圆心： 指定圆弧的端点或 [角度 (A)/ 弦长 (L)]：_l 指定弦长：30
起点、端点角度	① 调用【起点、端点、角度】画弧命令； ② 指定圆弧的起点； ③ 指定圆弧的端点； ④ 指定圆弧的角度。 提示：当输入的角度为正值时起点和端点沿圆弧层逆时针关系，当角度为负值时，起点和端点沿圆弧成顺时针关系		命令：_arc 指定圆弧的起点或 [圆心 (C)]： 指定圆弧的第二个点或 [圆心 (C)/ 端点 (E)]：_e 指定圆弧的端点： 指定圆弧的圆心或 [角度 (A)/ 方向 (D)/ 半径 (R)]：_a 指定包含角：137

续表

绘制方法	绘制步骤	结果图形	相应命令行显示
起点、端点、方向	① 调用【起点、端点、方向】画弧命令； ② 指定圆弧的起点； ③ 指定圆弧的端点； ④ 指定圆弧的起点切向		命令：_arc 指定圆弧的起点或 [圆心 (C)]： 指定圆弧的第二个点或 [圆心 (C)/ 端点 (E)]：_e 指定圆弧的端点： 指定圆弧的圆心或 [角度 (A)/ 方向 (D)/ 半径 (R)]：_d 指定圆弧的起点切向：
起点、端点、半径	① 调用【起点、端点、半径】画弧命令； ② 指定圆弧的起点； ③ 指定圆弧的端点； ④ 指定圆弧的半径。 提示：当输入的半径值为正值时，得到的圆弧是"劣弧"；当输入的半径值为负值时，输入的弧为"优弧"		命令：_arc 指定圆弧的起点或 [圆心 (C)]： 指定圆弧的第二个点或 [圆心 (C)/ 端点 (E)]：_e 指定圆弧的端点： 指定圆弧的圆心或 [角度 (A)/ 方向 (D)/ 半径 (R)]：_r 指定圆弧的半径：140
圆心、起点、端点	① 调用【圆心、起点、端点】画弧命令； ② 指定圆弧的圆心； ③ 指定圆弧的起点； ④ 指定圆弧的端点		命令：_arc 指定圆弧的起点或 [圆心 (C)]：_c 指定圆弧的圆心： 指定圆弧的起点： 指定圆弧的端点或 [角度 (A)/ 弦长 (L)]：
圆心、起点、角度	① 调用【圆心、起点、角度】画弧命令； ② 指定圆弧的圆心； ③ 指定圆弧的起点； ④ 指定圆弧的角度		命令：_arc 指定圆弧的起点或 [圆心 (C)]：_c 指定圆弧的圆心： 指定圆弧的起点： 指定圆弧的端点或 [角度 (A)/ 弦长 (L)]：_a 指定包含角：170
圆心、起点、长度	① 调用【圆心、起点、长度】画弧命令； ② 指定圆弧的圆心； ③ 指定圆弧的起点； ④ 指定圆弧的弦长。 提示：弦长为正值时得到的弧为"劣弧（小于 180°）"，当弦长为负值时，得到的弧为"优弧（大于 180°）"		命令：_arc 指定圆弧的起点或 [圆心 (C)]：_c 指定圆弧的圆心： 指定圆弧的起点： 指定圆弧的端点或 [角度 (A)/ 弦长 (L)]：_l 指定弦长：60

 提示　绘制圆弧时，输入的半径值和圆心角有正负之分。对于半径，当输入的半径值为正时，生成的圆弧是劣弧；反之，生成的是优弧。对于圆心角，当角度为正值时系统沿逆时针方向绘制圆弧，反之，则沿顺时针方向绘制圆弧。

5.6 绘制椭圆和椭圆弧

本节视频教程时间：4 分钟

椭圆和椭圆弧类似，都是到两点之间的距离之和为定值的点集合而成。

1. 椭圆

椭圆是一种在建筑制图中常见的平面图形，它是由距离两个定点（焦点）的长度之和为定值的点组成的。

调用【椭圆】命令的方法有以下 3 种方法。

（1）选择【绘图】➤【椭圆】菜单命令，如下左图所示。

（2）在命令行输入【ELLIPSE/EL】命令并按"空格键"。

（3）单击【默认】选项卡 ➤【绘图】面板 ➤【椭圆】按钮，如下右图所示。

2. 椭圆弧

椭圆弧为椭圆上某一角度到另一角度的一段，在绘制椭圆弧前必须先绘制一个椭圆。

绘制椭圆弧的方法有以下 3 种。

（1）选择【绘图】➤【椭圆】➤【圆弧】菜单命令，如下左图所示。

（2）在命令行输入【ELLIPSE/EL】命令并按"空格键"，然后输入【A】进行圆弧绘制。

（3）单击【默认】选项卡 ➤【绘图】面板 ➤【椭圆弧】按钮，如下右图所示。

椭圆和椭圆弧的各种绘制方法如下表所示。

绘制方法	绘制步骤	结果图形	相应命令行显示
指定圆心创建椭圆	① 指定椭圆的中心； ② 指定一条轴的端点； ③ 指定或输入另一条半轴的长度		命令：ELLIPSE 指定椭圆的轴端点或 [圆弧 (A)/ 中心点 (C)]： 指定轴的另一个端点： 指定另一条半轴长度或 [旋转 (R)]：65
"轴、端点"创建椭圆	① 指定一条轴的端点； ② 指定该条轴的另一端点； ③ 指定或输入另一条半轴的长度		命令：_ellipse 指定椭圆的轴端点或 [圆弧 (A)/ 中心点 (C)]： 指定轴的另一个端点： 指定另一条半轴长度或 [旋转 (R)]：32

续表

绘制方法	绘制步骤	结果图形	相应命令行显示
椭圆弧	① 选择椭圆弧命令； ② 指定圆弧的一条轴的端点； ③ 指定该条轴的另一端点； ④ 指定另一条半轴的长度； ⑤ 指定椭圆弧的起点角度； ⑥ 指定椭圆弧的终点角度。	端点 起点	命令：_ellipse 指定椭圆的轴端点或 [圆弧 (A)/ 中心点 (C)]：_a 指定椭圆弧的轴端点或 [中心点 (C)]： 指定轴的另一个端点： 指定另一条半轴长度或 [旋转 (R)]： 指定起点角度或 [参数 (P)]： 指定端点角度或 [参数 (P)/ 包含角度 (I)]：

5.7 绘制圆环

本节视频教程时间：3 分钟

圆环是填充环或实体填充圆，即带有宽度的闭合多段线。

在 AutoCAD 2018 中调用【圆环】命令通常有以下 3 种方法。

（1）选择【绘图】➤【圆环】菜单命令。

（2）在命令行输入【DONUT/DO】命令并按空格键。

（3）单击【默认】选项卡➤【绘图】面板➤【圆环】按钮◉。

绘制圆环的具体操作步骤如下。

❶ 启动 AutoCAD 2018，在命令行输入【DO】命令并按空格键，然后在命令行输入"15"作为圆环的内径值，并按空格键确认。

指定圆环的内径 <561.3932>：15 ↙

❷ 在命令行输入"20"作为圆环的外径值，并按空格键确认。

指定圆环的外径 <1319.5824>：20 ↙

❸ 在命令行输入"0,0"作为圆环的中心点，并按空格键确认。

指定圆环的中心点或 < 退出 >：0,0 ↙

❹ 再次按空格键退出【圆环】命令，结果如下图所示。

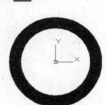

提示 若指定圆环内径为 0，则可绘制实心填充圆，如下左图。

命令 FILL 控制着圆环是否填充。

命令：FILL

输入模式 [开 (ON)/ 关 (OFF)] < 开 >：ON

\\ 选择开表示填充，选择关表示不填充。

下左图为填充的圆环，下右图为没有填充的图。

5.8 综合实战——绘制四角支架和玩具模型平面图

本节视频教程时间：3分钟

本节实例将综合利用【圆弧】和【圆】命令对玩具模型立面图进行绘制，具体操作步骤如下。

1. 起点 . 端点 . 半径绘弧

❶ 打开"素材\CH05\玩具图形 .dwg"文件。

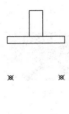

❷ 单击【默认】选项卡➤【绘图】面板中的【起点、端点、半径】按钮，并在绘图区域捕捉下图所示端点作为圆弧起点。

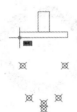

❸ 在绘图区域移动光标并捕捉下图所示端点作为圆弧端点。

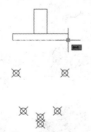

❹ 在命令行输入圆弧的半径值，并按【Enter】键确认。

指定圆弧的圆心或 { 角度 (A)/ 方向 (D)/ 半径 (R)}：_r

指定圆弧的半径：20

❺ 结果如图所示。

绘制结果

❻ 单击【默认】选项卡➤【绘图】面板中的【起点、端点、半径】按钮，并在绘图区域捕捉下图所示端点作为圆弧起点。

❼ 在绘图区域移动光标并捕捉下图所示端点作为圆弧端点。

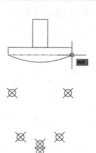

⑧　在命令行输入圆弧的半径值，并按【Enter】
键确认。

指定圆弧的圆心或 [角度 (A)/ 方向 (D)/ 半径
(R)]: _r
指定圆弧的半径：−20　　↙

⑨　结果如图所示。

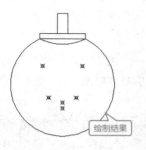

绘制结果

2. 三点绘弧

❶　在命令行中输入【A】命令并按空格键确
认，然后在绘图区域依次捕捉下图所示的三个
节点，绘制圆弧。

❷　重复【圆弧】命令，然后在绘图区域依次
捕捉下图所示的三个节点，绘制圆弧。

绘制结果

3. 绘制圆形并删除节点

❶　在命令行中输入【C】命令并按空格键调
用【圆】命令，在绘图区域捕捉下图所示节点
作为圆的圆心。

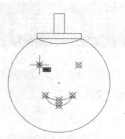

❷　在命令行输入圆的半径值，并按【Enter】
键确认。

指定圆的半径或 [直径 (D)]: 3　　↙

❸　结果如图所示。

绘制结果

❹　重复【圆心、半径】绘制圆的方式，绘制
另一个半径为 3 的圆，结果如下图所示。

绘制结果

❺　在绘图区域中将节点全部选择，然后按键
盘【Del】键将所选节点全部删除，结果如图
所示。

高手私房菜

本节视频教程时间：3 分钟

本章在介绍二维基本绘图命令时，介绍的都是最常用的绘制方式，其实，这些命令除了这些基本用法外，还有一些特殊的用法，如用构造线命令绘制角度平分线，如绘制一个指定长度但底边又不与水平方向平齐的多边形等。

技巧 1：用构造线绘制角度平分线

❶ 打开"素材\CH05\绘制角度平分线.dwg"文件，如下图所示。

❷ 在命令行输入【XL】，AutoCAD 提示如下。

命令：XLINE
指定点或 [水平 (H)/ 垂直 (V)/ 角度 (A)/ 二等分 (B)/ 偏移 (O)]：B
指定角的顶点：
// 捕捉角的顶点
指定角的起点：
// 捕捉一条边上的任意一点
指定角的端点：
// 捕捉另一条边上的任意一点
指定角的端点：
// 按空格键结束命令

❸ 构造线绘制完成后，结果如下图所示。

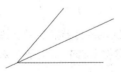

技巧 2：绘制底边不与水平方向平齐的正多边形

在用输入半径值绘制多边形时，所绘制的多边形底边都与水平方向平齐，这是因为多边形底边自动与事先设定好的捕捉旋转角度对齐，而这个角度 AutoCAD 默认为 0°。而通过输入半径值绘制底边不与水平方向平齐的多边形，有两种方法，一是通过输入相对极坐标绘制，二是通过修改系统变量来绘制。下面绘制一个外切圆半径为 200，底边与水平方向方向为 30° 的正六边形。

❶ 新建一个图形文件，然后在命令行输入【POL】并按空格键，根据命令行提示进行如下操作。

命令：POLYGON 输入侧面数 <4>：6
指定正多边形的中心点或 [边 (E)]：
// 任意单击一点作为圆心
输入选项 [内接于圆 (I)/ 外切于圆 (C)] <I>：C
指定圆的半径：@200<60

❷ 正六边形绘制完成后，结果如下图所示。

> 提示　除了输入极坐标的方法外，通过修改系统参数 "SNAPANG" 也可以完成上述多边形的绘制，操作步骤如下。
> （1）在命令行输入【SANPANG】命令并按空格键，将新的系统值设置为 30°。
>
> 命令：SANPANG
> 输入 SANPANG 的新值 <0>：30
>
> （2）在命令行输入【POL】命令并按空格键，AutoCAD 提示如下。
>
> 命令：POLYGON 输入侧面数 <4>：6
> 指定正多边形的中心点或 [边 (E)]：
> // 任意单击一点作为多边形的中心
> 输入选项 [内接于圆 (I)/ 外切于圆 (C)] <I>：C
> 指定圆的半径：200

第  章

编辑二维图形图像——绘制古典窗户立面图

本章视频教程时间：1 小时 38 分钟

高手指引

单纯地使用绘图命令，只能创建一些基本的图形对象。如果要绘制复杂的图形，在很多情况下必须借助图形编辑命令。AutoCAD 2018 提供了强大的图形编辑功能；可以帮助用户合理地构造和组织图形，既保证了绘图的精确性，又简化了绘图操作，从而极大地提高绘图效率。

重点导读

➕ 复制和移动图形对象
➕ 构造对象
➕ 使用夹点编辑对象

6.1 选择对象

本节视频教程时间：9分钟

在 AutoCAD 2018 中创建的每个几何图形都是一个 AutoCAD 对象类型。AutoCAD 对象类型具有很多形式。例如，直线、圆、标注、文字、多边形和矩形等。

在 AutoCAD 2018 中，选择对象是一个非常重要的环节，无论执行任何编辑命令都必须选择对象或先选择对象再执行编辑命令，因此选择命令会频繁使用。

6.1.1 点选对象

在 AutoCAD 2018 中可以通过单击选择图形对象，具体操作步骤如下。

1. 单击选择对象

❶ 打开"素材 \CH06\ 选择对象 .dwg"文件。

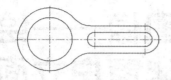

❷ 移动光标到要选择的对象上，如图所示。

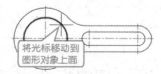

将光标移动到图形对象上面

❸ 单击即可选中此对象，如图所示。

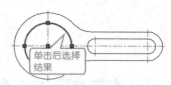

单击后选择结果

❹ 按【Esc】键结束对象选择。

2. 重叠对象的选择

选择彼此接近或重叠的对象通常是很困难的，这时可利用循环选择对象的方法进行选择。

> **提示** 把光标移动到重叠的对象上，按住【Shift】键并连续按空格键，可以在相邻的对象之间循环，单击后可选择对象。

6.1.2 框选对象

在 AutoCAD 2018 中，有时候需要选择多个对象进行编辑操作，一个一个地单击选择对象较为麻烦，不仅花费时间和精力而且影响工作效率，这时如果能同时选择多个对象就显得非常高效了。

1. 窗口选择

❶ 打开"素材 \CH06\ 选择对象 .dwg"文件。

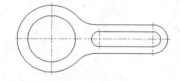

❷ 在绘图区左边空白处单击鼠标左键，确定矩形窗口第一点，如图所示。

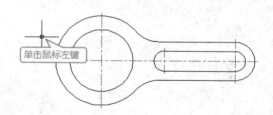

单击鼠标左键

❸　从左向右移动光标，展开一个矩形窗口，如图所示。

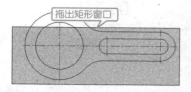

❹　单击鼠标左键后，完全位于窗口内的对象即被选中，如图所示。

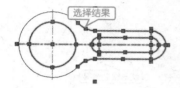

2. 交叉选择

❶　打开"素材 \CH06\ 选择对象"文件。

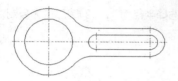

❷　在绘图区右边空白处单击鼠标左键，确定矩形窗口第一点，如图所示。

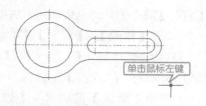

❸　从右向左移动光标，展开一个矩形窗口，如图所示。

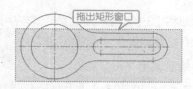

❹　单击鼠标左键，选择矩形窗口包围和相交的对象，如图所示。

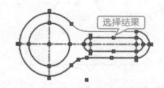

> **提示**　在操作时，可能会不慎将选择好的对象放弃掉，如果选择对象很多，一个一个重新选择则太烦琐，这时可以在输入操作命令后提示选择时输入"P"，重新选择上一步的所有选择对象。

6.2　复制和移动图形对象

本节视频教程时间：31 分钟

下面将对 AutoCAD 2018 中复制和移动等图形对象编辑方法进行详细介绍，包括【复制】【移动】【偏移】【阵列】【镜像】【旋转】和【删除】等。

6.2.1　复制图形对象

在制图的时候，有时需要创建许多相同的对象，选择对象具有相同的属性，这时就需要复制对象。通过复制对象可以大大提高制图的速度。

复制，通俗地讲就是把原对象变成多个完全一样的对象。这和现实当中复印身份证和求职简历是一个道理。通过【复制】命令，可以很轻松地从单个餐桌复制出多个餐桌以实现一个完整餐厅的效果。

【复制】命令的几种常用调用方法如下。

（1）选择【修改】➤【复制】菜单命令。

（2）在命令行中输入【COPY】或【CO】或【CP】命令并按【Enter】键确认。

（3）单击【默认】选项卡➤【修改】面板中的【复制】按钮💈。

（4）单击【修改】工具栏中的【复制】按钮💈。

下面将通过实例对复制命令的应用进行详细介绍，具体操作步骤如下。

1. 绘制圆形

❶ 打开"素材\CH06\复制对象.dwg"文件。

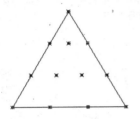

❷ 选择【绘图】➤【圆】➤【圆心、半径】菜单命令并捕捉下图所示节点作为圆的圆心点。

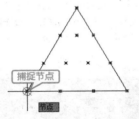

❸ 在命令行输入"2"作为圆的半径值并按【Enter】键确认，结果如图所示。

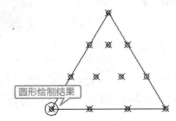

❹ 重复【圆心、半径】绘制圆的方式，并捕捉下图所示节点作为圆的圆心点。

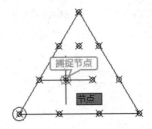

❺ 在命令行输入"1"作为圆的半径值并按【Enter】键确认，结果如图所示。

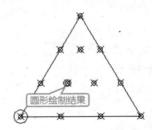

2. 复制半径为"2"的圆形

❶ 选择【修改】➤【复制】菜单命令并在绘图区域选择半径为"2"的圆形作为复制对象，如图所示。

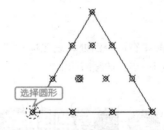

❷ 按【Enter】键确认选择对象并捕捉下图所示圆心点作为复制对象的基点。

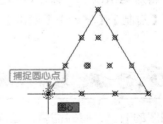

❸ 在绘图区域中移动光标并捕捉下图所示节点作为复制对象的目标点。

❹ 继续在绘图区域中移动光标并捕捉下图所示节点作为复制对象的目标点。

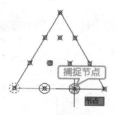

❺ 继续在绘图区域中移动光标并捕捉相应节点作为复制对象的目标点，结果下图所示。

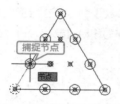

❻ 按【Enter】键结束【复制】命令，结果如图所示。

3. 复制半径为"1"的圆形

❶ 选择【修改】➤【复制】菜单命令并在绘图区域选择半径为"1"的圆形作为复制对象，如图所示。

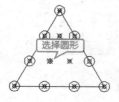

❷ 按【Enter】键确认选择对象并捕捉下图所示圆心点作为复制对象的基点。

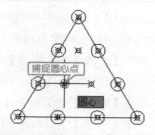

❸ 在绘图区域中移动光标并捕捉下图所示节点作为复制对象的目标点。

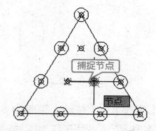

❹ 继续在绘图区域中移动光标并捕捉下图所示节点作为复制对象的目标点。

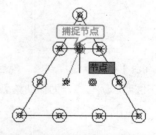

❺ 按【Enter】键结束【复制】命令，结果如图所示。

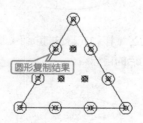

4. 删除多边形和节点

在绘图区域中选择多边形和节点，按键盘【Del】键将所选多边形和节点删除。

6.2.2 移动图形对象

移动，顾名思义就是把一个或多个对象从一个位置移动到另一个位置。

【移动】命令的几种常用调用方法如下。

（1）选择【修改】➤【移动】菜单命令。

（2）在命令行中输入【MOVE】或【M】命令并按【Enter】键确认。

（3）单击【默认】选项卡➤【修改】面板中的【移动】按钮✥。

（4）单击【修改】工具栏中的【移动】按钮✥。

下面将通过调整椭圆形的位置对移动命令的应用进行详细介绍，具体操作步骤如下。

❶ 打开"素材\CH06\移动对象.dwg"文件。

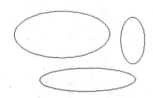

❷ 选择【修改】➤【移动】菜单命令并在绘图区域选择下图所示椭圆形作为移动对象。

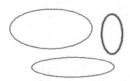

❸ 按【Enter】键确认选择对象，然后在绘图区域捕捉下图所示圆心点作为移动基点。

❹ 在绘图区域移动光标并捕捉下图所示圆心点作为移动后的目标点。

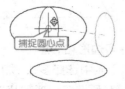

❺ 结果如图所示。

❻ 重复【移动】命令并在绘图区域选择下图所示椭圆形作为移动对象。

❼ 按【Enter】键确认选择对象，然后在绘图区域捕捉下图所示圆心点作为移动基点。

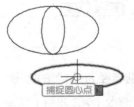

❽ 在绘图区域移动光标并捕捉下图所示圆心点作为移动后的目标点。

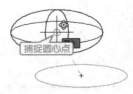

⑨ 结果如图所示。

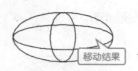

 6.2.3 偏移图形对象

通过偏移可以创建与原对象造型平行的新对象。

【偏移】命令的几种常用调用方法如下。

（1）选择【修改】➤【偏移】菜单命令。

（2）在命令行中输入【OFFSET】或【O】命令并按【Enter】键确认。

（3）单击【默认】选项卡➤【修改】面板中的【偏移】按钮。

（4）单击【修改】工具栏中的【偏移】按钮。

下面将通过实例对偏移命令的应用进行详细介绍，具体操作步骤如下。

❶ 打开"素材 \CH06\ 偏移对象 .dwg"文件。

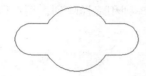

❷ 选择【修改】➤【偏移】菜单命令，命令行提示如下。

命令：_offset
当前设置：删除源 = 否　图层 = 源　OFF
SETGAPTYPE=0
指定偏移距离或 [通过 (T)/ 删除 (E)/ 图层 (L)] < 通过 >：

 提示 命令行中各选项含义如下。

● 【偏移距离】：在距现有对象指定的距离处创建对象。

● 【通过】：创建通过指定点的对象。要在偏移带角点的多段线时获得最佳效果，请在直线段中点附近（而非角点附近）指定通过点。

● 【删除】：偏移源对象后将其删除。

● 【图层】：确定将偏移对象创建在当前图层上还是源对象所在的图层上。

❸ 在命令行输入"25"作为偏移距离并按【Enter】键确认。

❹ 在绘图区域单击选择下图所示图形作为偏移对象。

❺ 在绘图区域中移动光标并单击以指定偏移方向，如图所示。

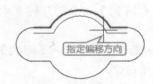

❻ 结果如图所示。

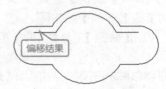

❼ 继续在绘图区域单击选择下图所示图形作为偏移对象。

❽ 在绘图区域中移动光标并单击以指定偏移

方向，如图所示。

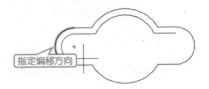

⑨ 结果如图所示。

⑩ 继续在绘图区域单击选择其他对象，并执行偏移操作，按【Enter】键结束【偏移】命令，结果如图所示。

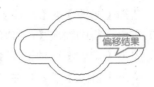

6.2.4 阵列图形对象

在 AutoCAD 2018 中阵列可以分为矩形阵列、环形阵列和路径阵列，用户可以根据需要选择相应的阵列方式。

1. 矩形阵列

矩形阵列可以创建对象的多个副本，并可控制副本之间的数目和距离。

【矩形阵列】命令的几种常用调用方法如下。

（1）选择【修改】➤【阵列】➤【矩形阵列】菜单命令。

（2）在命令行中输入【ARRAYRECT】命令并按【Enter】键确认。

（3）单击【默认】选项卡➤【修改】面板中的【矩形阵列】按钮。

（4）单击【修改】工具栏中的【矩形阵列】按钮。

下面将以阵列不规则图形为例对矩形阵列命令的应用进行详细介绍，具体操作步骤如下。

❶ 打开"素材\CH06\矩形阵列.dwg"文件。

❷ 选择【修改】➤【阵列】➤【矩形阵列】菜单命令并在绘图区域选择下图所示图形作为

阵列对象。

❸ 按【Enter】键确认选择对象后弹出【阵列创建】选项卡，进行相关阵列参数设置，如图所示。

提示 阵列创建选项卡中各选项含义如下。

● 【类型】面板：显示当前执行的阵列类型。

● 【列】面板：用于编辑列数和列间距。

● 【行】面板：指定阵列中的行数、它们之间的距离以及行之间的增量标高。

● 【层级】面板：指定三维阵列的层数和层间距。

● 【关联】：指定阵列中的对象是关联的还是独立的。

● 【基点】：定义阵列基点和基点夹点的位置。

● 【关闭阵列】：退出【阵列】命令。

❹ 单击【关闭阵列】按钮，结果如图所示。

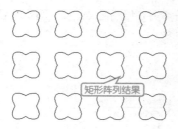

矩形阵列结果

2. 环形阵列

环形阵列可以创建对象的多个副本，并可对副本是否旋转以及旋转角度进行控制。

【环形阵列】命令的几种常用调用方法如下。

（1）选择【修改】➤【阵列】➤【环形阵列】菜单命令。

（2）在命令行中输入【ARRAYPOLAR】命令并按【Enter】键确认。

（3）单击【默认】选项卡➤【修改】面板中的【环形阵列】按钮。

（4）单击【修改】工具栏中的【环形阵列】按钮。

下面将通过实例操作对环形阵列命令的应用进行详细介绍，具体操作步骤如下。

❶ 打开"素材 \CH06\ 环形阵列 .dwg"文件。

❷ 选择【修改】➤【阵列】➤【环形阵列】菜单命令并在绘图区域选择下图所示图形作为阵列对象。

选择阵列对象

❸ 按【Enter】键确认，然后在绘图区域中捕捉下图所示圆心点作为阵列中心点。

捕捉圆心点

❹ 系统弹出【阵列创建】选项卡，进行相关阵列参数设置，如图所示。

提示　阵列创建选项卡中各选项含义如下。
- 【类型】面板：显示当前执行的阵列类型。
- 【项目】面板：用于指定项目中的项目数、项目间角度及填充角度。
- 【行】面板：指定阵列中的行数、它们之间的距离以及行之间的增量标高。
- 【层级】面板：指定（三维阵列的）层数和层间距。
- 【关联】：指定阵列中的对象是关联的还是独立的。
- 【基点】：指定阵列的基点。
- 【旋转项目】：控制在排列项目时是否旋转项目。
- 【方向】：控制是否创建逆时针或顺时针阵列。
- 【关闭阵列】：退出【阵列】命令。

❺ 单击【关闭阵列】按钮，结果如图所示。

环形阵列结果

3. 路径阵列

路径阵列可以沿路径或部分路径均匀地分布对象副本。

【路径阵列】命令的几种常用调用方法如下。

（1）选择【修改】➤【阵列】➤【路径

阵列】菜单命令。

（2）在命令行中输入【ARRAYPATH】命令并按【Enter】键确认。

（3）单击【默认】选项卡 ➤【修改】面板中的【路径阵列】按钮 。

（4）单击【修改】工具栏中的【路径阵列】按钮 。

下面将通过阵列圆形对路径阵列命令的应用进行详细介绍，具体操作步骤如下。

❶ 打开"素材 \CH06\ 路径阵列 .dwg"文件。

❷ 选择【修改】➤【阵列】➤【路径阵列】

菜单命令并在绘图区域选择下图所示圆形作为阵列对象。

选择圆形

❸ 按【Enter】键确认，然后在绘图区域选择圆弧作为路径曲线。

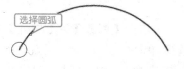

选择圆弧

❹ 系统弹出【阵列创建】选项卡，进行相关阵列参数设置，如图所示。

> **提示** 阵列创建选项卡中各选项含义如下。
> - 【类型】面板：显示当前执行的阵列类型。
> - 【项目】面板：用于指定项目数及项目之间的距离。
> - 【行】面板：用于指定阵列中的行数、它们之间的距离以及行之间的增量标高。
> - 【层级】面板：用于指定三维阵列的层数和层间距。
> - 【关联】：指定是否创建阵列对象，或者是否创建选定对象的非关联副本。
> - 【基点】：定义阵列的基点，路径阵列中的项目相对于基点放置。
> - 【切线方向】：指定阵列中的项目如何相对于路径的起始方向对齐。
> - 【测量】：以指定的间隔沿路径分布项目。
> - 【定数等分】：将指定数量的项目沿路径的长度均匀分布。
> - 【对齐项目】：指定是否对齐每个项目以与路径的方向相切。对齐相对于第一个项目的方向。
> - 【Z 方向】：控制是否保持项目的原始 z 方向或沿三维路径自然倾斜项目。
> - 【关闭阵列】：退出【阵列】命令。

❺ 单击【关闭阵列】按钮，结果如图所示。

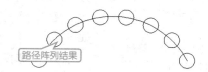

路径阵列结果

6.2.5 镜像图形对象

通过镜像，可以将对象绕指定轴线翻转创建对称的图像。

镜像对创建对称的对象非常有用。通常可以快速地绘制半个对象，然后将其镜像来得到整个图形对象，而不必绘制整个对象。

【镜像】命令的几种常用调用方法如下。

（1）选择【修改】▶【镜像】菜单命令。

（2）在命令行中输入【MIRROR】或【MI】命令并按【Enter】键确认。

（3）单击【默认】选项卡▶【修改】面板中的【镜像】按钮▲。

（4）单击【修改】工具栏中的【镜像】按钮▲。

下面将通过镜像植物图形为例对镜像命令的应用进行详细介绍，具体操作步骤如下。

❶ 打开"素材\CH06\镜像对象.dwg"文件。

❷ 选择【修改】▶【镜像】菜单命令并在绘图区域选择下图所示图形作为镜像对象。

❸ 按【Enter】键确认，然后在绘图区域捕捉下图所示端点作为镜像线第一点。

❹ 在绘图区域垂直向下移动光标并单击指定镜像线第二点。

❺ 命令行提示如下。

要删除源对象吗？[是 (Y)/ 否 (N)] <N>:

 提示 命令行中各选项含义如下。

● 【是】：将镜像的图像放置到图形中并删除原始对象。

● 【否】：将镜像的图像放置到图形中并保留原始对象。

❻ 按【Enter】键确认，并且不删除源对象，结果如图所示。

6.3 调整图形对象大小

本节视频教程时间：29 分钟

在 AutoCAD 2018 中，可以根据需要放大或缩小图形对象，也可以对图形对象进行修剪或延伸，下面将分别对相关命令进行详细介绍。

6.3.1 缩放对象

【缩放】命令可以在 x、y 和 z 坐标上同比放大或缩小对象，最终使对象符合设计要求。在对对象进行缩放操作时，对象的比例保持不变，但其在 x、y、z 坐标上的数值将发生改变。

【缩放】命令的几种常用调用方法如下。

（1）选择【修改】➤【缩放】菜单命令。

（2）在命令行中输入【SCALE】或【SC】命令并按【Enter】键确认。

（3）单击【默认】选项卡➤【修改】面板中的【缩放】按钮。

（4）单击【修改】工具栏中的【缩放】按钮。

下面以缩放树木和轿车图形为例，对缩放命令的应用进行详细介绍，具体操作步骤如下。

❶ 打开"素材\CH06\缩放对象.dwg"文件。

提示 命令行中各选项含义如下。

● 【比例因子】：按指定的比例放大选定对象的尺寸。大于 1 的比例因子使对象放大；介于 0 和 1 之间的比例因子使对象缩小。用户还可以拖动光标使对象变大或变小。

● 【复制】：创建要缩放的选定对象的副本。

● 【参照】：按参照长度和指定的新长度缩放所选对象。

❷ 选择【修改】➤【缩放】菜单命令，在绘图区域中选择下图所示树木图形作为缩放对象。

❸ 按【Enter】键确认，并在绘图区域中捕捉下图所示象限点作为缩放基点。

❹ 命令行提示如下。

指定比例因子或 [复制 (C)/ 参照 (R)]:

❺ 在命令行输入"0.5"并按【Enter】键确认，以指定所选对象的缩放比例，结果如图所示。

❻ 重复【缩放】命令，在绘图区域中选择下图所示轿车图形作为缩放对象。

❼ 按【Enter】键确认，并在绘图区域中捕捉下图所示端点作为缩放基点。

轿车图形缩放结果

❽ 在命令行输入"2"并按【Enter】键确认，以指定所选对象的缩放比例，结果如图所示。

提示　在缩放对象时，对象的尺寸发生变化，但是对象的形状并没有发生变化，所以缩放后的对象和原来的对象外观是一样的。读者可用测量工具来测量其具体尺寸。

有些编辑命令是二位绘图和三维绘图通用的，如缩放比例、复制和移动等。

6.3.2 拉伸对象

通过【拉伸】命令可改变对象的形状。在 AutoCAD 2018 中，【拉伸】命令主要用于非等比缩放，可以对对象进行形状或比例上的改变。

【缩放】命令是对对象的整体进行放大或缩小，也就是说，缩放前后对象的大小发生改变，其比例和形状保持不变。

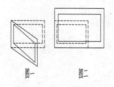
图一　　　图二

图一为拉伸后对象发生的变形，可以看出其形状发生了改变。

图二为缩放后对象的大小发生改变，但其形状和比例保持不变。

【拉伸】命令的几种常用调用方法如下。

（1）选择【修改】➤【拉伸】菜单命令。

（2）在命令行中输入【STRETCH】或【S】命令并按【Enter】键确认。

（3）单击【默认】选项卡➤【修改】面板中的【拉伸】按钮。

（4）单击【修改】工具栏中的【拉伸】按钮。

下面以对梯形执行拉伸命令为例，对拉伸命令的应用进行详细介绍，具体操作步骤如下。

❶ 打开"素材\CH06\拉伸对象.dwg"文件。

❷ 选择【修改】➤【拉伸】菜单命令，在绘

图区域中将光标移动到下图所示的位置处并单击，以指定选择区域的第一角点。

单击鼠标左键

❸ 在绘图区域中移动光标并单击，以指定选择区域的另一角点。

❹ 按【Enter】键确认，选择结果如图所示。

❺ 在绘图区域捕捉如图所示端点作为图形拉伸基点。

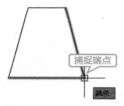

❻ 命令行提示如下。

指定第二个点或 < 使用第一个点作为位移 >：@-5,0

❼ 结果如图所示。

❽ 重复【拉伸】命令，在绘图区域中将光标移动到下图所示的位置处并单击，以指定选择区域的第一角点。

❾ 在绘图区域中移动光标并单击，以指定选择区域的另一角点。

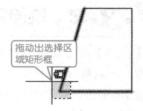

❿ 按【Enter】键确认，选择结果如图所示。

⓫ 在绘图区域捕捉下图所示端点作为图形拉伸基点。

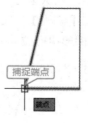

⓬ 命令行提示如下。

指定第二个点或 < 使用第一个点作为位移 >：@5,0

⓭ 结果如图所示。

拉伸结果

6.3.3　拉长对象

拉长对象，即更改对象的长度和包含角，在调用【拉长】命令后，可以根据命令行的提示，按照百分比、增量或最终长度或角度对对象进行拉长，使用【拉长】命令（LENGTHEN）时即是对对象使用【修剪】命令（TRIM）或【延伸】命令（EXTEND）。

【拉长】命令的几种常用调用方法如下。

（1）选择【修改】➤【拉长】菜单命令。

（2）在命令行中输入【LENGTHEN】或【LEN】命令并按【Enter】键确认。

（3）单击【默认】选项卡➤【修改】面板中的【拉长】按钮。

下面以对直线段执行拉长命令为例，对拉长命令的应用进行详细介绍，具体操作步骤如下。

❶ 打开"素材\CH06\拉长对象.dwg"文件。

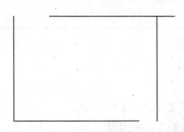

❷ 选择【修改】➤【拉长】菜单命令，命令行提示如下。

命令：_lengthen
选择对象或 [增量 (DE)/ 百分数 (P)/ 全部 (T)/ 动态 (DY)]：

❸ 在命令行输入相关参数并分别按【Enter】键确认。

选择对象或 [增量 (DE)/ 百分数 (P)/ 全部 (T)/ 动态 (DY)]：DE
输入长度增量或 [角度 (A)] <0.0000>：50

❹ 在绘图区域中将光标移动到下图所示的位置处并单击。

单击鼠标左键

❺ 按【Enter】键结束【拉长】命令，结果如图所示。

拉长编辑结果

❻ 重复【拉长】命令，在命令行输入相关参数并分别按【Enter】键确认。

命令：_lengthen
选择对象或 [增量 (DE)/ 百分数 (P)/ 全部 (T)/ 动态 (DY)]：DE
输入长度增量或 [角度 (A)] <50.0000>：-25

❼ 在绘图区域中将光标移动到下图所示的位置处并单击。

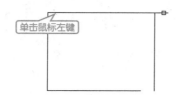

单击鼠标左键

⑧ 按【Enter】键结束【拉长】命令，结果如图所示。

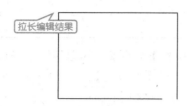

拉长编辑结果

⑨ 重复【拉长】命令，在命令行输入相关参数并分别按【Enter】键确认。

命令：_lengthen
选择对象或 [增量 (DE)/ 百分数 (P)/ 全部 (T)/ 动态 (DY)]: DE

输入长度增量或 [角度 (A)] <-25.0000>: 25

⑩ 在绘图区域中将光标移动到下图所示的位置处并单击。

单击鼠标左键

⑪ 按【Enter】键结束【拉长】命令，结果如图所示。

拉长编辑结果

6.3.4 修剪对象

修剪对象可使对象精确终止于由其他对象定义的边界。

【修剪】命令的几种常用调用方法如下。

（1）选择【修改】➤【修剪】菜单命令。

（2）在命令行中输入【TRIM】或【TR】命令并按【Enter】键确认。

（3）单击【默认】选项卡➤【修改】面板中的【修剪】按钮 -/--。

（4）单击【修改】工具栏中的【修剪】按钮 -/--。

下面以修剪直线段为例，对修剪命令的应用进行详细介绍，具体操作步骤如下。

① 打开"素材 \CH06\ 修剪对象 .dwg"文件。

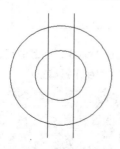

② 选择【修改】➤【修剪】菜单命令，并在绘图区域选择下图所示圆形作为剪切边。

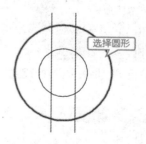

选择圆形

③ 按【Enter】键确认选择对象，命令行提示如下。

选择要修剪的对象，或按住【Shift】键选择要延伸的对象，或 [栏选 (F)/ 窗交 (C)/ 投

影 (P)/ 边 (E)/ 删除 (R)/ 放弃 (U)]:

 提示 命令行中各选项含义如下。

- 【要修剪的对象】：指定修剪对象。
- 【按住【Shift】键选择要延伸的对象】：延伸选定对象而不是修剪它们，此选项提供了一种在修剪和延伸之间切换的简便方法。
- 【栏选】：选择与选择栏相交的所有对象，选择栏是一系列临时线段，它们是用两个或多个栏选点指定的，选择栏不构成闭合环。
- 【窗交】：选择矩形区域（由两点确定）内部或与之相交的对象。
- 【投影】：指定修剪对象时使用的投影方式。
- 【边】：确定对象是在另一对象的延长边处进行修剪，还是仅在三维空间中与该对象相交的对象处进行修剪。
- 【删除】：删除选定的对象，此选项提供了一种用来删除不需要的对象的简便方式，而无需退出 TRIM 命令。
- 【放弃】：撤销由 TRIM 命令所做的最近一次修改。

④ 在绘图区域中将光标移动到下图所示的位置处并单击。

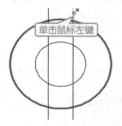

⑤ 结果如图所示。

⑥ 继续在其他相应位置处单击，并按【Enter】键结束【修剪】命令，结果如图所示。

⑦ 重复【修剪】命令，并在绘图区域选择下图所示圆形作为剪切边。

⑧ 按【Enter】键确认选择对象，在绘图区域中将光标移动到下图所示的位置处并单击。

⑨ 在绘图区域中将光标移动到下图所示的位置处并单击。

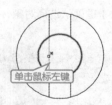

⑩ 按【Enter】键结束【修剪】命令，结果如图所示。

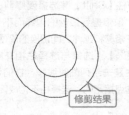

6.3.5 延伸对象

扩展对象以与其他对象的边相接。延伸对象时，需要先选择边界，然后按【Enter】键并选择要延伸的对象。要将所有对象用作边界时，需要在首次出现"选择对象"提示时按【Enter】键。

【延伸】命令的几种常用调用方法如下。

（1）选择【修改】➤【延伸】菜单命令。

（2）在命令行中输入【EXTEND】或【EX】命令并按【Enter】键确认。

（3）单击【默认】选项卡➤【修改】面板中的【延伸】按钮━━／。

（4）单击【修改】工具栏中的【延伸】按钮━━／。

下面以延伸直线和圆弧图形为例，对延伸命令的应用进行详细介绍，具体操作步骤如下。

❶ 打开"素材 \CH06\ 延伸对象 .dwg"文件。

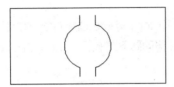

❷ 选择【修改】➤【延伸】菜单命令，并在绘图区域选择下图所示矩形作为延伸边界。

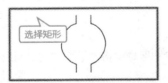

❸ 按【Enter】键确认选择对象，命令行提示如下。

选择要延伸的对象，或按住 Shift 键选择要修剪的对象，或
[栏选 (F)/ 窗交 (C)/ 投影 (P)/ 边 (E)/ 放弃 (U)]:

提示　命令行中各选项含义如下。
● 【要延伸的对象】：指定要延伸的对象。
● 【按住【Shift】键选择要修剪的对象】：将选定对象修剪到最近的边界而不是将其延伸，这是在修剪和延伸之间切换的简便方法。
● 【栏选】：选择与选择栏相交的所有对象，选择栏是一系列临时线段，它们是用两个或多个栏选点指定的，选择栏不构成闭合环。

● 【窗交】：选择矩形区域（由两点确定）内部或与之相交的对象。
● 【投影】：指定延伸对象时使用的投影方法。
● 【边】：将对象延伸到另一个对象的隐含边，或仅延伸到三维空间中与其实际相交的对象。
● 【放弃】：放弃最近由 EXTEND 所做的更改。

❹ 在绘图区域中将光标移动到下图所示的位置处并单击。

❺ 结果如图所示。

❻ 继续在其他相应位置处单击，并按【Enter】键结束【延伸】命令，结果如图所示。

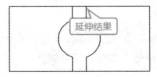

❼ 重复【延伸】命令，并在绘图区域选择下图所示的两条垂直直线段作为延伸边界。

❾ 在绘图区域中将光标移动到下图所示的位置处并单击。

❽ 按【Enter】键确认选择对象，在绘图区域中将光标移动到下图所示的位置处并单击。

❿ 按【Enter】键结束【延伸】命令，结果如图所示。

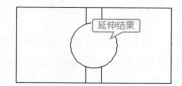

6.3.6　旋转对象

利用旋转命令可以围绕基点将选定的对象旋转到指定的角度。

【旋转】命令的几种常用调用方法如下。

（1）选择【修改】➤【旋转】菜单命令。

（2）在命令行中输入【ROTATE】或【RO】命令并按【Enter】键确认。

（3）单击【默认】选项卡➤【修改】面板中的【旋转】按钮 ◎。

（4）单击【修改】工具栏中的【旋转】按钮 ◎。

下面将以旋转圆弧为例对旋转命令的应用进行详细介绍，具体操作步骤如下。

❶ 打开"素材 \CH06\ 旋转对象 .dwg"文件。

❷ 选择【修改】➤【旋转】菜单命令并在绘图区域选择下图所示圆弧作为旋转对象。

❸ 按【Enter】键确认，然后在绘图区域捕捉下图所示端点作为旋转基点。

❹ 命令行提示如下。

指定旋转角度，或 [复制 (C)/ 参照 (R)] <0>：

✎ **提示** 命令行中各选项含义如下。

● 【旋转角度】：决定对象绕基点旋转的角度。旋转轴通过指定的基点，并且平行于当前 UCS 的 z 轴。

● 【复制】：创建要旋转的选定对象的副本。

● 【参照】：将对象从指定的角度旋转到新的绝对角度。旋转视口对象时，视口的边框仍然保持与绘图区域的边界平行。

❺ 在命令行输入"90"并按【Enter】键确认，以指定圆弧的旋转角度，结果如图所示。

⑥ 重复执行【旋转】命令并在绘图区域选择下图所示圆弧作为旋转对象。

⑦ 按【Enter】键确认，然后在绘图区域捕捉下图所示端点作为旋转基点。

⑧ 在命令行输入"45"并按【Enter】键确认，以指定圆弧的旋转角度，结果如图所示。

⑨ 重复执行【旋转】命令并在绘图区域选择下图所示圆弧作为旋转对象。

⑩ 按【Enter】键确认，然后在绘图区域捕捉下图所示端点作为旋转基点。

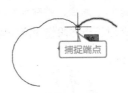

⑪ 在命令行输入"-90"并按【Enter】键确认，以指定圆弧的旋转角度，结果如图所示。

⑫ 重复执行【旋转】命令并在绘图区域选择下图所示圆弧作为旋转对象。

⑬ 按【Enter】键确认，然后在绘图区域捕捉下图所示端点作为旋转基点。

⑭ 在命令行输入"-45"并按【Enter】键确认，以指定圆弧的旋转角度，结果如图所示。

6.4 构造对象

本节视频教程时间：11 分钟

下面将对 AutoCAD 2018 中的打断、合并、倒角以及圆角等编辑功能进行详细介绍，其中圆角功能主要用于创建图形中的圆弧结构部分。

6.4.1 打断对象

打断操作可以将一个对象打断为两个对象，对象之间可以有间隙，也可以没有间隙。

要打断对象而不创建间隙，可以在相同的位置指定两个打断点，也可以在提示输入第二点时输入 "@0,0"。

1. 打断（在两点之间打断对象）

在两点之间打断选定对象。可以在选定对象上的两个指定点之间创建间隔，从而将对象打断为两个对象，如果这些点不在对象上，则会自动投影到该对象上，BREAK 命令通常用于为块或文字创建空间。

【打断】命令的几种常用调用方法如下。

（1）选择【修改】➤【打断】菜单命令。

（2）在命令行中输入【BREAK】或【BR】命令并按【Enter】键确认。

（3）单击【默认】选项卡➤【修改】面板中的【打断】按钮。

（4）单击【修改】工具栏中的【打断】按钮。

下面以打断直线段为例，对打断命令的应用进行详细介绍。

❶ 打开 "素材 \CH06\ 打断 .dwg" 文件。

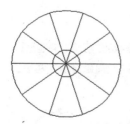

❷ 选择【修改】➤【打断】菜单命令，并在绘图区域中选择下图所示的直线段作为打断对象。

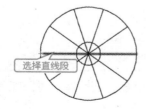

选择直线段

❸ 命令行提示如下。

指定第二个打断点 或 [第一点 (F)]:

 提示　命令行中各选项含义如下。

● 【第二个打断点】：指定用于打断对象的第二个点。

● 【第一点】：用指定的新点替换原来的第一个打断点。

❹ 在命令行中输入 "F" 并按【Enter】键确认，然后在绘图区域中捕捉下图所示交点作为第一个打断点。

捕捉交点

❺ 在绘图区域中移动光标并捕捉下图所示交

点作为第二个打断点。

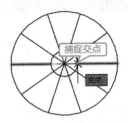

❻ 结果如图所示。

❼ 使用同样的方法，依次打断其他点，最终结果如图所示。

2. 打断于点（在一点打断选定的对象）

在 AutoCAD 2018 中可以单击【常用】选项卡 ➤【修改】面板 ➤【打断于点】按钮 ，调用【打断于点】命令。

下面将对圆弧图形执行【打断于点】命令，具体操作步骤如下。

❶ 打开"素材 \CH06\ 打断于点 .dwg"文件。

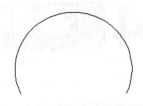

❷ 选择【常用】选项卡 ➤【修改】面板 ➤【打断于点】按钮 。

❸ 在绘图区域中单击选择需要打断的对象，如图所示。

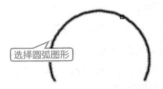

❹ 在命令行中提示指定第一个打断点时单击中点，并按【Enter】键确定。

❺ 最终结果如图所示，在圆弧一端单击鼠标左键，可以看到圆弧显示为两段。

6.4.2 合并对象

使用【合并】命令可以将相似的对象合并为一个完整的对象，还可以通过圆弧和椭圆弧创建完整的圆和椭圆。

【合并】命令的几种常用调用方法如下。

（1）选择【修改】➤【合并】菜单命令。

（2）在命令行中输入【JOIN】或【J】命令并按【Enter】键确认。

（3）单击【默认】选项卡➤【修改】面板中的【合并】按钮。

（4）单击【修改】工具栏中的【合并】按钮。

下面以合并直线为例介绍合并对象的操作。在合并直线时，对象必须位于同一条直线上。

❶ 打开"素材\CH06\合并直线.dwg"文件。

❷ 选择【修改】➤【合并】菜单命令，在绘图区域中单击选择合并源对象，如图所示。

❸ 在绘图区域中依次单击选择要合并到源的对象，如图所示。

❹ 按【Enter】键确认，结果如图所示。

❺ 重复【合并】命令，在绘图区域中单击选

择合并源对象，如图所示。

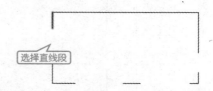

❻ 在绘图区域中单击选择要合并到源的对象，如图所示。

❼ 按【Enter】键确认，结果如图所示。

❽ 重复【合并】命令，在绘图区域中单击选择合并源对象，最终结果如图所示。

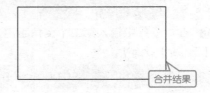

6.4.3 创建倒角

倒角操作用于连接两个对象，使它们以平角或倒角相接。

【倒角】命令的几种常用调用方法如下。

（1）选择【修改】➤【倒角】菜单命令。

（2）在命令行中输入【CHAMFER】或【CHA】命令并按【Enter】键确认。

（3）单击【默认】选项卡 ➤【修改】面板中的【倒角】按钮 ◢。

（4）单击【修改】工具栏中的【倒角】按钮 ◢。

下面将对多段线图形执行倒角操作，具体操作步骤如下。

❶ 打开"素材 \CH06\ 倒角 .dwg"文件。

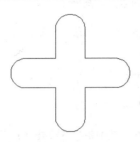

❷ 选择【修改】➤【倒角】菜单命令，命令行提示如下。

命令：_chamfer
（"修剪"模式）当前倒角距离 1 = 100.0000，距离 2 = 100.0000
选择第一条直线或 [放弃 (U)/ 多段线 (P)/ 距离 (D)/ 角度 (A)/ 修剪 (T)/ 方式 (E)/ 多个 (M)]:

❸ 在命令行中输入【D】，并按【Enter】键确认。

选择第一条直线或 [放弃 (U)/ 多段线 (P)/ 距离 (D)/ 角度 (A)/ 修剪 (T)/ 方式 (E)/ 多个 (M)]:
D ↙

❹ 在命令行中输入第一个倒角距离，并按【Enter】键确认。

指定 第一个 倒角距离 <0.0000>: 50 ↙

❺ 在命令行中输入第二个倒角距离，并按【Enter】键确认。

指定 第二个 倒角距离 <50.0000>: 50 ↙

❻ 在命令行中输入【M】，并按【Enter】键确认。

选择第一条直线或 [放弃 (U)/ 多段线 (P)/ 距离 (D)/ 角度 (A)/ 修剪 (T)/ 方式 (E)/ 多个 (M)]:
M ↙

❼ 在绘图区域中选择下图所示线段作为第一条直线。

选择第一条直线

❽ 在绘图区域中选择下图所示线段作为第二条直线。

选择第二条直线

❾ 在绘图区域中选择下图所示线段作为第一条直线。

选择第一条直线

❿ 在绘图区域中选择下图所示线段作为第二条直线。

选择第二条直线

⑪　重复上面的操作，依次创建其他倒角，按
【Enter】键结束【倒角】命令，结果如图所示。

倒角结果

6.4.4　创建圆角

【圆角】命令常用于绘制一些圆角矩形对象，如体育场的跑道、圆形窗户等。

【圆角】命令的几种常用调用方法如下。

（1）选择【修改】➤【圆角】菜单命令。

（2）在命令行中输入【FILLET】或【F】命令并按【Enter】键确认。

（3）单击【默认】选项卡➤【修改】面板中的【圆角】按钮 。

（4）单击【修改】工具栏中的【圆角】按钮 。

下面以编辑单人沙发图形为例，对圆角命令的操作过程进行详细介绍，具体操作步骤如下。

1. 创建半径为"80"的圆角

❶　打开"素材 \CH06\ 单人沙发 .dwg"文件。

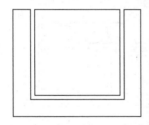

❷　选择【修改】➤【圆角】菜单命令，命令
行提示如下。

命令：_fillet
当前设置：模式 = 修剪，半径 = 0.0000
选择第一个对象或 [放弃 (U)/ 多段线 (P)/ 半
径 (R)/ 修剪 (T)/ 多个 (M)]：

 提示　命令行中各选项含义如下。

【第一个对象】：选择定义二维圆角所需的两
个对象中的第一个对象。

【放弃】：恢复在命令中执行的上一个操作。

【多段线】：在二维多段线中两条直线段相交
的每个顶点处插入圆角圆弧。

【半径】：定义圆角圆弧的半径，输入的值将
成为后续 FILLET 命令的当前半径，修改此值
并不影响现有的圆角圆弧。

【修剪】：控制 FILLET 是否将选定的边修剪
到圆角圆弧的端点。

【多个】：给多个对象集加圆角。

❸　在命令行中输入【R】，并按【Enter】键确认。

选择第一个对象或 [放弃 (U)/ 多段线 (P)/ 半
径 (R)/ 修剪 (T)/ 多个 (M)]：R ↙

❹　在命令行中输入圆角半径，并按【Enter】
键确认。

指定圆角半径 <0.0000>：80 ↙

❺　在命令行中输入【M】，并按【Enter】键
确认。

选择第一个对象或 [放弃 (U)/ 多段线 (P)/ 半
径 (R)/ 修剪 (T)/ 多个 (M)]：M ↙

❻　在绘图区域中选择下图所示线段作为第一
个对象。

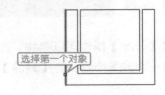

选择第一个对象

❼ 在绘图区域中选择下图所示线段作为第二个对象。

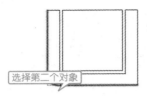

选择第二个对象

❽ 在绘图区域中选择下图所示线段作为第一个对象。

选择第一个对象

❾ 在绘图区域中选择下图所示线段作为第二个对象。

选择第二个对象

❿ 按【Enter】键结束【圆角】命令，结果如图所示。

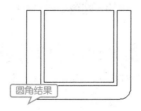

圆角结果

.2. 创建半径为"30"的圆角

❶ 选择【修改】➤【圆角】菜单命令，命令

行提示如下。

命令：_fillet
当前设置：模式 = 修剪，半径 = 80.0000
选择第一个对象或 [放弃 (U)/ 多段线 (P)/ 半径 (R)/ 修剪 (T)/ 多个 (M)]：R
指定圆角半径 <80.0000>：30
选择第一个对象或 [放弃 (U)/ 多段线 (P)/ 半径 (R)/ 修剪 (T)/ 多个 (M)]：M

❷ 在绘图区域中选择下图所示线段作为第一个对象。

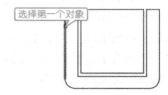

选择第一个对象

❸ 在绘图区域中选择下图所示线段作为第二个对象。

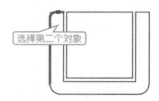

选择第二个对象

❹ 重复上面的操作，为其他边创建半径为"30"的圆角，按【Enter】键结束【圆角】命令，结果如图所示。

圆角结果

6.5 分解和删除对象

本节视频教程时间：4 分钟

通过【分解】操作可以将块、面域、多段线等分解为它的组成对象，以便单独修改一个或多个对象。【删除】命令则可以按需求将多余对象从原对象中删除。

6.5.1 分解对象

【分解】命令主要是把单个组合的对象分解成多个单独的对象，以便更方便地对各个单独对象进行编辑。

在 AutoCAD 2018 中调用【分解】命令通常有以下 3 种方法。

（1）选择【修改】➤【分解】菜单命令。

（2）在命令行输入【EXPLODE/X】命令并按空格键。

（3）单击【默认】选项卡 ➤【修改】面板 ➤【分解】按钮 。

分解的具体操作步骤如下。

❶ 打开"原始文件 \CH06\ 分解对象 .dwg"文件，如下图所示。

❸ 按空格键确认后退出【分解】命令，然后单击选择图形，可以看到图形被分解成了多个单体，如下图所示。

❷ 在命令行输入【X】命令并按空格键，然后单击选择绘图区域中的图形对象，如图所示。

6.5.2 删除图形对象

可以从图形中删除选定的对象，此方法不会将对象移动到剪贴板（通过剪贴板，随后可以将对象粘贴到其他位置）。如果处理的是三维对象，则还可以删除面、网格和顶点等子对象（不适用于 AutoCAD LT）。

【删除】命令执行过程中可以输入选项进行删除对象的选择，例如，输入【L】删除绘制的上一个对象，输入【P】删除前一个选择集，或者输入【ALL】删除所有对象，还可以输入【?】以获得所有选项的列表。

【删除】命令的几种常用调用方法如下。

（1）选择【修改】➤【删除】菜单命令。

（2）在命令行中输入【ERASE】或【E】命令并按【Enter】键确认。

（3）单击【默认】选项卡 ➤【修改】面板中的【删除】按钮 。

（4）单击【修改】工具栏中的【删除】按钮 。

下面以编辑一个简单二维图形为例对删除命令的应用进行详细介绍，具体操作步骤如下。

❶ 打开"素材 \CH06\ 删除对象 .dwg"文件。

❷ 选择【修改】➢【删除】菜单命令，然后在命令行输入【F】，并按【Enter】键确认。

命令：_erase
选择对象：f

❸ 在绘图区域中单击指定第一个栏选点，如图所示。

单击指定第一个栏选点

❹ 在绘图区域中移动光标并单击指定第二个栏选点，如图所示。

单击指定第二个栏选点

❺ 按【Enter】键确认，绘图区域显示如图所示。

选择结果

❻ 按【Enter】键确认，结果如图所示。

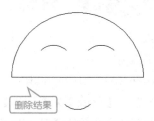

删除结果

❼ 重复【删除】命令，在绘图区域中选择下图所示水平直线段作为删除对象。

选择水平直线段

❽ 按【Enter】键确认，结果如图所示。

删除结果

❾ 选择【修改】➢【镜像】菜单命令，在绘图区域中选择下图所示圆弧作为镜像对象。

❿ 按【Enter】键确认，然后在绘图区域中单击下图所示端点作为镜像线的第一点。

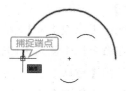

捕捉端点

⑪ 在绘图区域中移动光标并单击如图所示端点作为镜像线的第二点。

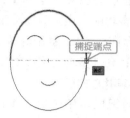

捕捉端点

⑫ 按【Enter】键确认，并且不删除源对象，结果如图所示。

镜像结果

6.6 使用夹点编辑对象

本节视频教程时间：9 分钟

夹点是一些实心的小方块，默认显示为蓝色，可以对夹点执行拉伸、移动、旋转、缩放或镜像操作。在没有执行任何命令的情况下，选择对象，对象上将出现夹点（默认为蓝色）。

6.6.1 夹点的显示与关闭

在 AutoCAD 2018 中可以根据需要利用【选项】对话框对夹点的显示进行设置。
【选项】对话框的几种常用调用方法如下。

（1）选择【工具】➤【选项】菜单命令。

（2）在命令行中输入【OPTIONS/OP】命令并按空格键确认。

下面将对夹点的显示进行详细介绍，具体操作步骤如下。

❶ 在命令行中输入【OP】命令并按空格键，弹出【选项】对话框，如图所示。

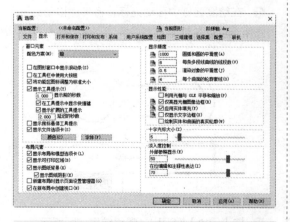

❷ 选择【选择集】选项卡，如下图所示。

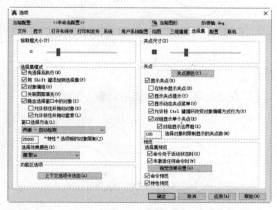

•【夹点尺寸】：以像素为单位设置夹点框的大小。按住滑块移动光标可以控制夹点的大小，也可以通过 GRIPSIZE 系统变量来控制夹点大小，默认夹点大小为 5。

•【夹点颜色】：单击后显示"夹点颜色"对话框，可以在其中指定不同夹点状态和元素的颜色。

•【显示夹点】：控制夹点在选定对象上的显示。在图形中显示夹点会明显降低性能。可以通过 GRIPS 系统变量来控制夹点的显示。

•【在块中显示夹点】：控制块中是否显示夹点，默认不显示。

关闭"在块中启用夹点"（GRIPBLOCKS = 0）　　打开"在块中启用夹点"（GRIPBLOCK = 1）

•【显示夹点提示】：当光标悬停在支

持夹点提示的自定义对象的夹点上时，显示夹点的特定提示。

•【显示动态夹点菜单】：控制在将光标悬停在多功能夹点上时动态菜单的显示。

•【允许按 Ctrl 键循环改变对象编辑方式行为】：允许多功能夹点的按 Ctrl 键循环改变对象编辑方式行为。

•【对组显示单个夹点】：显示对象组的单个夹点。

•【对组显示边界框】：围绕编组对象的范围显示边界框。

•【选择对象时限制显示的夹点数】：有效值的范围从 1 到 32,767，默认设置是100。当选择集包括的对象多于指定数量时，不显示夹点。

6.6.2 使用夹点拉伸对象

通过移动选定的夹点，可以拉伸对象。

❶ 打开"素材 \CH10\ 夹点 .dwg"文件。

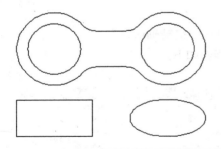

❷ 在绘图区域中选择矩形对象，如图所示。

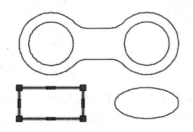

❸ 在绘图区域中单击选择下图所示夹点。

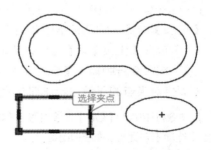

❹ 在绘图区域中移动光标，将夹点移动到下图所示位置并单击。

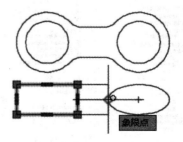

❺ 按【Esc】键退出，最终结果如图所示。

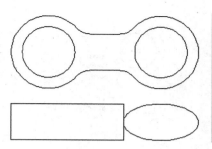

 提示 夹点编辑的默认选项是拉伸，因此，当通过夹点编辑执行拉伸操作时可以直接进行。

文字、块参照、直线中心、圆心和点对象上的夹点将移动对象而不是拉伸对象。

AutoCAD 2018 中包含对多段线、样条曲线和非关联多段线图案填充对象的编辑，框选这些对象的夹点形式也不相同。

6.6.3 使用夹点拉长对象

通过移动选定的夹点，可以拉长对象。

❶ 打开"素材 \CH10\ 夹点拉长对象 .dwg"文件。

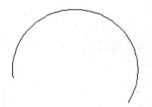

❷ 在绘图区域中选择圆弧对象，如图所示。

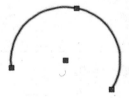

❸ 将光标放置到下图所示的夹点上，在弹出的快捷菜单中选择【拉长】，如下图所示。

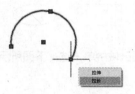

❹ 在绘图区域中移动光标并单击指定圆弧端点，如图所示。

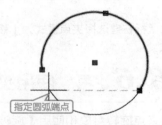

❺ 按【Esc】键退出，最终结果如图所示。

6.6.4 使用夹点移动对象

使用夹点移动对象和使用【移动】命令移动对象的结果是一样的。

❶ 打开"素材 \CH10\ 夹点 .dwg"文件。

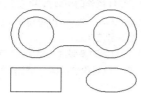

❷ 在绘图区域中选择圆形对象，如图所示。

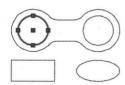

❸ 在绘图区域中单击选择下图所示夹点。

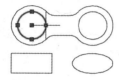

❹ 单击鼠标右键选择夹点模式为【移动】，如图所示。

❺ 制定右象限点为基点，在绘图区域中移动光标并捕捉如图所示象限点作为移动点。

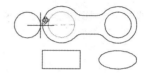

❻ 按【Esc】键退出，最终结果如图所示。

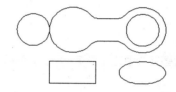

6.6.5 使用夹点旋转对象

使用夹点旋转对象和使用【旋转】命令旋转对象的结果是一样的。

❶ 打开"素材 \CH10\ 夹点 .dwg"文件。

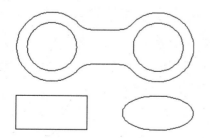

❷ 在绘图区域中选择椭圆对象，如图所示。

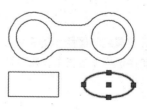

❸ 在绘图区域中单击选择下图所示夹点。

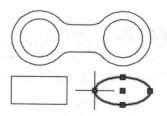

④ 单击鼠标右键选择夹点模式为【旋转】，如图所示。

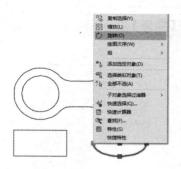

⑤ 在命令行中输入旋转角度"-90"并按

【Enter】键确认。

指定旋转角度或 [基点 (B)/ 复制 (C)/ 放弃 (U)/ 参照 (R)/ 退出 (X)]: -90

⑥ 按【Esc】键退出，最终结果如图所示。

6.6.6 使用夹点缩放对象

使用夹点缩放对象和使用【缩放】命令的结果是一样的。

❶ 打开"素材 \CH10\ 夹点 .dwg"文件。

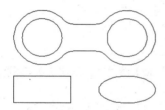

❷ 在绘图区域中选择多段线对象，如图所示。

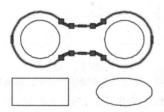

❸ 在绘图区域中单击选择下图所示夹点。

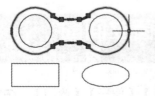

❹ 单击鼠标右键选择夹点模式为【缩放】，如图所示。

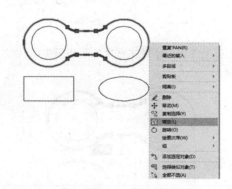

❺ 在命令行中输入缩放的比例因子"0.5"并按【Enter】键确认。

指定比例因子或 [基点 (B)/ 复制 (C)/ 放弃 (U)/ 参照 (R)/ 退出 (X)]: 0.5

❻ 按【Esc】键退出，最终结果如图所示。

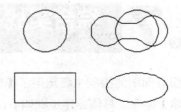

121

6.6.7 使用夹点镜像对象

使用夹点镜像对象和使用【镜像】命令操作的区别是【镜像】命令后默认的是保留源对象，而使用夹点镜像对象默认的是删除源对象。

❶ 打开"素材 \CH10\ 夹点 .dwg"文件。

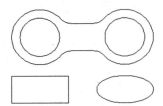

❷ 在绘图区域中选择多段线对象，如图所示。

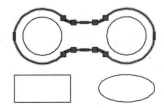

❸ 在绘图区域中单击选择如图所示夹点。

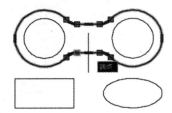

❹ 单击鼠标右键选择夹点模式为【镜像】，如图所示。

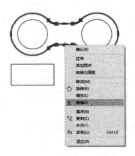

❺ 在绘图区域中水平移动光标并单击指定镜像线的第二个点，如图所示。

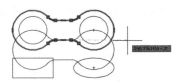

❻ 按【Esc】键退出，最终结果如图所示。

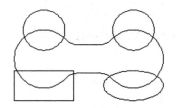

> **提示** 使用夹点编辑镜像对象，如果要保留源对象，当命令行提示指定镜像线的第二点时，选择"复制"选项。
> 指定第二点或 [基点 (B)/ 复制 (C)/ 放弃 (U)/ 退出 (X)]: C　↙

6.7 综合实战——绘制花窗立面图

本节视频教程时间：3 分钟

花窗立面图的绘制主要运用了【旋转】【直线】【圆】【偏移】【修剪】和【删除】命令，具体操作步骤如下。

❶　打开"素材 \CH05\ 花窗 .dwg"文件，如下图所示。

❷　在命令行输入【RO】命令并按空格键，选择整个图形为旋转对象，并捕捉正方形的端点为旋转基点，如下图所示。

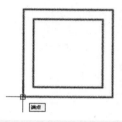

❸　在命令行输入旋转角度，并按空格键确认。

指定旋转角度，或 [复制 (C)/ 参照 (R)] <45>：45

❹　旋转结果如下图所示。

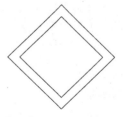

❺　在命令行输入【L】命令并按空格键，在正方形内侧绘制两条对角线，如下图所示。

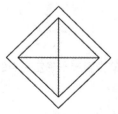

❻　在命令行输入【C】命令并按空格键，以对角线的交点为圆心，绘制两个半径分别为 100 和 200 的圆，如下图所示。

❼　在命令行输入【O】命令并按空格键，将两条对角线分别向两侧偏移 40，如下图所示。

❽　在命令行输入【TR】命令并按空格键，选择半径为 200 的圆和内侧正方形为修剪对象，如下图所示。

❾　对大圆内侧和小正方形的外侧进行修剪，结果如下图所示。

❿　在命令行输入【E】命令并按空格键，选择两条对角线将其删除，结果如下图所示。

高手私房菜

📽 本节视频教程时间：2 分钟

技巧 1：用倒角命令使两条不平行的直线相交

❶ 打开"素材 \CH06\ 用倒角命令使两条不平行的直线相交 .dwg"文件，如下图所示。

❷ 单击【默认】选项卡 ➤【修改】面板 ➤【倒角】按钮◢，然后在命令行中输入【D】，并按空格键确认。AutoCAD 命令行提示如下。

命令：_chamfer
（"修剪"模式）当前倒角距离 1 =25.0000，距离 2 = 25.0000
选择第一条直线或 [放弃 (U)/ 多段线 (P)/ 距离 (D)/ 角度 (A)/ 修剪 (T)/ 方式 (E)/ 多个 (M)]：D

❸ 在命令行中输入两个倒角距离都为"0"，并按空格键确认。AutoCAD 命令行提示如下。

指定 第一个 倒角距离 <25.0000>：0 ↙
指定 第一个 倒角距离 <25.0000>：0 ↙

❹ 设置完成后选择两条倒角的直线，结果如下图所示。

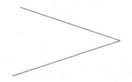

技巧 2：使用【Shift】键同时移动多夹点

当需要一次移动几何图形中的多个夹点时，可以采用下面的操作方法进行。

❶ 打开"素材 \CH06\ 同时移动多夹点 .dwg"文件。

❷ 在绘图区域中选择正八边形对象，可以看到八边形的所有交点及中点均显示蓝色小方块。

❸ 按住【Shift】键用鼠标选择下面两个交点和一个中点，可以看到所选择的点变成了红色。

按住"Shift"键选择夹点

❹ 用鼠标选择其中的一个红点进行拖曳，就可以一次移动多个夹点。

同时调整多个夹点位置

❺ 在适当的位置单击确定夹点的新位置，结果如图所示。

夹点位置调整结果

第 7 章

绘制和编辑复杂二维图形

本章视频教程时间：42 分钟

高手指引

AutoCAD 可以满足用户的多种绘图需要，一种图形可以通过多种绘制方式来绘制，如平行线可以用两条直线来绘制，但是用多线绘制会更为快捷准确。本章将讲解如何绘制和编辑复杂的二维图形。

重点导读

- 绘制多线和多线段
- 绘制样条曲线、绘制面域
- 创建图案填充

7.1 创建和编辑多段线

本节视频教程时间：6分钟

在 AutoCAD 中，多段线提供单条直线或单条圆弧所不具备的功能，下面将对多段线的绘制及编辑进行详细介绍。

7.1.1 创建多段线

多段线是由直线段和圆弧段组成的单个对象。

【多段线】命令的几种常用调用方法如下。

（1）选择【绘图】➤【多段线】菜单命令。

（2）在命令行中输入【PLINE/PL】命令并按空格键确认。

（3）单击【默认】选项卡 ➤【绘图】面板中的【多段线】按钮 ⊃。

下面将对多段线的绘制过程进行详细介绍。

❶ 打开"素材\CH07\创建多段线.dwg"文件。

❷ 在命令行中输入【PL】命令并按空格键调用【多段线】命令，在绘图区域中捕捉下图所示节点作为多段线起点。

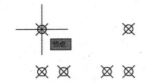

❸ 在绘图区域中移动光标并捕捉下图所示节点作为多段线下一点。

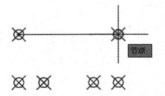

❹ 在绘图区域中移动光标并捕捉下图所示节点作为多段线下一点。

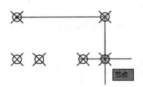

❺ 命令行提示如下。

指定下一点或 [圆弧 (A)/ 闭合 (C)/ 半宽 (H)/ 长度 (L)/ 放弃 (U)/ 宽度 (W)]：

❻ 在命令行输入【A】并按【Enter】键确认。命令行提示如下。

指定圆弧的端点或
[角度 (A)/ 圆心 (CE)/ 闭合 (CL)/ 方向 (D)/ 半宽 (H)/ 直线 (L)/ 半径 (R)/ 第二个点 (S)/ 放弃 (U)/ 宽度 (W)]：

❼ 在绘图区域中移动光标并捕捉下图所示节点作为圆弧端点。

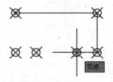

⑧ 在命令行输入【L】并按【Enter】键确认。然后在绘图区域中移动光标并捕捉如图所示节点作为多段线下一点。

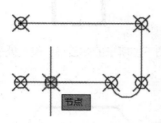

⑨ 接下来根据命令行进行如下操作。

指定下一点或 [圆弧 (A)/ 闭合 (C)/ 半宽 (H)/ 长度 (L)/ 放弃 (U)/ 宽度 (W)]: A
指定圆弧的端点或
[角度 (A)/ 圆心 (CE)/ 闭合 (CL)/ 方向 (D)/ 半宽 (H)/ 直线 (L)/ 半径 (R)/ 第二个点 (S)/ 放弃 (U)/ 宽度 (W)]: A
指定包含角：-180

⑩ 在绘图区域中移动光标并捕捉下图所示节点作为圆弧端点。

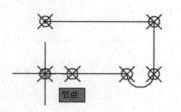

⑪ 命令行提示如下。

指定圆弧的端点或
[角度 (A)/ 圆心 (CE)/ 闭合 (CL)/ 方向 (D)/ 半宽 (H)/ 直线 (L)/ 半径 (R)/ 第二个点 (S)/ 放弃 (U)/ 宽度 (W)]: L
指定下一点或 [圆弧 (A)/ 闭合 (C)/ 半宽 (H)/ 长度 (L)/ 放弃 (U)/ 宽度 (W)]: C

⑫ 结果如图所示。

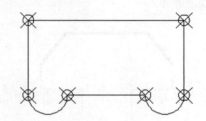

7.1.2 编辑多段线

多段线提供单个直线所不具备的编辑功能。例如，可以调整多段线的宽度和曲率。创建多段线之后，可以使用 PEDIT 命令对其进行编辑，或者使用 EXPLODE（分解）命令将其转换成单独的直线段和弧线段。

【多段线编辑】命令的几种常用调用方法如下。

（1）选择【修改】➤【对象】➤【多段线】菜单命令。

（2）在命令行中输入【PEDIT/PE】命令并按空格键确认。

（3）单击【默认】选项卡➤【修改】面板中的【编辑多段线】按钮。

（4）双击多段线。

下面将对多段线的编辑过程进行详细介绍。

❶ 打开"素材\CH07\编辑多段线.dwg"文件。

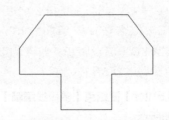

❷ 双击下图所示的多段线，使其处于编辑

状态。

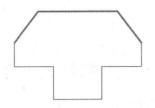

❸　在命令行输入【W】，设置所选多段线对象的宽度值，命令行提示如下。

输入选项 [闭合 (C)/ 合并 (J)/ 宽度 (W)/ 编辑顶点 (E)/ 拟合 (F)/ 样条曲线 (S)/ 非曲线化 (D)/ 线型生成 (L)/ 反转 (R)/ 放弃 (U)]: W
指定所有线段的新宽度：1

❹　按【Enter】键结束【多段线编辑】命令，结果如图所示。

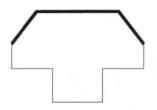

❺　双击下图所示的多段线，使其处于编辑状态。

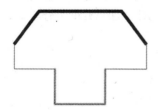

❻　设置所选多段线对象的宽度值，命令行提示如下。

输入选项 [闭合 (C)/ 合并 (J)/ 宽度 (W)/ 编辑顶点 (E)/ 拟合 (F)/ 样条曲线 (S)/ 非曲线化 (D)/ 线型生成 (L)/ 反转 (R)/ 放弃 (U)]: W
指定所有线段的新宽度：1.5

❼　按【Enter】键结束【多段线编辑】命令，结果如图所示。

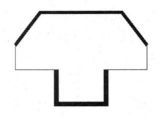

❽　双击下图所示的多段线，使其处于编辑状态。

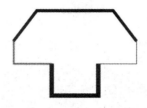

❾　在命令行输入【J】并按【Enter】键确认，然后在绘图区域选择所有多段线对象，如图所示。

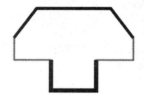

❿　按两次【Enter】键结束【多段线编辑】命令，结果如图所示。

多段线编辑结果

⓫　双击下图所示的多段线，使其处于编辑状态。

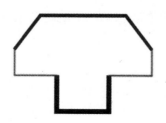

⑫ 在命令行输入【F】并按两次【Enter】键结束【多段线编辑】命令，结果如图所示。

7.2 创建和编辑样条曲线

本节视频教程时间：9 分钟

样条曲线是经过或接近一系列给定点的光滑曲线，可以控制曲线与点的拟合程度。一般用于绘制园林景观。

7.2.1 创建样条曲线

在 AutoCAD 中，样条曲线的绘制方法有多种，下面将分别进行介绍。

1. 平滑多段线与样条曲线的区别

使用 SPLINE 命令创建的曲线为样条曲线。与那些包含类似图形的样条曲线拟合多段线的图形相比，包含样条曲线的图形占用较少的内存和磁盘空间。

多段线是作为单个对象创建的相互连接的序列线段。可以创建直线段、弧线段或两者的组合线段。使用 SPLINE 命令可以将样条拟合多段线转换为真正的样条曲线。

2. 使用拟合点绘制样条曲线

在 AutoCAD 中，拟合点绘制样条曲线的方法较为常见，默认情况下，拟合点将与样条曲线重合。

【拟合点】方式的几种常用调用方法如下。

（1）选择【绘图】▶【样条曲线】▶【拟合点】菜单命令。

（2）在命令行中输入【SPLINE/SPL】命令并按空格键确认，然后按命令行提示进行操作。

（3）单击【默认】选项卡▶【绘图】面板中的【样条曲线拟合】按钮。

下面以拟合点方式对样条曲线的绘制过程进行详细介绍，具体操作步骤如下。

❶ 打开"素材\CH07\拟合点绘制样条曲线.dwg"文件。

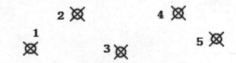

❷ 单击【默认】选项卡▶【绘图】面板中的【样条曲线拟合】按钮，在绘图区域捕捉下图所示节点作为样条曲线的起点。

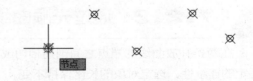

❸ 然后依次捕捉第 2 个节点到第 5 个节点作为样条曲线的下一点。

④ 按【Enter】键结束【样条曲线】命令，结果如图所示。

3. 使用控制点绘制样条曲线

默认情况下，使用控制点方式绘制样条曲线将会定义控制框，控制框提供了一种简便的方法，用来设置样条曲线的形状。

【控制点】方式的几种常用调用方法如下。

（1）选择【绘图】➤【样条曲线】➤【控制点】菜单命令。

（2）在命令行中输入【SPLINE/SPL】命令并按空格键确认，然后按命令行提示进行 操作。

（3）单击【默认】选项卡➤【绘图】面板中的【样条曲线控制点】按钮█。

下面以控制点方式对样条曲线的绘制过程进行详细介绍，具体操作步骤如下。

❶ 打开"素材\CH07\控制点绘制样条曲线.dwg"文件。

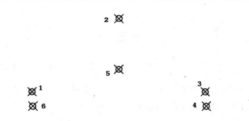

❷ 单击【默认】选项卡➤【绘图】面板中的【样条曲线控制点】按钮█，在绘图区域捕捉下图所示节点作为样条曲线的起点。

❸ 在绘图区域移动光标并依次捕捉下图第 2 个节点到第 6 个节点作为样条曲线的下一点。

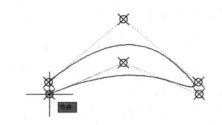

❹ 在命令行输入【C】并按【Enter】键确认，结果如图所示。

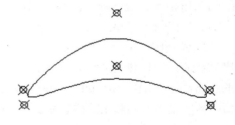

7.2.2 通过光顺曲线创建样条曲线

在两条开放曲线的端点之间创建相切或平滑的样条曲线，生成的样条曲线的形状取决于指定的连续性，选定对象的长度保持不变。

【光顺曲线】命令的几种常用调用方法如下。

（1）选择【修改】➤【光顺曲线】菜单命令。

（2）在命令行中输入【BLEND】命令并按【Enter】键确认。

（3）单击【默认】选项卡➤【修改】面板中的【光顺曲线】按钮█。

❶ 打开"素材\CH07\光顺曲线.dwg"文件。

② 选择【修改】➤【光顺曲线】菜单命令，在绘图区域中选择下图所示的圆弧图形作为第一个对象。

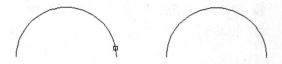

③ 在绘图区域中选择下图所示的圆弧图形以指定第二个点。

④ 结果如图所示。

编辑结果

提示 执行【光顺曲线】命令的过程中需要注意图形对象的选择位置。

⑤ 重复【光顺曲线】命令，在绘图区域中选择下图所示的圆弧图形作为第一个对象。

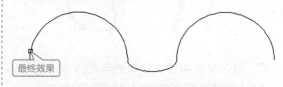

最终效果

⑥ 在绘图区域中选择下图所示的圆弧图形以指定第二个点。

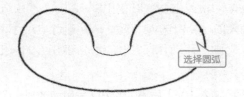

选择圆弧

⑦ 结果如图所示。

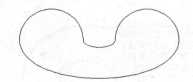

7·2·3 编辑样条曲线

在 AutoCAD 中，绘制样条曲线后可以根据实际情况对其进行编辑操作。

【样条曲线编辑】命令的几种常用调用方法如下。

（1）选择【修改】➤【对象】➤【样条曲线】菜单命令。

（2）在命令行中输入【SPLINEDIT/SPE】命令并按空格键确认。

（3）单击【默认】选项卡➤【修改】面板中的【编辑样条曲线】按钮。

（4）双击样条曲线。

下面将对样条曲线的编辑过程进行详细介绍，具体操作步骤如下。

① 打开"素材\CH07\编辑样条曲线.dwg"文件。

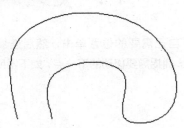

❷ 双击图中的样条曲线，如下图所示。

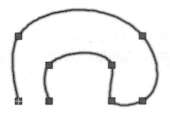

❸ 进入样条曲线编辑状态后在命令行输入【E】编辑顶点，然后输入【M】移动控制点。

输入选项 [闭合 (C)/ 合并 (J)/ 拟合数据 (F)/ 编辑顶点 (E)/ 转换为多段线 (P)/ 反转 (R)/ 放弃 (U)/ 退出 (X)] < 退出 >：E
输入顶点编辑选项 [添加 (A)/ 删除 (D)/ 提高阶数 (E)/ 移动 (M)/ 权值 (W)/ 退出 (X)] < 退出 >：M

❹ 输入【M】后 AutoCAD 会自动捕捉一个控制点，如图所示。

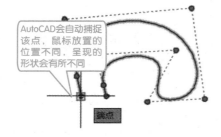

❺ 移动光标可以控制所选点的位置，如图所示。

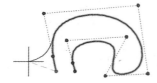

❻ 在自己需要的位置单击，然后连续输入【N】，捕捉需要移动的下一点，如下图所示。

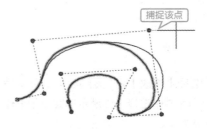

❼ 移动光标将所选的控制点放置到合适的位置，如图所示。

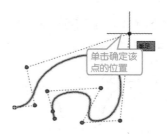

❽ 重复 6~7，捕捉最后一个端点，并将它放到合适的位置，如下图所示。

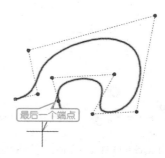

❾ 连续输入两次输入【X】退出编辑顶点，然后输入【C】将样条曲线闭合。

指定新位置或 [下一个 (N)/ 上一个 (P)/ 选择点 (S)/ 退出 (X)] < 下一个 >：X
输入顶点编辑选项 [添加 (A)/ 删除 (D)/ 提高阶数 (E)/ 移动 (M)/ 权值 (W)/ 退出 (X)] < 退出 >：X
输入选项 [闭合 (C)/ 合并 (J)/ 拟合数据 (F)/ 编辑顶点 (E)/ 转换为多段线 (P)/ 反转 (R)/ 放弃 (U)/ 退出 (X)] < 退出 >：C

❿ 闭合后如下图所示。

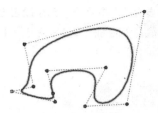
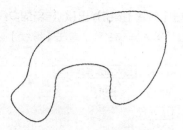

⑪ 在命令行输入【P】并接受默认精度。

输入选项 [打开 (O)/ 拟合数据 (F)/ 编辑顶点
(E)/ 转换为多段线 (P)/ 反转 (R)/ 放弃 (U)/
退出 (X)] < 退出 >: P ↙
指定精度 <10>: ↙

⑫ 最后结果如下图所示。

> **提示**　转换成多段线后，再次双击图形，进入多段线编辑状态。
>
> 命令：_pedit
> 输入选项 [打开 (O)/ 合并 (J)/ 宽度 (W)/ 编辑顶点 (E)/ 拟合 (F)/ 样条曲线 (S)/ 非曲线化 (D)/ 线型生成 (L)/ 反转 (R)/ 放弃 (U)]:

7.3　创建和编辑多线

本节视频教程时间：9 分钟

在 AutoCAD 中，使用多线命令可以很方便地创建多条平行线，下面将对多线的创建和编辑方法进行详细介绍。

7.3.1　设置多线样式

设置多线是通过【多线样式】对话框来进行的。

【多线样式】对话框的几种常用调用方法如下。

（1）选择【格式】➤【多线样式】菜单命令。

（2）在命令行中输入【MLSTYLE】命令并按空格键确认。

调用【多线样式】命令，弹出多线样式对话框，如下图所示。

下面将对多线样式进行设置，具体操作步骤如下。

❶ 单击【新建】按钮弹出【创建新的多线样式】对话框，输入样式名称。单击【继续】按钮。

❷ 弹出【新建多线样式：新建样式】对话框。

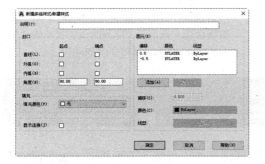

❸ 在【封口面版】内勾选"直线"作为封口样式，并在"图元"选项中连续两次单击【添加】按钮添加两个图元，如下图所示。

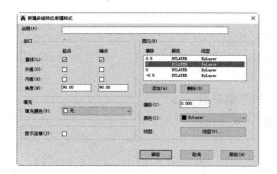

❹ 在【图元】选项区域中，单击要修改的多线，在下方"偏移"中输入要修改的距离，如下图所示。

❺ 重复步骤 4，将另一个偏移设置为 -1，然后单击【颜色】后面的下拉按钮选择【红色】，如下图所示。

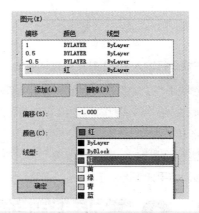

❻ 选择偏移为 1 的多线，然后单击【颜色】后面的下拉按钮选择【蓝色】。然后单击【线型】按钮，弹出【选择线型】对话框，如下图所示。

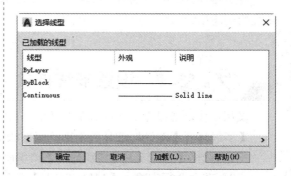

❼ 单击"加载"按钮，在弹出【加载或重载线型】对话框中选择线型，选择要加载的线型。如下图所示。

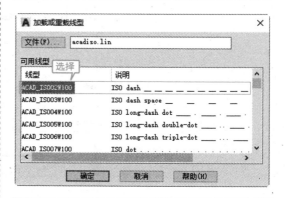

❽ 单击【确定】按钮，将所选的线型加载到【选

择线型】对话框，如下图所示。

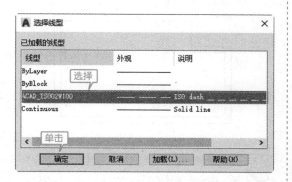

❾ 重复步骤 6~7，给偏移为 -1 的多线加载线型，如下图所示。

❿ 然后选择线型，单击确定后即可将所选择的线型加载给多线，如下图所示。

⓫ 单击【确定】后回到【多线样式】对话框，选择【新建样式】，然后单击【置为当前】按钮，即可将新建的多线样式设置为当前样式，如下图所示。

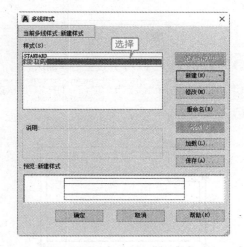

7·3·2 创建多线

　　多线是由多条平行线组成的线型。绘制多线与绘制直线相似的地方是需要指定起点和端点，与直线不同的是一条多线可以由一条或多条平行直线线段组成。

　　【多线】命令的几种常用调用方法如下。

　　（1）选择【绘图】➤【多线】菜单命令。

　　（2）在命令行中输入【MLINE/ML】命令并按空格键确认。

　　绘制多线的具体操作步骤如下。

❶ 打开"素材 \CH07\ 创建多线 .dwg"文件。

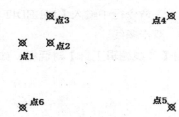

❷ 在命令行中输入【ML】命令并按空格键调用【多线】命令，并在绘图区域捕捉如下节点作为多线起点。

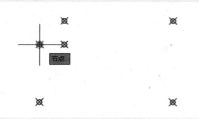

❸ 然后依次捕捉如下节点作为多线的下一点。

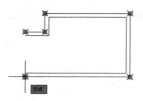

❹ 在命令行输入【C】并按空格键确认。

指定下一点或 [闭合 (C)/ 放弃 (U)]：C

❺ 结果如图所示。

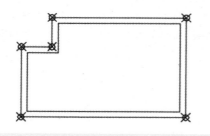

❻ 在绘图区域选择所有节点，然后按键盘

【Del】键将所选节点删除，结果如图所示。

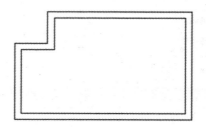

提示 绘制的多线与选择对齐样式、比例以有关，本例中选择的对齐样式为"上"，假如将对齐样式设置为"无"，则如下图所示。

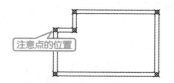

假如将对齐样式设置为"下"，则如下图所示。

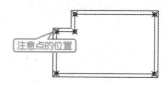

假如对齐样式还为"上，但是将比例改为 40，则绘制结果如下图所示。

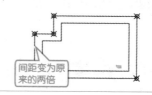

7·3·3 编辑多线

编辑多线是通过【多线编辑工具】对话框来进行的。

【多线编辑工具】对话框的几种常用调用方法如下。

（1）选择【修改】➤【对象】➤【多线】菜单命令。

（2）在命令行中输入【MLEDIT】命令并按空格键确认。

（3）双击多线。

调用【多线编辑工具】对话框，如下图所示。

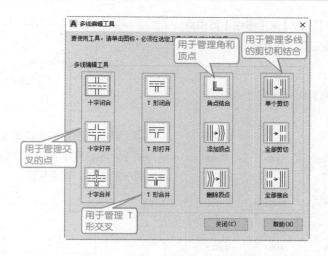

对话框中第一列各项的操作示例，该列的选择有先后顺序，先选择的将被修剪掉。

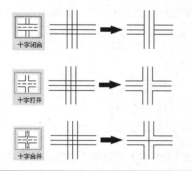

对话框中第二列各项的操作示例，该列的选择有先后顺序，先选择的将被修剪掉，与选择位置也有关系，点取的位置被保留。

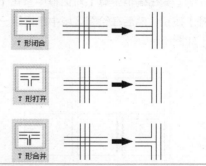

对话框中第三列各项的操作示例，其中"角点结合"与选择的位置有关，选取的位置被保留。

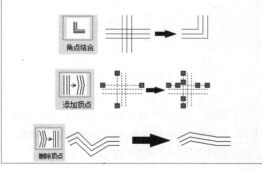

对话框中第四列各项的操作示例，此列中的操作与选择点的先后没有关系。

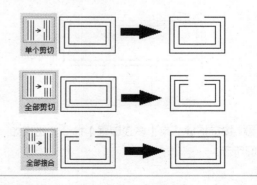

下面将利用【多线编辑工具】对话框对多线进行编辑，具体操作步骤如下。

❶ 打开"素材 \CH07\ 编辑多线 .dwg"文件。

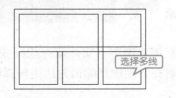

❷ 选择【修改】➤【对象】➤【多线】菜单命令，弹出【多线编辑工具】对话框。

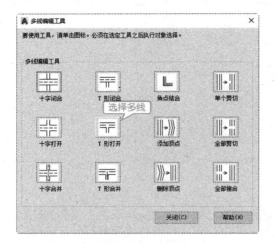

❸ 在【多线编辑工具】对话框中单击【T 形打开】按钮，然后在绘图区域中选择第一条多线，如图所示。

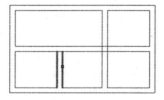

❹ 在绘图区域中选择第二条多线，如图所示。

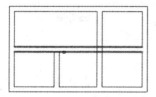

❺ 按空格键结束【多线编辑】命令，结果如图所示。

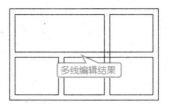

❻ 重复调用【多线编辑工具】对话框，并单击【十字打开】按钮，然后在绘图区域中选择第一条多线，如图所示。

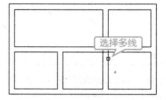

❼ 在绘图区域中选择第二条多线，如图所示。

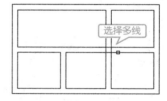

❽ 按【Enter】键结束【多线编辑】命令，结果如图所示。

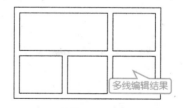

📝 **提示** 如果一个编辑选项（如 T 形打开）要多次用到，在选择该选项时双击即可连续使用，直到按【Esc】键退出为止。

7.4 创建和编辑图案填充

本节视频教程时间：5 分钟

使用填充图案、实体填充或渐变填充来填充封闭区域或选定对象。下面将对图案填充的创建及编辑方法进行详细介绍。

7.4.1　创建图案填充

在 AutoCAD 中可以使用预定义填充图案填充区域，或使用当前线型定义简单的线图案。用户既可以创建复杂的填充图案，也可以创建渐变填充。渐变填充是在一种颜色的不同灰度之间或两种颜色之间使用过渡。渐变填充提供光源反射到对象上的外观，可用于增强演示图形的效果。

【图案填充】命令的几种常用调用方法如下。

（1）选择【绘图】➤【图案填充】菜单命令。

（2）在命令行中输入【HATCH/H】命令并按空格键确认。

（3）单击【默认】选项卡➤【绘图】面板中的【图案填充】按钮 ▣。

执行图案填充命令后，弹出【图案填充创建】选项卡，如下图所示。

下面将对图案填充的创建过程进行详细介绍，具体操作步骤如下。

❶ 打开"素材 \CH07\ 创建图案填充 .dwg"文件。

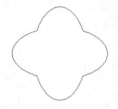

❷ 在命令行中输入【H】命令并按空格键，在弹出【图案填充创建】选项卡上单击【图案填充图案】按钮，弹出图案填充的图案选项，单击【ANSI31】图案对图形区域进行填充。

❸ 在【特性】面板中将【填充图案比例】设置为"10"，如图所示。

❹ 在绘图区域单击拾取图案填充区域，如图所示。

❺ 单击【关闭图案填充创建】按钮结束【图案填充】命令，结果如图所示。

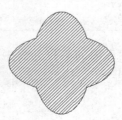

7.4.2 编辑图案填充

修改特定于图案填充的特性，例如现有图案填充或填充的图案、比例和角度。

【编辑图案填充】命令的几种常用调用方法如下。

（1）选择【修改】➤【对象】➤【图案填充】菜单命令。

（2）在命令行中输入【HATCHEDIT】命令并按【Enter】键确认。

（3）单击【默认】选项卡➤【修改】面板中的【编辑图案填充】按钮。

本实例通过将地板砖填充图案改为水泥混凝土填充的例子，来讲解图案填充编辑的应用。在建筑绘图中会经常用到这两种图案填充。

❶ 打开"素材 \CH07\ 编辑图案填充 .dwg"文件。

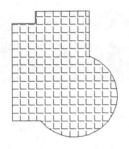

❷ 单击【默认】选项卡➤【修改】面板中的【编辑图案填充】按钮，在绘图区域单击填充图案后弹出【图案填充编辑】对话框，如图所示。

❸ 在图案后面的下拉列表中选择【AR-CONC】选项。

❹ 更改填充比例为"1"。

❺ 单击【确定】按钮完成操作。

除了上述调用【填充编辑】命令的方法外，也可以直接单击填充图案，进入【图案填充编辑器】选项卡对填充图案进行编辑，【图案填充编辑器】选项卡和【创建图案填充】选项卡是相同的，用【图案填充编辑器】选项卡编辑填充图案和创建图案填充的方法是相同的，具体操作如下。

① 打开"素材\CH07\编辑图案填充.dwg"文件。

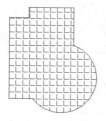

② 单击填充的图案，弹出【图案填充编辑器】选项卡，如图所示。

③ 单击【图案填充图案】按钮，弹出图案填充的图案选项，单击【AR-CONC】图案对图

形区域进行填充。

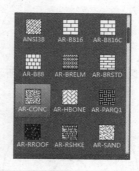

④ 在【特性】面板中将【填充图案比例】设置为"1"，如图所示。

⑤ 单击【关闭图案填充创建】按钮结束【图案填充】命令，结果如图所示。

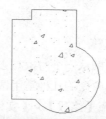

7.5　创建和编辑面域

本节视频教程时间：6 分钟

面域是指由闭合的平面环创建的二维区域，有效对象包括多段线、直线、圆弧、圆、椭圆弧、椭圆和样条曲线，每个闭合的环将转换为独立的面域。创建面域时不能有交叉交点和自交曲线。

7.5.1　创建面域

【面域】命令的几种常用调用方法如下。

（1）选择【绘图】➤【面域】菜单命令。

（2）在命令行中输入【REGION/REG】命令并按空格键确认。

（3）单击【默认】选项卡➤【绘图】面板中的【面域】按钮 ⚏。

下面将对面域的创建过程进行详细介绍，具体操作步骤如下。

① 打开"素材\CH07\创建面域.dwg"文件。

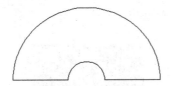

② 在绘图区域中选择圆弧，如图所示。

③ 单击【默认】选项卡➤【绘图】面板中的【面

域】按钮⬛，在绘图区域中选择下图所示图形对象作为组成面域的对象。

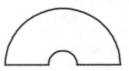

④ 按【Enter】键确认，然后在绘图区域中选择圆弧，结果如图所示。

  7.5.2 编辑面域

编辑面域的操作非常简单，其中布尔运算是最常用的面域修改方法。

> **提示** 布尔运算除了用于面域编辑外，还经常用在三维编辑中。

1. 差集运算

差集运算指从一个对象减去一个重叠面域或三维实体来创建新对象。

【差集】命令的几种常用调用方法如下。

（1）选择【修改】➤【实体编辑】➤【差集】菜单命令。

（2）在命令行中输入【SUBTRACT/SU】命令并按空格键确认。

下面以差集方式对面域进行编辑，具体操作步骤如下。

① 打开"素材\CH07\编辑面域.dwg"文件。

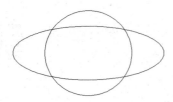

② 在命令行中输入【SU】命令并按空格键，然后在绘图区域选择要从中减去的实体或面域，并按【Enter】键确认。

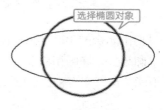

③ 在绘图区域选择要减去的实体或面域。

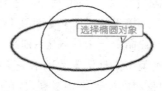

④ 按【Enter】键确认后，结果如图所示。

将整个椭圆从图形中减去，减去后的两个月牙是一个整体

2. 并集运算

并集运算是指将两个或多个二维面域、三维实体或曲面合并为一个面域、复合三维实体或曲面。

【并集】命令的几种常用调用方法如下。

（1）选择【修改】➤【实体编辑】➤【并集】菜单命令。

（2）在命令行中输入【UNION/UNI】命令并按空格键确认。

下面以并集方式对面域进行编辑，具体操作步骤如下。

❶ 打开"素材 \CH07\ 编辑面域 .dwg"文件。

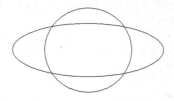

❷ 选择【修改】➤【实体编辑】➤【并集】菜单命令，在绘图区域选择第一个对象，如图所示。

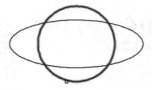

❸ 在绘图区域选择第二个对象，如图所示。

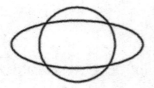

❹ 按【Enter】键确认后，结果如图所示。

仅将重合的部分删除后合为一体

3. 交集运算

交集运算可以从两个或两个以上现有面域、三维实体或曲面的公共体积创建新的对象。

【交集】命令的几种常用调用方法如下。

（1）选择【修改】➤【实体编辑】➤【交集】菜单命令。

（2）在命令行中输入【INTERSECT/IN】命令并按空格键确认。

下面以交集方式对面域进行编辑，具体操作步骤如下。

❶ 打开"素材 \CH07\ 编辑面域 .dwg"文件。

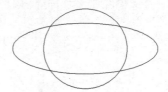

❷ 在命令行中输入【IN】命令并按空格键，然后在绘图区域选择第一个对象，如图所示。

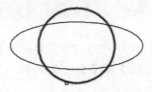

❸ 在绘图区域选择第二个对象，如图所示。

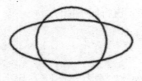

❹ 按【Enter】键确认后，结果如图所示。

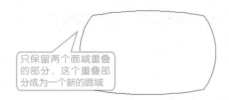

只保留两个面域重叠的部分，这个重叠部分成为一个新的面域

4．从面域中获取文本数据

在 AutoCAD 中可以通过面域来计算和显示对象的面积、周长以及质量等信息，当然要想查询对象的这些信息，首先得将对象创建成面域。

【面域／质量特性】命令的几种常用调用方法如下。

（1）选择【工具】➢【查询】➢【面域／质量特性】菜单命令。

（2）在命令行中输入【MASSPROP】命令并按空格键确认。

下面将对面域进行文本数据查询，具体操作步骤如下。

❶ 打开"素材\CH07\编辑面域.dwg"文件。

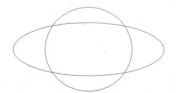

❷ 选择【工具】➢【查询】➢【面域／质量特性】菜单命令，在绘图区域选择需要查询的对象，如图所示。

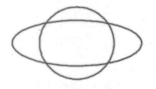

❸ 按【Enter】键确认后弹出【AutoCAD 文本窗口】，如图所示。

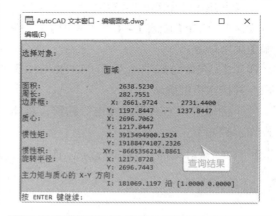

查询结果

❹ 按【Enter】键确认不将分析结果写入文件。

7.6 综合实战——绘制飞扬的旗帜

本节视频教程时间：5 分钟

本实例将对飞扬的旗帜进行绘制，绘制过程中主要用到【多段线】【样条曲线】【直线】和【填充】命令，飞扬的旗帜的具体绘制步骤如下。

❶ 启动 AutoCAD 2018，新建一个".dwg"文件，然后调用【多段线】命令绘制旗杆，根据命令行提示进行如下操作。

命令：_pline
指定起点：
// 在绘图区任意单击一点作为起点
当前线宽为 0.0000
指定下一个点或 [圆弧 (A)/ 半宽 (H)/ 长度

(L)/ 放弃 (U)/ 宽度 (W)]：W
指定起点宽度 <0.0000>：2.5
指定端点宽度 <2.5000>：↙
指定下一个点或 [圆弧 (A)/ 半宽 (H)/ 长度 (L)/ 放弃 (U)/ 宽度 (W)]：@2.5,0
指定下一点或 [圆弧 (A)/ 闭合 (C)/ 半宽 (H)/ 长度 (L)/ 放弃 (U)/ 宽度 (W)]：@5,200

指定下一点或 [圆弧 (A)/ 闭合 (C)/ 半宽 (H)/
长度 (L)/ 放弃 (U)/ 宽度 (W)]: @–2.5,0
指定下一点或 [圆弧 (A)/ 闭合 (C)/ 半宽 (H)/
长度 (L)/ 放弃 (U)/ 宽度 (W)]: C

❷　旗杆绘制完成后如下图所示。

❸　单击【默认】选项卡▶【绘图】面板中的【样
条曲线拟合】按钮 ∿，并捕捉下图所示的端
点为样条曲线的第一点。

❹　指定一点后根据命令行提示继续绘制样条
曲线其他的点。

输入下一个点或 [起点切向 (T)/ 公差 (L)]:
@50,–30
输入下一个点或 [端点相切 (T)/ 公差 (L)/ 放
弃 (U)]: @30,–20
输入下一个点或 [端点相切 (T)/ 公差 (L)/ 放
弃 (U)/ 闭合 (C)]: @30,–5
输入下一个点或 [端点相切 (T)/ 公差 (L)/ 放
弃 (U)/ 闭合 (C)]: @50,3
输入下一个点或 [端点相切 (T)/ 公差 (L)/ 放
弃 (U)/ 闭合 (C)]:

❺　样条曲线绘制完成后如下图所示。

❻　命令行调用【复制】命令，然后选择刚绘
制的样条曲线为复制对象。

❼　任意单击一点作为复制的基点，然后在命
令行输入（@-5，-75）作为复制的第二点，
结果如下图所示。

❽　调用【直线】命令，将两条样条曲线的四
个端点连接起来形成一个封闭的环，如下图所
示。

❾　调用【填充】命令，在弹出的【图案填充创建】
选项卡的【图案】面板上选择【SWAMP】图
案为填充图案，并将填充比例设置为 0.5。

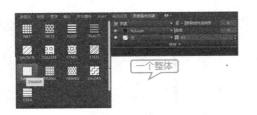

果如下图所示。

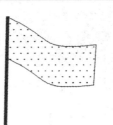

⑩ 单击【关闭图案填充创建】按钮，最终结

高手私房菜

本节视频教程时间：2 分钟

下面将对自定义填充图案的方法进行详细介绍。

技巧：自定义填充图案

　　AutoCAD 中的剖面符号有限，很多剖面符号都需要自己制作或从网上下载后缀名为".pat"的文件（AutoCAD 填充图案文件格式），然后将这些文件的相应内容复制到 AutoCAD 安装目录下的"Support"文件夹下，就可以在 AutoCAD 的填充图案中调用了。

❶ 找到"素材 \CH07"文件中的下列后缀名为".pat"的文件。

 胶合板.pat
AutoCAD 填充图案定义
154 字节

 木纹面1.pat
AutoCAD 填充图案定义
3.14 KB

 木纹面3.pat
AutoCAD 填充图案定义
2.93 KB

 木纹面5.pat
AutoCAD 填充图案定义
3.16 KB

 木断面纹.pat
AutoCAD 填充图案定义
11.5 KB

 木纹面2.pat
AutoCAD 填充图案定义
226 字节

 木纹面4.pat
AutoCAD 填充图案定义
414 字节

 木纹面6.pat
AutoCAD 填充图案定义
2.35 KB

❷ 复制上面所有的文件，然后打开 AutoCAD 的安装目录下的"Support"文件夹，将所复制的文件粘贴到该文件夹下，如下图所示。

提示　AutoCAD 默认安装位置：C:\Program Files\Autodesk\AutoCAD 2018\Support

❸ 在命令行中输入【H】命令并按空格键，在弹出【图案填充创建】选项卡上单击【图案】右侧的下三角按钮，即可看到刚创建的填充图案，如下图所示。

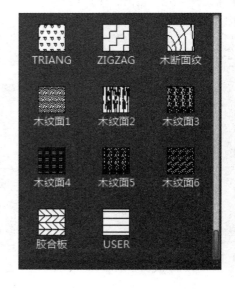

第3篇

辅助绘图篇

第

8

章

文字与表格

本章视频教程时间：33 分钟

高手指引

绘图时需要对图形进行文本标注和说明。AutoCAD 2018 提供了强大的文字和表格功能，可以帮助用户创建文字和表格，从而标注图样中的非图信息，使图形一目了然，便于使用。

重点导读

✚ 创建文字样式
✚ 输入与编辑单行和多行文字
✚ 创建表格

8.1 文字样式

本节视频教程时间：3 分钟

创建文字样式是进行文字注释的首要任务。在 AutoCAD 中，文字样式用于控制图形中所使用文字的字体、宽度和高度等参数。

在一幅图形中可定义多种文字样式以适应工作的需要。如在一幅完整的图纸中，需要定义说明性文字的样式、标注文字的样式和标题文字的样式等。在创建文字注释和尺寸标注时，AutoCAD 通常使用当前的文字样式。用户也可以根据具体要求重新设置文字样式或创建新的样式。

【文字样式】命令的几种常用调用方法如下。

（1）选择【格式】➤【文字样式】菜单命令。

（2）在命令行中输入【STYLE/ST】命令并按空格键确认。

（3）单击【默认】选项卡 ➤【注释】面板中的【文字样式】按钮 。

调用【文字样式】命令后，弹出【文字样式】对话框，如下图所示。

下面创建一个新的文字样式，并设置新建文字样式的字体为宋体，倾斜角度为 30。具体操作步骤如下。

❶ 在命令行中输入【ST】命令并按空格键，在弹出【文字样式】对话框上单击【新建】按钮，弹出【新建文字样式】对话框。

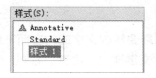

❷ 单击【确定】按钮后返回【文字样式】对话框，在【样式】栏下多了一个新样式名称"样式 1"。

❸ 选中"样式 1"，然后单击【字体】名下拉列表，选择"宋体"，如下图所示。

❹ 在【倾斜角度】一栏中输入"30",并单击【应用】按钮。

❺ 选中"样式 1",单击【置为当前】按钮,把"样式 1"设置为当前样式。

8.2 创建和编辑单行文字

 本节视频教程时间：5 分钟

使用单行文字命令可以创建一行或多行文字,在创建多行文字的时候,通过按【Enter】键来结束每一行,其中,每行文字都是独立的对象,可对其进行移动、调整格式或其他修改。

在 AutoCAD 中,用户可以使用【单行文字】命令创建单行文字,还可以使用【DDEDIT】命令或【特性】选项板编辑单行文字。

8.2.1 输入单行文字

【单行文字】命令用于创建单行或多行文字对象,其中创建的多行文字对象中每行文字都是一个独立的对象。

【单行文字】命令的几种常用调用方法如下。

（1）选择【绘图】➤【文字】➤【单行文字】菜单命令。

（2）在命令行中输入【TEXT/DT】命令并按空格键确认。

（3）单击【默认】选项卡➤【注释】面板中的【单行文字】按钮A。

下面将利用【单行文字】命令进行单行文字对象的创建,具体操作步骤如下。

❶ 在命令行中输入【DT】命令并按空格键,然后在绘图区域中单击指定文字的起点,如图所示。

❷ 在命令行中指定文字高度及旋转角度,并分别按【Enter】键确认。

指定高度 <2.5000>: 30 ↙
指定文字的旋转角度 <0>: 0 ↙

❸ 在绘图区域中输入文字内容,如图所示。

圆管直径25.4mm，长度70mm，允许公差0.5mm

❹ 按【Enter】键确认,并再次按【Enter】键结束【单行文字】命令,结果如图所示。

圆管直径25.4mm，长度70mm，允许公差0.5mm

8.2.2 编辑单行文字

单行文字对象创建完成后可以对其进行编辑,如果只需要修改文字的内容而不修改文字对象的格式或特性,则使用 DDEDIT。如果要修改内容、文字样式、位置、方向、大小和对正等其他特性，则使用 PROPERTIES。

【DDEDIT】命令的几种常用调用方法如下。

（1）选择【修改】➤【对象】➤【文字】➤【编辑】菜单命令。

（2）在命令行中输入【DDEDIT/ED】命令并按空格键确认。

（3）在绘图区域中双击单行文字对象。

（4）选择文字对象，在绘图区域中单击鼠标右键，然后在快捷菜单中选择【编辑】命令。

【PROPERTIES】命令的几种常用调用方法如下。

（1）选择【修改】➤【特性】菜单命令。

（2）在命令行中输入【PROPERTIES/PR】命令并按空格键确认。

（3）按键盘【Ctrl+1】组合键。

（4）选择文字对象，在绘图区域中单击鼠标右键，然后在快捷菜单中选择【特性】命令。

下面将利用【DDEDIT】和【PROPERTIES】命令进行单行文字对象的编辑，具体操作步骤如下。

❶ 打开"素材\CH08\编辑单行文字"文件。

圆管直径25.4mm，长度70mm，允许公差0.5mm

❷ 双击文字，如图所示。

圆管直径25.4mm，长度70mm，允许公差0.5mm

❸ 在"25.4"的前面输入"%%C"以添加直径符号"∅"，结果如图所示。

圆管直径∅25.4mm，长度70mm，允许公差0.5mm

❹ 在"0.5"的前面输入"%%P"以添加正负公差符号"±"，结果如图所示。

圆管直径∅25.4mm，长度70mm，允许公差±0.5mm

❺ 按两次【Enter】键结束单行文字编辑操作，结果如图所示。

圆管直径∅25.4mm，长度70mm，允许公差±0.5mm

❻ 按【Ctrl+1】组合键，弹出【特性】选项板，如图所示。

❼ 在绘图区域中选择文字对象，如图所示。

圆管直径∅25.4mm，长度70mm，允许公差±0.5mm

❽ 在【特性】选项板中将文字颜色更改为"蓝色"，如图所示。

❾ 在【特性】选项板中将文字倾斜度设置为 15°，如图所示。

❿ 按【Esc】键取消对文字对象的选择，结果如图所示。

圆管直径⌀25.4mm，长度70mm，允许公差±0.5mm

8.3 创建和编辑多行文字

本节视频教程时间：3 分钟

多行文字又称为段落文字，这是一种更易于管理的文字对象，可以由两行以上的文字组成，而且不论多少行，文字都是作为一个整体处理。

在 AutoCAD 2018 中可以使用【多行文字】命令创建多行文字对象，输入完成后还可以对其进行编辑操作。

8.3.1 输入多行文字

【多行文字】命令的几种常用调用方法如下。

（1）选择【绘图】➤【文字】➤【多行文字】菜单命令。

（2）在命令行中输入【MTEXT/T】命令并按空格键确认。

（3）单击【默认】选项卡➤【注释】面板中的【多行文字】按钮 A 。

下面将对多行文字的输入过程进行详细介绍，具体操作步骤如下。

❶ 在命令行中输入【T】命令并按空格键，在绘图区域中单击指定文本输入框的第一个角点。

❷ 在绘图区域中移动光标并单击指定文本输入框的另一个角点，如图所示。

指定文本输入框的第一个角点

指定文本输入框的另一个角点

❸ 系统弹出【文字编辑器】窗口，如图所示。

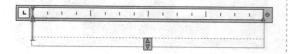

❹ 在【文字编辑器】功能区上下文选项卡中将文字高度设置为"3"，如图所示。

❺ 在【文字编辑器】窗口中输入文字内容，如图所示。

AutoCAD已经成为国际上广为流行的绘图工具，它具有良好的用户界面，通过交互菜单或命令行方式便可以进行各种操作。

❻ 单击【关闭文字编辑器】按钮 ✕，结果如图所示。

AutoCAD已经成为国际上广为流行的绘图工具，它具有良好的用户界面，通过交互菜单或命令行方式便可以进行各种操作。

8.3.2 编辑多行文字

【多行文字编辑】命令的几种常用调用方法如下。

（1）选择【修改】➤【对象】➤【文字】➤【编辑】菜单命令。

（2）在命令行中输入【DDEDIT/ED】命令并按空格键确认。

（3）在命令行中输入【MTEDIT】命令并按空格键确认。

（4）在绘图区域中双击多行文字对象。

下面将对多行文字的编辑过程进行详细介绍，具体操作步骤如下。

❶ 打开"素材 \CH08\ 编辑多行文字 .dwg"文件。

AutoCAD已经成为国际上广为流行的绘图工具，它具有良好的用户界面，通过交互菜单或命令行方式便可以进行各种操作。

❷ 双击文字，系统弹出【文字编辑器】窗口，如图所示。

AutoCAD已经成为国际上广为流行的绘图工具，它具有良好的用户界面，通过交互菜单或命令行方式便可以进行各种操作。

❸ 在【文字编辑器】窗口中选择所有文字对象，如图所示。

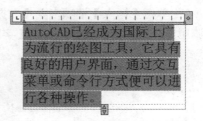

❹ 在【文字编辑器】功能区上下文选项卡中将文字的字体类型设置为"华文行楷"，如图所示。

❺ 然后在【文字编辑器】窗口中选择下图所示的部分文字对象作为编辑对象。

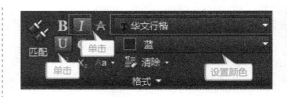

❼ 单击【关闭文字编辑器】按钮 ✕，结果如图所示。

在【文字编辑器】功能区上下文选项卡中单击斜体按钮 *I* 和下划线按钮 U，并将字体颜色更改为"蓝色"，如图所示。

8.4 文字管理操作

本节视频教程时间：7 分钟

可以将字段插入到任意文字对象中，以便在图形或图纸集中显示相关数据，字段更新时将自动显示最新数据。字段可以包含很多信息，例如面积、图层、日期、文件名等等。

8.4.1 插入字段

创建带字段的多行文字对象，该对象可以随着字段值的更改而自动更新，字段可插入除公差外任意类型的文字中。

【字段】命令的几种常用调用方法如下。

（1）选择【插入】➤【字段】菜单命令。

（2）在命令行中输入【FIELD】命令并按空格键确认。

（3）单击【插入】选项卡 ➤【数据】面板中的【字段】按钮 。

调用【插入字段】命令，弹出【字段】对话框，如下图所示。

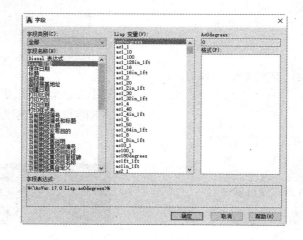

下面将对字段的创建过程进行详细介绍，具体操作步骤如下。

① 打开"素材\CH08\插入字段.dwg"文件。

② 选择【插入】➤【字段】菜单命令，在弹出的【字段】对话框的【字段名称】区域中选择【对象】选项，如图所示。

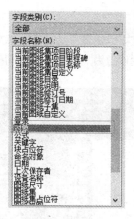

③ 在【对象类型】区域中单击【选择对象】按钮，然后在绘图区域中选择矩形作为插入字段对象，如图所示。

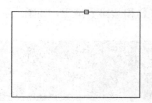

④ 在【字段】对话框中的【特性】区域中选择【面积】选项，如图所示。

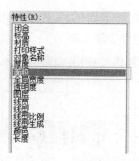

⑤ 在【格式】区域中选择【小数】选项，并设置其精度值，如图所示。

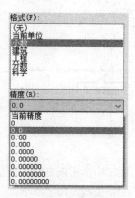

⑥ 单击【确定】按钮，在绘图区域中单击指定插入字段的起点，如图所示。

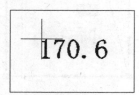

⑦ 结果如图所示。

 编辑和更新字段

字段创建完成后可以对其进行编辑，更改后的字段值将会自动更新，另外还可以对字段字体、颜色、倾斜等特性参数进行更改。

下面将对字段的编辑过程进行详细介绍，具体操作步骤如下。

❶ 打开"素材\CH08\编辑字段.dwg"文件。

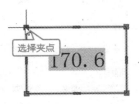

❷ 在绘图区域中选择矩形对象，并单击选择如图所示的矩形夹点。

❸ 在绘图区域中水平向右移动光标并单击指定所选夹点的新位置，如图所示。

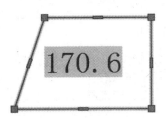

❹ 结果如图所示。

❺ 按【Esc】键取消矩形对象的选择，然后选择【视图】▶【重生成】菜单命令，结果如图所示。

❻ 双击新的字段文字"156.8"作为编辑对象，如图所示。

❼ 在【文字编辑器】功能区上下文选项卡中将文字颜色设置为"红色"，如图所示。

❽ 在【文字编辑器】功能区上下文选项卡中单击加粗 **B** 和倾斜 *I* 按钮，如图所示。

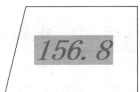

❾ 单击【关闭文字编辑器】按钮，结果如图所示。

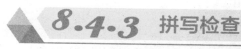

用于检查图形中的拼写，但不检查不可见的文字（例如隐藏图层和隐藏块属性上的文字），也不检查未按统一比例缩放的块和不在支持的注释比例上的对象。

【拼写检查】命令的几种常用调用方法如下。

（1）选择【工具】➤【拼写检查】菜单命令。

（2）在命令行中输入【SPELL/SP】命令并按空格键确认。

（3）单击【注释】选项卡➤【文字】面板中的【拼写检查】按钮。

调用【拼写检查】命令，弹出【拼写检查】对话框，如下图所示。

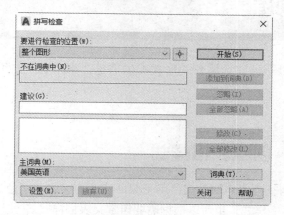

【拼写检查】对话框中各选项含义如下。

● 【要进行检查的位置】：显示要检查拼写的区域。

● 【选择对象按钮】：将拼写检查限制在选定的单行文字、多行文字、标注文字、多重引线文字、块属性内的文字和外部参照内的文字范围内。

● 【不在词典中】：显示标识为拼错的词语。

● 【建议】：显示当前词典中建议的替换词列表，可以从列表中选择其他替换词语，或在顶部"建议"文字区域中编辑或输入替换词语。

● 【主词典】：列出主词典选项，默认词典将取决于语言设置。

● 【开始】：开始检查文字的拼写错误。

● 【添加到词典】：将当前词语添加到当前自定义词典中，词语的最大长度为 63 个字符。

● 【忽略】：跳过当前词语。

● 【全部忽略】：跳过所有与当前词语相同的词语。

● 【修改】：用【建议】框中的词语替换当前词语。

● 【全部修改】：替换拼写检查区域中所有选定文字对象中的当前词语。

● 【词典】：显示【词典】对话框。

● 【设置】：打开【拼写检查设置】对话框。

● 【放弃】：撤销之前的拼写检查操作或一系列操作，包括"忽略""全部忽略""修改""全部修改""添加到词典"。

下面将以实例的形式对"拼写检查"命令的应用进行详细介绍，具体操作步骤如下。

❶ 打开"素材 \CH08\ 拼写检查 .dwg"文件。

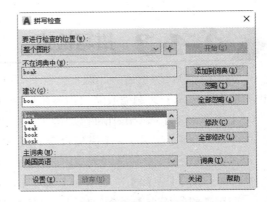

boak

❷ 在命令行中输入【SP】命令并按空格键，在弹出的【拼写检查】对话框上单击【开始】按钮，检查结果如图所示。

8.5 创建表格

本节视频教程时间：7 分钟

表格使用行和列以一种简洁清晰的形式提供信息，常用于一些组件的图形中。

8.5.1 创建表格样式

表格样式用于控制一个表格的外观，用于保证标准的字体、颜色、文本、高度和行距。用户可以使用默认的表格样式，也可以根据需要自定义表格样式。

【表格样式】命令的几种常用调用方法如下。

（1）选择【格式】➤【表格样式】菜单命令。

（2）在命令行中输入【TABLESTYLE】命令并按空格键确认。

（3）单击【默认】选项卡➤【注释】面板中的【表格样式】按钮。

调用【表格样式】命令后，弹出表格样式对话框，如下图所示。

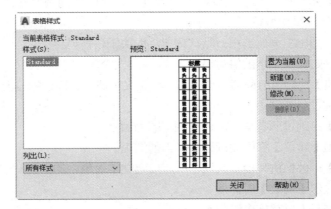

下面将对新表格样式的创建过程进行详细介绍，具体操作步骤如下。

❶ 选择【格式】➤【表格样式】菜单命令，在弹出的【表格样式】对话框上单击【新建】按钮，弹出【创建新的表格样式】对话框，输入新表格样式的名称为 ability。单击【继续】按钮。

② 弹出【新建表格样式：ability】对话框，如
图所示。

③ 在右侧【常规】选项卡下更改表格的填充
颜色为"蓝色"，如图所示。

④ 选择【边框】选项卡，更改表格的线宽为
"0.13"。然后单击下面的【所有边框】按钮
⊞，将设置应用于所有边框。单击【确定】按钮。

⑤ 返回【表格样式】对话框，在【样式】区
域中显示"ability"表格样式的创建结果，如
图所示。

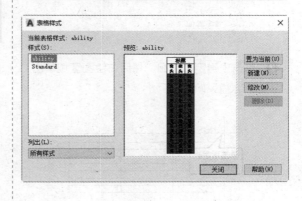

8.5.2 创建表格

【表格】命令的几种常用调用方法如下。

（1）选择【绘图】➤【表格】菜单命令。

（2）在命令行中输入【TABLE】命令并按空格键确认。

（3）单击【默认】选项卡➤【注释】面板中的【表格】按钮 ⊞ 表格 。

调用【表格】命令，弹出【插入表格】对话框，如下图所示。

下面将对新表格的创建过程进行详细介绍，具体操作步骤如下。

❶ 打开"素材 \CH08\ 创建表格 .dwg"文件。单击【默认】选项卡➤【注释】面板中的【表格】按钮，在弹出的【插入表格】对话框上设置表格列数为"3"，数据行数为"6"，如图所示。

❷ 单击【确定】按钮，然后在绘图区域单击指定插入点，如图所示。

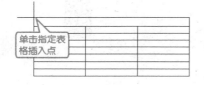

❸ 在【文字编辑器】功能区上下文选项卡中更改文字大小为"10"，如图所示。

❹ 系统弹出【文字编辑器】窗口，输入表格的标题"三年级各班募捐情况"，如图所示。

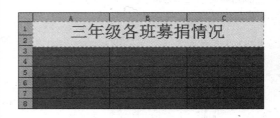

❺ 单击【关闭文字编辑器】按钮，结果如图所示。

三年级各班募捐情况		

8.5.3 修改表格

表格创建完成后，用户可以单击该表格上的任意网格线以选中该表格，然后通过使用【属性】选项卡或夹点来修改该表格。

下面将对表格的修改方法进行详细介绍，具体操作步骤如下。

❶ 打开"素材 \CH08\ 修改表格 .dwg"文件。

❷ 在绘图区域中单击表格任意网格线，将当前表格选中，如图所示。

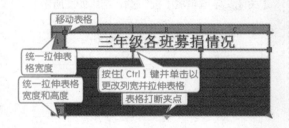

❸ 在绘图区域中单击选择下图所示的夹点。

❹ 在绘图区域中移动光标并在适当的位置处单击，以确定所选夹点的新位置，如图所示。

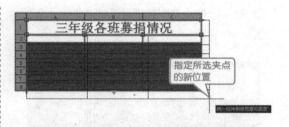

❺ 按【Esc】键取消对当前表格的选择，结果如图所示。

提示 在使用列夹点时，按住【Ctrl】键可以更改列宽并相应地拉伸表格。

8.5.4 向表格中添加内容

表格创建完成后，用户可以通过向表格中添加内容以完善表格，下面将对表格内容的添加方法进行详细介绍，具体操作步骤如下。

❶ 打开"素材\CH08\向表格中添加内容.dwg"文件。

三年级各班募捐情况

❷ 选中所有单元格，右击弹出快捷菜单，选择【对齐】▶【正中】命令以使输入的文字位于单元格的正中。

❸ 在绘图区域中双击要添加内容的单元格，如图所示。

④ 在弹出的【文字编辑器】的功能区上下文选项卡中更改文字大小为"8"，如图所示。

⑤ 在【文字编辑器】窗口中输入"班级"，如图所示。

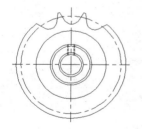

⑥ 然后按↑、↓、←、→键移动光标的位置到合适的表格中并输入相应的文字，最后单击【关闭文字编辑器】按钮，结果如图所示。

三年级各班募捐情况		
班级	资金（元）	衣物（件）
1	85	6
2	60	13
3	65	7
4	75	5
5	55	11
6	90	9

 提示 在选中单元格时按【F2】键或双击单元格可快速输入文字。

8.6 综合实战——添加技术要求和创建明细栏

本节视频教程时间：2 分钟

本节将综合运用文字命令添加技术要求。并使用表格命令创建明细栏。

下面将利用【多行文字】命令为链轮零件图添加技术要求，具体操作步骤如下。

1. 新建文字样式

❶ 打开"素材\CH08\链轮零件图.dwg"文件。

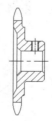

❷ 在命令行中输入【ST】命令并按空格键，在弹出【文字样式】对话框上单击【新建】按钮，系统弹出【新建文字样式】对话框，如图所示。

❸ 选择【样式1】，然后在【文字样式】对话框中进行相应参数设置，如图所示。

❹ 单击【置为当前】按钮，然后关闭【文字样式】对话框。

2. 输入多行文字

❶ 在命令行中输入【T】命令并按空格键，然后在绘图区域中移动光标并指定文本输入框，如图所示。

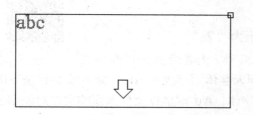

❷ 在系统弹出的【文字编辑器】窗口中输入文字内容，如图所示。

技术要求：
1.热处理HRC50-54，渗碳层深0.5-0.6mm
2.链轮齿均布，周节偏差不大于0.02mm
3.发蓝处理
4.未注倒角1×45度
5.未注圆角R=1.5

❸ 在【文字编辑器】窗口中选择下图所示的部分文字作为编辑对象。

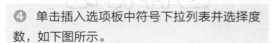

技术要求：
1.热处理HRC50-54，渗碳层深0.5-0.6mm
2.链轮齿均布，周节偏差不大于0.02mm
3.发蓝处理
4.未注倒角1×45度
5.未注圆角R=1.5

选择部分文字对象

❹ 单击插入选项板中符号下拉列表并选择度数，如下图所示。

❺ 结果如下图所示。

技术要求：
1.热处理HRC50-54，渗碳层深0.5-0.6mm
2.链轮齿均布，周节偏差不大于0.02mm
3.发蓝处理
4.未注倒角1×45°
5.未注圆角R=1.5

修改为了度的符号

❻ 在【文字编辑器】窗口中选择下图所示的部分文字作为编辑对象。

技术要求：
1.热处理HRC50-54，渗碳层深0.5-0.6mm
2.链轮齿均布，周节偏差不大于0.02mm
3.发蓝处理
4.未注倒角1×45°
5.未注圆角R=1.5

❼ 在【文字编辑器】功能区上下文选项卡中将文字高度设置为"3.5"，如图所示。

❽ 单击【关闭文字编辑器】按钮⊠，结果如图所示。

技术要求：
1.热处理HRC50-54，渗碳层深0.5-0.6mm
2.链轮齿均布，周节偏差不大于0.02mm
3.发蓝处理
4.未注倒角1×45°
5.未注圆角R=1.5

高手私房菜

本节视频教程时间：6 分钟

下面将对在 AutoCAD 中文字显示为"？"的原因、镜像文字以及插入 Excel 表格的简便方法进行详细介绍。

技巧 1： AutoCAD 中的文字为什么显示为"？"

AutoCAD 字体通常可以分为标准字体和大字体，标准字体一般存放在 AutoCAD 安装目录下的 FONT 文件夹里面，而大字体则存放在 AutoCAD 安装目录下的 FONTS 文件夹里面。假如字体库里面没有所需字体，AutoCAD 文件里面的文字对象则会以乱码或"?"显示，如果需要使类似文字正常显示则需要进行替换。

下面以实例形式对文字字体的替换过程进行详细介绍，具体操作步骤如下。

❶ 打开"素材 \CH08\AutoCAD 字体 .dwg"文件。

❷ 选择【格式】➤【文字样式】菜单命令，弹出【文字样式】对话框，如图所示。

❸ 在【样式】区域中选择"中文字体"，然后单击【字体】区域中的【字体名】下拉按钮，选择"华文彩云"，如图所示。

❹ 单击【应用】按钮并关闭【文字样式】对话框。

❺ 选择【视图】➤【重生成】菜单命令，结果如图所示。

技巧 2：关于镜像文字

在 AutoCAD 中可以根据需要决定文字镜像后的显示方式，可以使镜像后的文字保持原方向，也可以使其镜像显示。

下面以实例形式对文字的镜像显示进行详细介绍，具体操作步骤如下。

❶ 打开"素材 \CH08\ 镜像文字 .dwg"文件。

设计软件

镜像文字

❷ 在命令行输入【MIRRTEXT】，按【Enter】键确认，并设置其新值为"0"，命令行提示如下。

> 命令：MIRRTEXT
> 输入 MIRRTEXT 的新值 <0>：0

❸ 在命令行输入【MI】并按空格键调用【镜像】命令，在绘图区域中选择"设计软件"作为镜像对象，如图所示。

设计软件
镜像文字

❹ 按【Enter】键确认，并在绘图区域中单击指定镜像线的第一点，如图所示。

❺ 在绘图区域中垂直移动光标并单击指定镜像线的第二点，如图所示。

❻ 命令行提示如下。

> 要删除源对象吗？[是 (Y)/ 否 (N)] <N>：

❼ 结果如图所示。

设计软件　　　　设计软件
镜像文字
（镜像结果）

❽ 在命令行输入【MIRRTEXT】，按【Enter】键确认，并设置其新值为"1"，命令行提示如下。

> 命令：MIRRTEXT
> 输入 MIRRTEXT 的新值 <0>：1

❾ 在命令行输入【MI】并按空格键调用【镜像】命令，在绘图区域中选择"镜像文字"作为镜

像对象，如图所示。

设计软件　　　　设计软件
镜像文字

❿ 按【Enter】键确认，并在绘图区域中单击指定镜像线的第一点，如图所示。

设计软件　┼　设计软件
镜像文字

⓫ 在绘图区域中垂直移动光标并单击指定镜像线的第二点，如图所示。

设计软件　┼　设计软件
镜像文字　　　宅文劇静

⓬ 命令行提示如下。

> 要删除源对象吗？[是 (Y)/ 否 (N)] <N>：

⓭ 结果如图所示。

设计软件　　　　设计软件
镜像文字　　　宅文劇静（镜像结果）

技巧 3：在 AutoCAD 中插入 Excel 表格

如果需要在 AutoCAD 2018 中插入 Excel 表格，则可以按照以下方法进行。

❶ 打开"素材 \CH08\Excel 表格 .xlsx"文件，将 Excel 中的内容选择并复制。

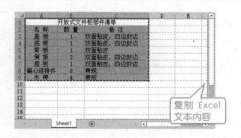

❷ 在 AutoCAD 中单击【默认】选项卡下【剪贴板】面板中的【粘贴】按钮，在弹出的下拉

列表中选择【选择性粘贴】选项。

选择"选择性粘贴"选项

❸ 在弹出的【选择性粘贴】对话框中选择
【AutoCAD 图元】选项。

❹ 单击【确定】按钮，移动光标至合适位置并单击，即可将 Excel 中的表格插入 AutoCAD 中。

[-][前视][二维线框]

开放式文件柜部件清单		
名 称	数 量	备 注
盖 板	1.0000	双面贴皮，四边封边
底 板	1.0000	双面贴皮，四边封边
背 板	1.0000	双面贴皮
侧 板	2.0000	双面贴皮，四边封边
层 板	1.0000	双面贴皮，四边封边
偏心连接件	8.0000	常规
木 榫	4.0000	常规

第

9

章

创建尺寸标注——给阶梯轴添加标注

高手指引

没有尺寸标注的图形被称为哑图，在现在的各大行业中已经极少采用了。另外需要注意的是零件的大小取决于图纸所标注的尺寸，并不以实际绘图尺寸作为依据。因此，图纸中的尺寸标注可以看作是数字化信息的表达。

重点导读

+ 掌握尺寸标注的规则和组成
+ 掌握新建和修改尺寸标注样式的操作
+ 掌握标注线性、角度、半径和直径尺寸的方法
+ 掌握标注多重引线的方法

9.1 尺寸标注的规则和组成

本节视频教程时间：4分钟

绘制图形的根本目的是反映对象的形状，而图形中各个对象的大小和相互位置只有经过尺寸标注才能表现出来。AutoCAD 提供了一套完整的尺寸标注命令，用户使用它们足以完成图纸中要求的尺寸标注。

9.1.1 尺寸标注的规则

在 AutoCAD 中，对绘制的图形进行尺寸标注时应当遵循以下规则。

（1）对象的真实大小应以图样上所标注的尺寸数值为依据，与图形的大小及绘图的准确度无关。

（2）图形中的尺寸以毫米（mm）为单位时，不需要标注计量单位的代号或名称。如果采用其他单位，则必须注明相应计量单位的代号或名称。

（3）图形中所标注的尺寸应为该图形所表示的对象的最后完工尺寸，否则应另加说明。

（4）对象的每一个尺寸一般只标注一次。

9.1.2 尺寸标注的组成

在工程绘图中，一个完整的尺寸标注一般由尺寸线、尺寸界线、尺寸箭头和尺寸文字等4部分组成，如下图所示。

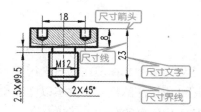

- 【尺寸界线】：用于指明所要标注的长度或角度的起始位置和结束位置。
- 【尺寸线】：用于指定尺寸标注的范围。在 AutoCAD 中，尺寸线可以是一条直线（如线性标注和对齐标注），也可以是一段圆弧（如角度标注）。
- 【尺寸箭头】：箭头位于尺寸线的两端，用于指定尺寸的界限。系统提供了多种箭头样式，并且允许创建自定义的箭头样式。
- 【尺寸文字】：尺寸文字是尺寸标注的核心，用于表明标注对象的尺寸、角度或旁注等内容。创建尺寸标注时，既可以使用系统自动计算出的实际测量值，也可以根据需要输入尺寸文字。

9.2 尺寸标注样式管理器

本节视频教程时间：6分钟

尺寸标注样式用于控制尺寸标注的外观，如箭头的样式、文字的位置及尺寸界线的长度等，通过设置尺寸标注可以确保所绘图纸中的尺寸标注符合行业或项目标准。

尺寸标注样式是通过尺寸【标注样式管理器】设置的，调用尺寸【标注样式管理器】的方法有以下 5 种。

（1）选择【格式】➤【标注样式】菜单命令。

（2）选择【标注】➤【标注样式】菜单命令。

（3）在命令行中输入【DIMSTYLE/D】命令并按空格键确认。

（4）单击【默认】选项卡➤【注释】面板中的【标注样式】按钮 。

（5）单击【注释】选项卡➤【标注】面板右下角的 。

在命令行中输入【D】命令并按空格键，确认后弹出下图所示的【标注样式管理器】对话框。

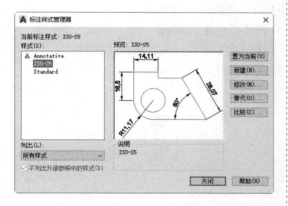

单击【新建】按钮，弹出【创建新标注样式】对话框，如下图所示。

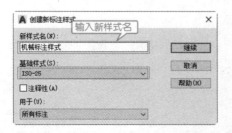

单击【继续】按钮，弹出【新建标注样

式：机械标注样式】对话框，此时用户即可应用对话框中的"线""符号和箭头""文字""调整""主单位""换算单位""公差"7个选项卡进行设置，如下图所示。

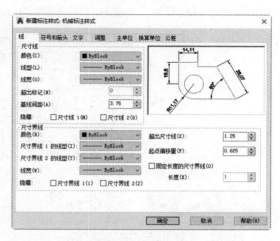

单击【确定】按钮，即可创建新的标注样式，其名称显示在【标注样式管理器】对话框的【样式】列表中，选择创建的新标注样式，单击【置为当前】按钮，即可将该样式设置为当前使用的标注样式。

在【线】选项卡（如上图所示）中可以设置尺寸线、尺寸界线、符号、箭头、文字外观、调整箭头、标注文字及尺寸界线间的位置等内容。

在【符号和箭头】选项卡中可以设置箭头、圆心标记、弧长符号和折弯半径标注的格式和位置。

在【文字】选项卡中可以设置标注文字的外观、位置和对齐方式。

在【调整】选项卡中可以设置标注文字、尺寸线、尺寸箭头的位置。

在【主单位】选项卡中可以设置主单位的格式与精度等属性。

在【换算单位】选项卡中可以设置换算单位的格式。

在【公差】选项卡用于设置是否标注公差，以及用何种方式进行标注。

9.3 尺寸标注

本节视频教程时间：13 分钟

尺寸标注的类型众多，包括线性标注、对齐标注、半径标注、直径标注、角度标注、基线标注、连续标注等类型，如下图所示。

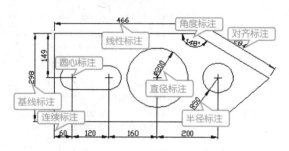

9.3.1 线性标注

线性标注用于标注平面中的两个点之间的水平距离或竖直距离的测量值，通过指定点或选择一个对象来实现。

调用【线性标注】命令的常用方法有以下 4 种。

（1）选择【标注】➤【线性】菜单命令。

（2）在命令行中输入【DIMLINEAR/DLI】命令并按空格键确认。

（3）单击【默认】选项卡➤【注释】面板中的【线性】按钮▉。

（4）单击【注释】选项卡➤【标注】面板➤【标注】下拉列表，选择按钮▉。

下面以标注矩形边长为例，对线性标注命令的应用进行详细介绍。

❶ 打开"素材 \CH09\ 线性对齐标注 .dwg"文件，如下图所示。

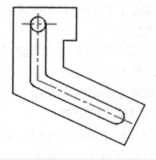

❷ 在命令行中输入【DLI】命令并按空格键确认，在绘图区域中捕捉下图所示端点作为第一个尺寸界线的原点。

❸ 在绘图区域中移动光标并捕捉下图所示端点作为第二个尺寸界线的原点。

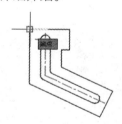

❹ 在绘图区域中移动光标并单击指定尺寸线的位置，如下图所示。

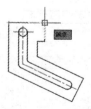

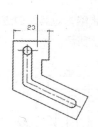

⑤ 结果如下图所示。

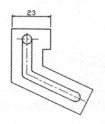

⑥ 重复上述步骤，对垂直边进行线性尺寸标注，结果如下图所示。

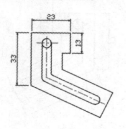

9·3·2 对齐标注

对齐标注主要用来标注斜线，也可用于水平线和竖直线的标注。对齐标注的方法以及命令行提示与线性标注基本相同，只是所适合的标注对象和场合不同。

调用【对齐标注】命令的常用方法有以下 4 种。

（1）选择【标注】➤【对齐】菜单命令。

（2）在命令行中输入【DIMALIGNED/DAL】命令并按空格键确认。

（3）单击【默认】选项卡 ➤【注释】面板中的【对齐】按钮 。

（4）单击【注释】选项卡 ➤【标注】面板 ➤【标注】下拉列表，选择按钮 。

下面对对齐标注命令的应用进行详细介绍。

❶ 继续上一节的案例进行对齐标注，在命令行中输入【DAL】命令并按空格键确认，在绘图区域中捕捉下图所示端点作为第一个尺寸界线的原点。

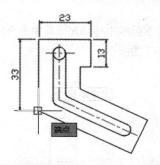

❷ 在绘图区域中移动光标并捕捉下图所示端点作为第二个尺寸界线的原点。

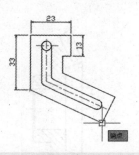

❸ 在绘图区域中移动光标并单击指定尺寸线的位置，如下图所示。

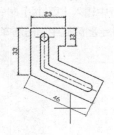

④ 结果如下图所示。

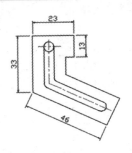

⑤ 重复上述步骤，对其他边进行对齐尺寸标注，结果如下图所示。

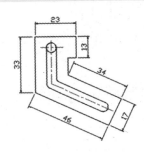

9·3·3 角度标注

角度尺寸标注用于标注两条直线之间的夹角、三点之间的角度以及圆弧的角度。

调用【角度标注】命令的方法通常有以下4种。

（1）选择【标注】➤【角度】菜单命令。

（2）在命令行中输入【DIMANGULAR/DAN】命令并按空格键确认。

（3）单击【默认】选项卡➤【注释】面板中的【角度】按钮████。

（4）单击【注释】选项卡➤【标注】面板➤【标注】下拉列表，选择按钮████。

执行【角度标注】命令后，AutoCAD 命令行提示如下。

命令：_dimangular
选择圆弧、圆、直线或＜指定顶点＞：

下面对角度标注命令的应用进行详细介绍。

❶ 打开"素材\CH09\角度标注.dwg"文件，如下图所示。

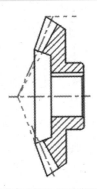

❷ 在命令行中输入【DAN】命令并按空格键确认，然后在绘图区域中单击选择第一条直线，如下图所示。

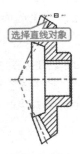

❸ 在绘图区域中移动光标并单击选择第二条直线，如下图所示。

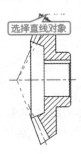

④ 在绘图区域中移动光标并单击确定尺寸线的位置，如下图所示。

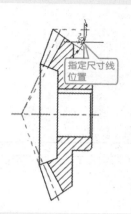

⑤ 结果如下图所示。

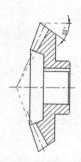

⑥ 重复上述步骤，继续进行角度标注，结果如下图所示。

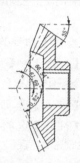

 ## 9·3·4 半径标注

半径标注常用于标注圆弧和圆角。在标注时，AutoCAD 将自动在标注文字前添加半径符号"R"。

调用【半径标注】命令的方法通常有以下 4 种。

（1）选择【标注】➤【半径】菜单命令。

（2）在命令行中输入【DIMRADIUS/DRA】命令并按空格键确认。

（3）单击【默认】选项卡➤【注释】面板中的【半径】按钮●。

（4）单击【注释】选项卡➤【标注】面板➤【标注】下拉列表，选择按钮●。

下面对半径标注命令的应用进行详细介绍。

❶ 打开"素材\CH09\半径直径标注 .dwg"文件，如下图所示。

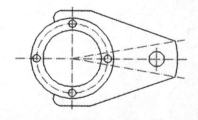

❷ 在命令行中输入【DRA】命令并按空格键确认，单击选择下图所示圆弧作为标注对象。

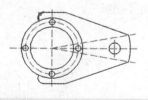

❸ 在绘图区域中移动光标并单击指定尺寸线的位置，如下图所示。

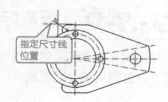

④ 结果如下图所示。

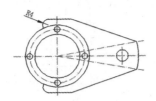

⑤ 继续半径标注，结果如下图所示。

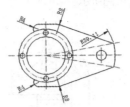

9·3·5 直径标注

直径标注常用于标注圆的大小。在标注时，AutoCAD 将自动在标注文字前添加直径符号"Φ"。

调用【直径标注】命令的方法通常有以下 4 种。

（1）选择【标注】➤【直径】菜单命令。

（2）在命令行中输入【DIMDIAMETER/DDI】命令并按空格键确认。

（3）单击【默认】选项卡➤【注释】面板中的【直径】按钮◎。

（4）单击【注释】选项卡➤【标注】面板➤【标注】下拉列表，选择按钮◎。

下面以标注圆形的直径为例，对直径标注命令的应用进行详细介绍。

❶ 继续上一节的结果进行直径标注，在命令行中输入【DDI】命令并按空格键确认，在绘图区域中单击选择下图所示圆形作为标注对象。

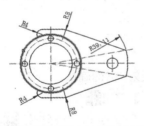

❷ 在绘图区域中移动光标并单击指定尺寸线的位置，如下图所示。

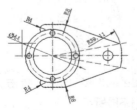

❸ 结果如下图所示。

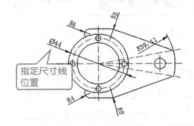

指定尺寸线位置

❹ 重复上述步骤，对其他圆形进行直径标注，结果如下图所示。

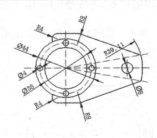

9·3·6 折弯标注

折弯标注用于测量选定对象的半径，并显示前面带有一个半径符号的标注文字。可以在任意合适的位置指定尺寸线的原点。当圆弧或圆的中心位于布局之外并且无法在其实际位置显示时，创建折弯半径标注，可以在更方便的位置指定标注的原点。

调用【折弯标注】命令通常有以下 4 种方法。

（1）选择【标注】➤【折弯】菜单命令。

（2）在命令行中输入【DIMJOGGED/DJO】命令并按空格键确认。

（3）单击【默认】选项卡➤【注释】面板中的【折弯】按钮 。

（4）单击【注释】选项卡➤【标注】面板➤【标注】下拉列表，选择按钮 。

下面将对圆弧图形进行折弯标注，具体操作步骤如下。

❶ 打开"素材\CH09\折弯标注.dwg"文件，如下图所示。

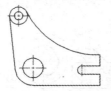

❷ 在命令行中输入【DJO】命令并按空格键确认，在绘图区域中单击选择下图所示的圆弧作为标注对象。

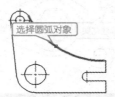

❸ 在绘图区域中移动光标并在合适的位置处单击，指定图示中心位置。

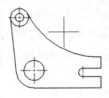

❹ 在绘图区域中移动光标并单击指定尺寸线的位置，如下图所示。

❺ 在绘图区域中移动光标并单击指定折弯位置，如下图所示。

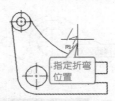

❻ 结果如下图所示。

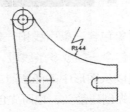

9·3·7 弧长标注

圆弧标注用于测量圆弧或多段线圆弧上的距离，弧长标注的尺寸界线可以正交或径向，在标注文字的上方或前面将显示圆弧符号。

调用【弧长标注】命令的方法通常有以下 4 种。

（1）选择【标注】➤【弧长】菜单命令。

（2）在命令行中输入【DIMARC/DAR】并空格键确认。

（3）单击【默认】选项卡➤【注释】面板中的【弧长】按钮 。

（4）单击【注释】选项卡➤【标注】面板➤【标注】下拉列表，选择按钮 。
执行弧长标注命令，并选择了圆弧后，AutoCAD 命令行提示如下。

指定弧长标注位置或 [多行文字 (M)/ 文字 (T)/ 角度 (A)/ 部分 (P)/ 引线 (L)]:

命令行中各选项含义如下。

● 【部分】：缩短弧长标注的长度。

● 【引线】：添加引线对象。仅当圆弧（或圆弧段）大于 90° 时才会显示此选项。引线是按径向绘制的，指向所标注圆弧的圆心。

下面以标注多段线圆弧上的距离为例，对弧长标注命令的应用进行详细介绍。

❶ 打开 "素材 \CH09\ 弧长标注 .dwg" 文件，如下图所示。

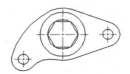

❷ 在命令行中输入【DAR】并空格键确认，在绘图区域中单击选择下图所示的圆弧作为标注对象，如下图所示。

选择圆弧对象

❸ 在绘图区域中移动光标并单击指定尺寸线的位置，如下图所示。

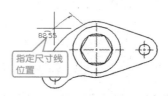

指定尺寸线位置

❹ 结果如下图所示。

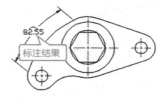

标注结果

9.4 多重引线标注

本节视频教程时间：5 分钟

引线对象包含一条引线和一条说明。多重引线对象可以包含多条引线，每条引线可以包含一条或多条线段，因此，一条说明可以指向图形中的多个对象。

用户可以从图形中的任意点或部件创建多重引线并在绘制时控制其外观。多重引线可先创建箭头，也可先创建尾部或内容。

调用【多重引线标注】命令通常有以下 4 种方法。

（1）选择【标注】➤【多重引线】菜单命令。

（2）在命令行中输入【MLEADER/MLD】命令并按空格键。

（3）单击【默认】选项卡➤【注释】面板➤【多重引线】按钮 。

（4）单击【注释】选项卡➤【引线】面板➤【多重引线】按钮 。

执行【多重引线】命令后，CAD 命令行提示如下。

指定引线箭头的位置或 [引线基线优先 (L)/ 内容优先 (C)/ 选项 (O)] < 选项 >:

命令行中各选项含义如下。

● 【指定引线箭头的位置】：指定多重引线对象箭头的位置。

●【引线基线优先】：选择该选项后，将先指定多重引线对象的基线的位置，然后再输入内容，AutoCAD 默认引线基线优先。

●【内容优先】：选择该选项后，将先指定与多重引线对象相关联的文字或块的位置，然后再指定基线位置。

●【选项】：指定用于放置多重引线对象的选项。

下面将对建筑施工图中所用材料进行多重引线标注，具体操作步骤如下。

❶ 打开"素材 \CH09\ 多重引线标注 .dwg"文件，如下图所示。

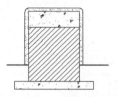

❷ 在命令行中输入【MLS】并按空格键确认，弹出【多重引线样式管理器】对话框，在左侧【样式】列表框中选择"Standard"，单击【修改】按钮。

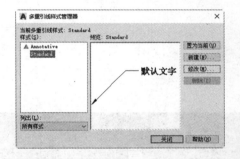

❸ 弹出【修改多重引线样式：Standard】对话框，选择【引线格式】选项卡，在【箭头】选项组中，将【符号】更改为"点"，将【大小】更改为 12.5。

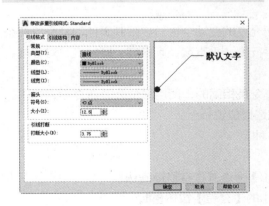

❹ 选择【引线结构】选项卡，在【基线设置】选项组中取消勾选【自动包含基线】复选框。

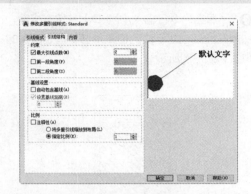

❺ 选择【内容】选项卡，在【文字选项】选项组中，将【文字高度】更改为"25"，在【引线链接】选项组中，将【连接位置 - 左】更改为"最后一行加下划线"，将【基线间隙】更改为"0"，设置完成，单击【确定】按钮。

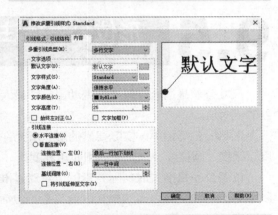

❻ 返回【多重引线样式管理器】对话框，单击【置为当前】按钮，单击【关闭】按钮，关闭对话框。

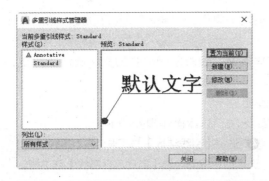

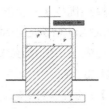

⑨ 在弹出的文字输入框中输入相应的文字，如下图所示。

⑦ 然后在命令行输入【MLD】并按空格键，然后在需要创建标注的位置单击，指定箭头的位置，如下图所示。

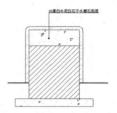

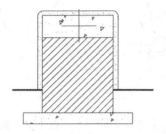

⑩ 重复上一步操作，选择上一步选择的"引线箭头"位置，在合适的高度指定引线基线的位置，然后输入文字，结果如下图所示。

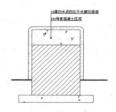

⑧ 然后移动光标，在合适的位置单击，作为引线基线位置，如下图所示。

9.5 形位公差标注

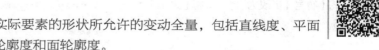本节视频教程时间：2分钟

尺寸公差是指允许尺寸的变动量，即最大极限尺寸和最小极限尺寸的代数差的绝对值。

形状公差是指单一实际要素的形状所允许的变动全量，包括直线度、平面度、圆度、圆柱度、线轮廓度和面轮廓度。

位置公差是指关联实际要素的位置对基准所允许的变动全量，它限制零件的两个或两个以上的点、线、面之间的相互位置关系，包括平行度、垂直度、倾斜度、同轴度、对称度、位置度、圆跳动和全跳动。

AutoCAD 中形状公差和位置公差的调用命令是相同的，调用形位公差命令后，弹出的形位公差选择框中，既可以选择形状公差也可以选择位置公差。

调用【形位公差】命令的方法通常有以下 3 种。

（1）选择【标注】➤【公差】菜单命令。

（2）在命令行中输入【TOLERANCE/TOL】命令并按空格键确认。

（3）单击【注释】选项卡 ➤【标注】面板中的【公差】按钮 ⊞1 。

执行【形位公差】命令后，AutoCAD 弹出形位公差选择框，如下图所示。

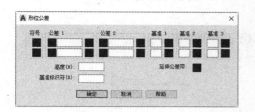

- 【符号】：显示从【符号】对话框中选择的几何特征符号。单击"符号"下面的"●"后，弹出下图所示的选择框，选择形位公差符号。

- 【公差 1】：创建特征控制框中的第一个公差值。公差值指明了几何特征相对于精确形状的允许偏差量。

- 【公差 2】：在特征控制框中创建第二个公差值。

- 【基准 1】：在特征控制框中创建第一级基准参照。基准参照由值和修饰符号组成。

- 【基准 2】：在特征控制框中创建第二级基准参照。

- 【基准 3】：在特征控制框中创建第三级基准参照。

- 【高度】：创建特征控制框中的投影公差零值。

- 【延伸公差带】：在延伸公差带值的后面插入延伸公差带符号。

- 【基准标识符】：创建由参照字母组成的基准标识符。基准是理论上精确的几何参照，用于建立其他特征的位置和公差带。点、直线、平面、圆柱或者其他几何图形都能作为基准。

【特征符号】选择框中各符号含义如下表所示。

位置公差		形状公差	
符号	含义	符号	含义
⊕	位置符号	⌀	圆柱度符号
◎	同轴（同心）度符号	▱	平面度符号
≡	对称度符号	○	圆度符号
//	平行度符号	—	直线度符号
⊥	垂直度符号	⌒	面轮廓度符号
∠	倾斜度符号	⌒	线轮廓度符号
↗	圆跳动符号		
⤢	全跳动符号		

下面将对形位公差标注进行介绍，具体操作步骤如下。

❶ 打开"素材\CH09\三角皮带轮.dwg"文件，在命令行中输入【TOL】命令并按空格键确认，系统弹出【形位公差】选择框，如下图所示。

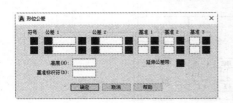

❷ 单击【符号】按钮，系统弹出【特征符号】选择框，如下图所示。

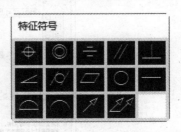

❸ 单击【垂直度符号】按钮■。

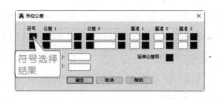

④ 在【形位公差】对话框中输入【公差 1】的值为"0.02"，【基准 1】的值为【A】。

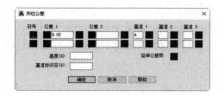

⑤ 单击【确定】按钮，在绘图区域中单击指定公差位置，如下图所示。

⑥ 结果如下图所示。

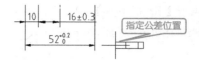

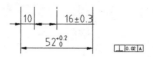

⑦ 在命令行中输入【MLD.】命令并按空格键确认，在绘图区域中创建多重引线将形位公差指向相应的尺寸标注，结果如下图所示。

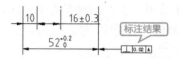

9.6 综合实战——给阶梯轴添加标注

本节视频教程时间：14 分钟

阶梯轴是机械设计中常见的零件，本例通过线性标注、基线标注、连续标注、直径标注、半径标注、公差标注、形位公差标注等给阶梯轴添加标注，标注完成后最终结果如下图所示。

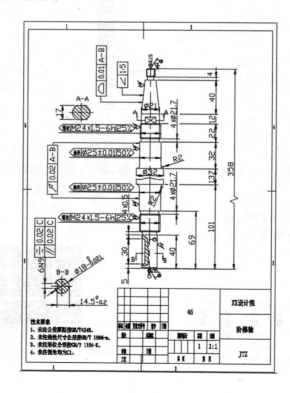

1. 给阶梯轴添加尺寸标注

❶　打开"素材\CH09\给阶梯轴添加标注.dwg"文件，如下图所示。

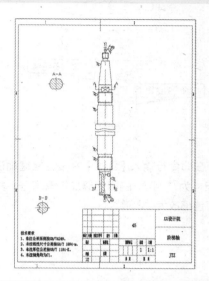

❷　在命令行输入【D】并按空格键确定，在弹出的【标注样式】对话框上单击"修改按钮"，单击【线】选项卡，将尺寸线基线间距修改为20。

❸　在命令行输入【DLI】并按空格键确认，然后捕捉轴的两个端点为尺寸界线原点，在合适的位置放置尺寸线，如下图所示。

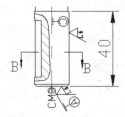

❹　在命令行输入【DBA】并按空格键，创建基线标注，如下图所示。

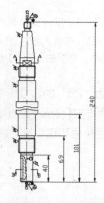

❺　在命令行输入【DCO】并按空格键确认，然后输入"S"选择连续标注的第一条尺寸线，创建连续标注，如下图所示。

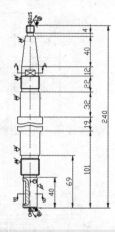

❻　在命令行输入【MULTIPLE】并按空格键，然后输入【DLI】，标注退刀槽和轴的直径。

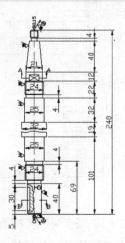

提示 【MULTIPLE】命令是连续执行命令，输入该命令后，再输入要连续执行的命令，可以重复该操作，直至按【Esc】键退出。

❼ 双击标注为"25"的尺寸，在弹出的【文字编辑器】选项卡下【插入】面板中选择【符号】按钮，插入直径符号和正负号，并输入公差值。

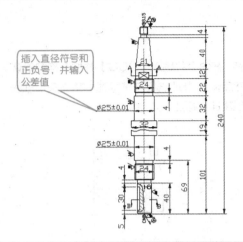

❽ 重复步骤 7，修改退刀槽和螺纹标注等，结果如下图所示。

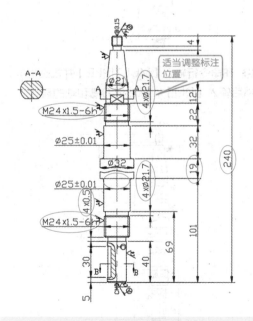

❾ 单击【注释】选项卡➤【标注】面板中的【打断】按钮，对相互干涉的尺寸进行打断。

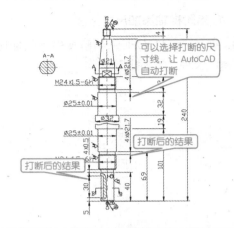

❿ 在命令行输入【DJL】并按空格键确认，给尺寸为"240"的标注添加折弯符号，并将其标注值改为"358"。

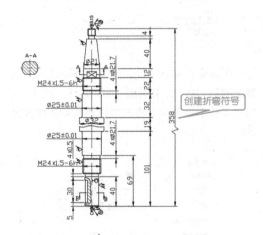

2. 添加检验标注和多重引线标注

❶ 单击【注释】选项卡➤【标注】面板➤【检验】标注按钮，弹出检验标注对话框。

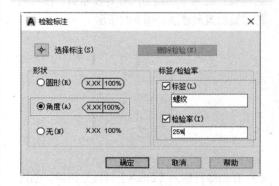

❷ 然后选择两个螺纹标注。

改】按钮，在弹出的【修改多重引线样式：Standard】对话框中单击【引线结构选项卡】，将【设置基线距离】复选框的对钩去掉。

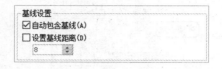

❻ 单击【内容】选项卡，将【多重引线类型】设置为【无】，然后单击【确定】并将修改后多重引线样式设置为当前样式，如下图所示。

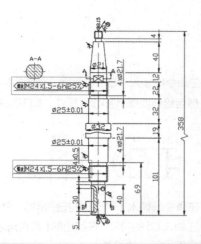

❸ 重复步骤 1~2，继续给阶梯轴添加检验标注，如下图所示。

❼ 在命令行输入【UCS】，将坐标系绕 z 轴旋转 90°，AutoCAD 提示如下。

当前 UCS 名称：* 世界 *
指定 UCS 的原点或 [面(F)/命名(NA)/对象(OB)/上一个(P)/视图(V)/世界(W)/X/Y/Z/Z 轴(ZA)] <世界>：Z ↙
指定绕 Z 轴的旋转角度 <90>：90 ↙
旋转后的坐标如下图所示。

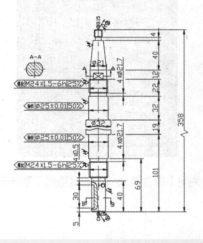

❹ 在命令行输入【DRA】并按空格键确定，给圆角添加半径标注，如下图所示。

❽ 在命令行输入【TOL】并按空格键确认，然后创建形位公差，如下图所示。

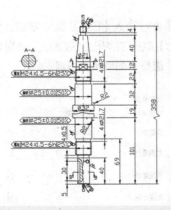

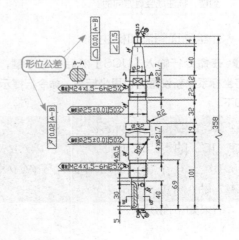

❺ 在命令行输入【MLS】，然后单击【修

⑨ 在命令行输入【MULTIPLE】并按空格键，然后输入【MLD】并按空格键创建多重引线。

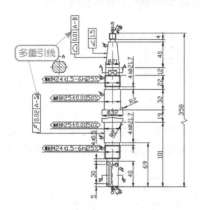

⑩ 在命令行输入【UCS】并按空格键，将坐标系绕 z 轴旋转 180°，然后在命令行输入【MLD】并按空格键创建一条多重引线。

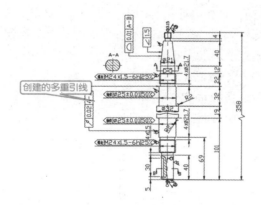

提示 步骤 7 和步骤 10 中，只有坐标系旋转后创建的形位公差和多重引线标注才可以一次到位，标注成竖直方向的。

3. 给断面图添加标注

❶ 在命令行输入【UCS】然后按回车键，将坐标系重新设置为世界坐标系，命令行提示如下。

当前 UCS 名称：* 没有名称 *
指定 UCS 的原点或 [面 (F)/ 命名 (NA)/ 对象 (OB)/ 上一个 (P)/ 视图 (V)/ 世界 (W)/X/Y/Z/Z 轴 (ZA)] < 世界 >：

结果如下图所示。

❷ 在命令行输入【DLI】命令，并按空格键确定，然后给断面图添加线性标注，如下图所示。

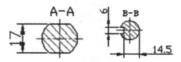

❸ 在命令行输入【PR】并按空格键，然后选择标注为 14.5 的尺寸，在弹出的【特性选项板】上进行下图所示的设置。

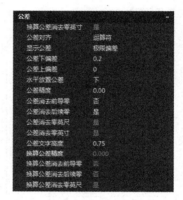

❹ 关闭【特性选项板】后结果如下图所示。

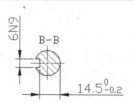

❺ 在命令行输入【D】并按空格键，然后选择【替代】按钮，在弹出的对话框上选择【公差】选项卡，进行下图所示的设置。

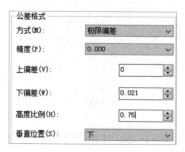

⑥ 将替代样式设置为当前样式，然后在命令行输入【DDI】并按空格键，然后选择键槽断面图的圆弧进行标注，如下图所示。

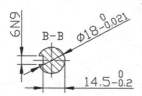

⑦ 在命令行输入【UCS】并按空格键确认，将坐标系绕 z 轴旋转 90°。

当前 UCS 名称：* 世界 *
指定 UCS 的原点或 [面 (F)/ 命名 (NA)/ 对象 (OB)/ 上一个 (P)/ 视图 (V)/ 世界 (W)/X/Y/Z/Z 轴 (ZA)] < 世界 >：z
指定绕 Z 轴的旋转角度 <90>：90
旋转后的坐标如下图所示。

⑧ 然后在命令行输入【TOL】给键槽创建形位公差，在弹出的【形位公差】输入框中进行下图所示的设置。

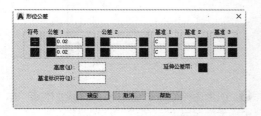

⑨ 单击【确定】按钮，然后将创建的形位公差放到合适的位置，如下图所示。

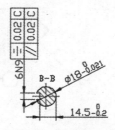

⑩ 所有尺寸标注完成后将坐标系重新设置为世界坐标系，最终结果如下图所示。

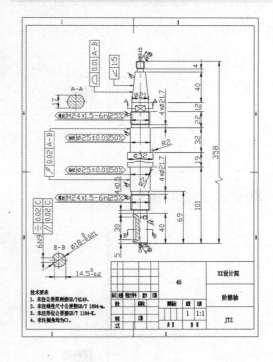

高手私房菜

本节视频教程时间：2 分钟

下面将对对齐标注的水平竖直标注与线性标注的区别进行详细介绍。

技巧：对齐标注的水平竖直标注与线性标注的区别

对齐标注也可以标注水平或竖直直线，但是当标注完成后，再重新调节标注位置时，往往得不到想要的结果。因此，在标注水平或竖直尺寸时最好用线性标注。

❶ 打开"素材 \CH09\ 用对齐标注标注水平竖直线 .dwg"文件，如下图所示。

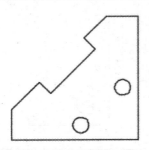

❷ 单击【默认】选项卡➤【注释】面板中的【对齐】按钮↖，然后捕捉下图所示的端点为标注的第一点。

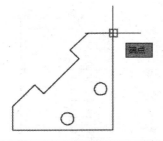

❸ 捕捉下图所示的垂足为标注的第二点。

❹ 移动光标在合适的位置单击放置对齐标注线，如图所示。

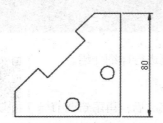

❺ 重复对齐标注，对水平直线进行标注，结

果如图所示。

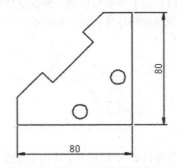

❻ 选中竖直标注，然后单击下图所示的夹点。

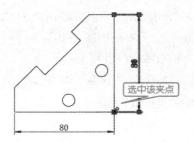

❼ 向右移动光标调整标注位置，可以看到标注尺寸发生变化，如下图所示。

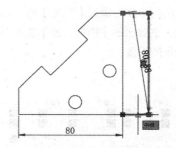

❽ 在合适的位置单击确定新的标注位置，结果如下图所示。

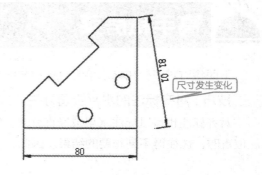

第 10 章

智能标注和编辑标注——给方凳三视图添加标注

📽 **本章视频教程时间：19 分钟**

高手指引

　　智能标注（DIM）命令可以实现在同一命令任务中创建多种类型的标注。智能标注（DIM）命令支持的标注类型包括垂直标注、水平标注、对齐标注、旋转的线性标注、角度标注、半径标注、直径标注、折弯半径标注、弧长标注、基线标注和连续标注。

　　标注对象创建完成后可以根据需要对其进行编辑操作，以满足工程图纸的实际标注需求，前面介绍了图形对象的各种标注，这章将介绍如何编辑这些标注。

重点导读

　✚　智能标注——DIM 功能
　✚　编辑标注

10.1 智能标注——DIM 功能

本节视频教程时间：4 分钟

【DIM】命令可以理解为智能标注，几乎一个命令搞定日常的标注，非常实用。

调用【DIM】命令后，将光标悬停在标注对象上时，将自动预览要使用的合适标注类型。选择对象、线或点进行标注，然后单击绘图区域中的任意位置绘制标注。

【DIM】标注命令的几种常用调用方法如下。

（1）在命令行中输入【DIM】命令并按空格键确认。

（2）单击【默认】选项卡➤【注释】面板➤【标注】按钮█。

（3）单击【注释】选项卡➤【标注】面板➤【标注】按钮█。

调用【DIM】命令后，命令行提示如下。

命令：_DIM
选择对象或指定第一个尺寸界线原点或 [角度 (A)/ 基线 (B)/ 连续 (C)/ 坐标 (O)/ 对齐 (G)/ 分发 (D)/ 图层 (L)/ 放弃 (U)]：

命令行各选项的含义如下。

● 【选择对象】：自动为所选对象选择合适的标注类型，并显示与该标注类型相对应的提示。例如，圆弧：默认显示半径标注；圆：默认显示直径标注；直线：默认为线性标注。

● 【第一条尺寸界线原点】：选择两个点时创建线性标注。

● 【角度】：创建一个角度标注来显示三个点或两条直线之间的角度（同 DIMANGULAR 命令）。

● 【基线】：从上一个或选定标准的第一条界线创建线性、角度或坐标标注（同 DIMBASELINE 命令）。

● 【连续】：从选定标注的第二条尺寸界线创建线性、角度或坐标标注（同 DIMCONTINUE 命令）。

● 【坐标】：创建坐标标注（同 DIMORDINATE 命令），相比坐标标注，可以调用一次命令进行多个标注。

● 【对齐】：将多个平行、同心或同基准标注对齐到选定的基准标注。

● 【分发】：指定可用于分发一组选定的孤立线性标注或坐标标注的方法，有相等和偏移两个选项。相等：均匀分发所有选定的标注。此方法要求至少三条标注线；偏移：按指定的偏移距离分发所有选定的标注。

● 【图层】：为指定的图层指定新标注，以替代当前图层，该选项在创建复杂图形时尤为有用，选定标注图层后即可标注，不需要在标注图层和绘图图层之间来回切换。

● 【放弃】：返回到上一个标注操作。

10.2 编辑标注

本节视频教程时间：6 分钟

标注对象创建完成后可以根据需要对其进行编辑操作，以满足工程图纸的实际标注需求，下面将分别对标注对象的编辑方法进行详细介绍。

10.2.1　标注间距调整

调整线性标注或角度标注之间的间距。平行尺寸线之间的间距将设为相等，也可以通过使用间距值"0"使一系列线性标注或角度标注的尺寸线齐平。间距仅适用于平行的线性标注或共用一个顶点的角度标注。

【标注间距】命令的几种常用调用方法如下。

（1）选择【标注】➤【标注间距】菜单命令。

（2）在命令行中输入【DIMSPACE】命令并按空格键确认。

（3）单击【注释】选项卡➤【标注】面板中的【调整间距】按钮 。

下面将对线性标注对象的标注间距进行调整，具体操作步骤如下。

❶ 打开"素材\CH10\标注间距.dwg"文件，如下图所示。

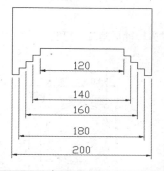

❷ 单击【注释】选项卡➤【标注】面板中的【调整间距】按钮 ，在绘图区域中选择下图所示的线性标注对象作为基准标注。

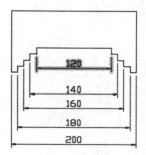

❸ 在绘图区域中将其余线性标注对象全部选

择，以作为要产生间距的标注对象。

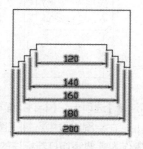

❹ 按空格键确认，命令行提示如下。

输入值或 [自动(A)] < 自动 >:

【自动】：自动计算间距，间距值为选定的基准标注样式中指定的文字高度的两倍。

❺ 按空格键接受【自动】选项，结果如下图所示。

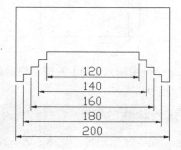

10.2.2　标注打断处理

在标注和尺寸界线与其他对象的相交处打断或恢复标注和尺寸界线。

【标注打断】命令的几种常用调用方法如下。

（1）选择【标注】➤【标注打断】菜单命令。

（2）在命令行中输入【DIMBREAK】命令并按空格键确认。

（3）单击【注释】选项卡➤【标注】面板中的【打断】按钮。

调用【标注打断】命令后，命令行提示如下。

选择要折断标注的对象或 [自动 (A)/ 手动 (M)/ 删除 (R)] < 自动 >：

下面将对线性标注对象进行打断处理，具体操作步骤如下。

❶ 打开 "素材 \CH10\ 标注打断 .dwg" 文件。

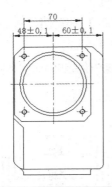

❷ 单击【注释】选项卡➤【标注】面板中的【打断】按钮，在绘图区域中选择下图所示的线性标注对象作为需要添加打断标注的对象。

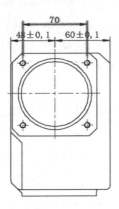

❸ 在命令行中输入【M】并按空格键确认，命令行提示如下。

选择要折断标注的对象或 [自动 (A)/ 手动 (M)/ 删除 (R)] < 自动 >：M

❹ 在绘图区域中捕捉第一个打断点。

❺ 移动光标捕捉第二个打断点。

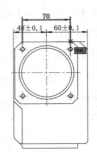

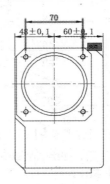

❻ 结果如下图所示。

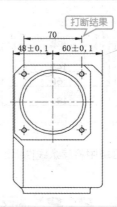

❼ 重复【标注打断】命令，继续对线性标注对象进行 "手动" 打断处理，结果如下图所示。

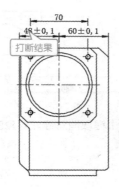

> **提示**　为了便于选择打断点，在打断时可以关闭对象捕捉。

10.2.3　使用夹点编辑标注

在 AutoCAD 中，标注对象同直线、多段线等图形对象一样可以使用夹点功能进行编辑，下面将对使用夹点编辑标注对象的方法进行详细介绍，具体操作步骤如下。

❶ 打开"素材 \CH10\ 使用夹点编辑标注 .dwg"文件。

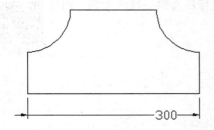

❷ 在绘图区域中选择线性标注对象。

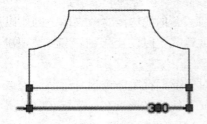

❸ 单击选择下图所示的夹点。

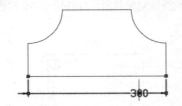

❹ 在绘图区域中单击鼠标右键，在弹出的快

捷菜单中选择【重置文字位置】选项。

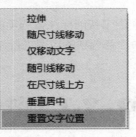

❺ 结果如下图所示。

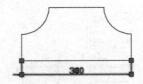

❻ 在绘图区域中单击选择下图所示的夹点。

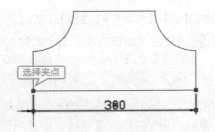

❼ 在绘图区域中单击鼠标右键，在弹出的快捷菜单中选择【翻转箭头】选项。

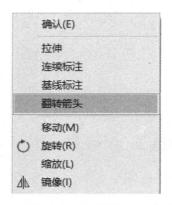

8 结果如下图所示。

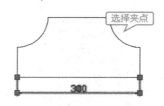

选择夹点

9 按【Esc】键取消对标注对象的选择，结果如下图所示。

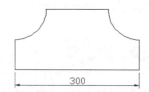

10.3 综合实战——给方凳三视图添加标注

本节视频教程时间：7 分钟

前面介绍了智能标注各选项的含义，这节我们以标注方凳三视图为例，对智能标注命令各选项的应用进行详细介绍。

10.3.1 标注仰视图

这一节我们首先来对方凳的仰视图进行标注，具体操作步骤如下。

1 打开"素材 \CH10\ 方凳 .dwg"文件。

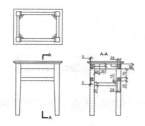

2 单击【默认】选项卡➤【注释】面板➤【标注】按钮，然后在命令行输入【L】，然后输入"标注"，在标注层上进行标注，命令行提示如下。

命令：_DIM

选择对象或指定第一个尺寸界线原点或 [角度 (A)/ 基线 (B)/ 连续 (C)/ 坐标 (O)/ 对齐 (G)/ 分发 (D)/ 图层 (L)/ 放弃 (U)]:L

输入图层名称或选择对象来指定图层以放置

标注或输入 . 以使用当前设置 [?/ 退出 (X)]

<"轮廓线">：标注

输入图层名称或选择对象来指定图层以放置

标注或输入 . 以使用当前设置 [?/ 退出 (X)]

<"标注">：

选择对象或指定第一个尺寸界线原点或 [角度 (A)/ 基线 (B)/ 连续 (C)/ 坐标 (O)/ 对齐 (G)/ 分发 (D)/ 图层 (L)/ 放弃 (U)]:

3 将鼠标放置到要标注的对象上，AutoCAD会自动判断该对象并显示标注尺寸，如下图所示。

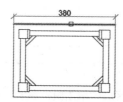

❹　单击鼠标左键选中对象，然后移动光标选择尺寸线的放置位置，如下图所示。

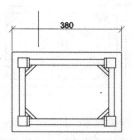

❺　确定标注位置后单击，结果如下图所示。

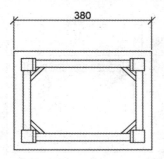

❻　重复上述步骤，选择外轮廓的另一条边进行标注，结果如下图所示。

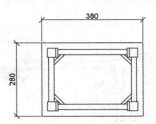

❼　继续标注，选择下图所示的端点作为标注的第一点。

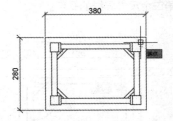

❽　捕捉下图所示的节点为标注的第二点。

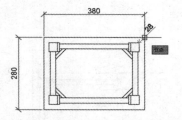

❾　向上移动光标进行线性标注，如下图所示。

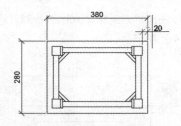

❿　在合适的位置单击，结果如下图所示。

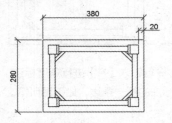

⓫　重复上述步骤，标注另一个长度为 20 的尺寸，结果如下图所示。

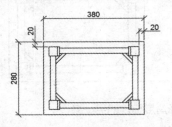

⓬　继续标注，选择下图所示的中点作为标注的第一点。

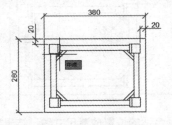

⓭　捕捉下图所示的另一条斜线的中点为标注

的第二点。

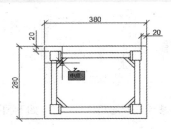

⑭ 沿标注尺寸方向移动光标进行对齐标注，结果如下图所示。

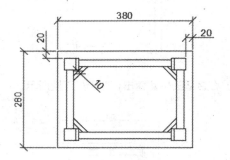

⑮ 在命令行输入【A】进行角度标注，然后选择角度标注的第一条边，如下图所示。

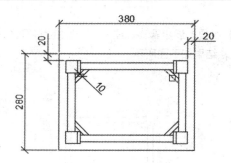

⑯ 选择角度标注的另一条边。

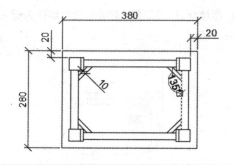

⑰ 选择合适的位置放置尺寸线，结果如下图所示。

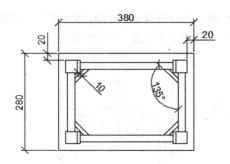

⑱ 在命令行输入【C】进行连续标注，然后捕捉下图所示的标注的尺寸界线作为第一个尺寸界线原点，如下图所示。

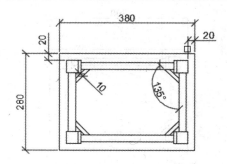

⑲ 然后捕捉下图所示的端点作为第二个尺寸界线的原点。

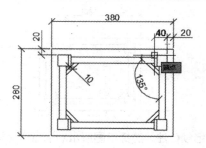

⑳ 然后捕捉下图所示的端点作为另一条连续标注的第二个尺寸界线的原点。

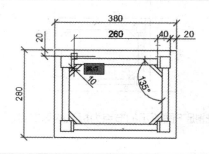

㉑ 按空格键结束连续标注后结果如下图所示。

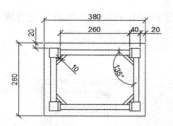

㉒ 重复连续标注,对另一边也进行连续标注,结果如下图所示。

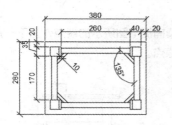

㉓ 连续按空格键退出连续标注回到【DIM】命令的初始状态,然后输入【D】并根据提示设置分发距离。

选择对象或指定第一个尺寸界线原点或 [角度 (A)/ 基线 (B)/ 连续 (C)/ 坐标 (O)/ 对齐 (G)/ 分发 (D)/ 图层 (L)/ 放弃 (U)]: D ✓
当前设置:偏移 (DIMDLI) = 3.750000
指定用于分发标注的方法 [相等 (E)/ 偏移 (O)] < 相等 >: O ✓
选择基准标注或 [偏移 (O)]: O ✓
指定偏移距离 <3.750000>: 6 ✓

㉔ 选择标注为"260"的尺寸作为基准标注,如下图所示。

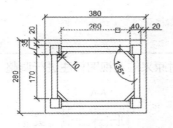

㉕ 选择标注为"380"的尺寸作为要分发的标注,如下图所示。

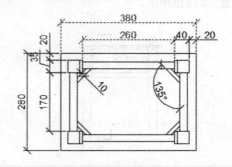

㉖ 按空格键后结果如下图所示。

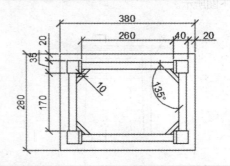

㉗ 重复分发标注,选择标注为"170"的尺寸作为基准标注,标注为"280"的尺寸为分发标注,结果如下图所示。

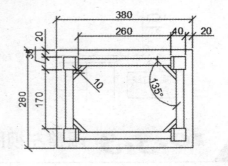

10.3.2 标注主视图

上一节对方凳的仰视图进行了标注,这一节来对主视图进行标注,主视图标注的具体操作步骤如下。

❶ 将鼠标放置到要标注的对象上单击鼠标左键选中对象，然后移动光标选择尺寸线的放置位置，如下图所示。

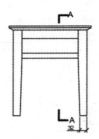

❷ 继续标注，捕捉两点进行线性标注，结果如下图所示。

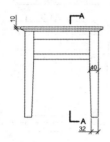

❸ 然后输入【B】进行基线标注，并捕捉尺寸为"10"的标注的上尺寸界线为基线的第一个尺寸界线原点，如下图所示。

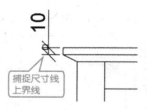

捕捉尺寸线上界线

❹ 捕捉下图所示的端点为第二尺寸界线的原点。

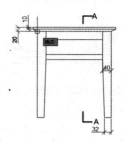

❺ 继续捕捉下图所示的端点作为下一尺寸线界线的原点。

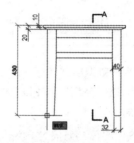

❻ 标注完成后结果如下图所示。

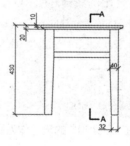

10.3.3 调整左视图标注

仰视图和主视图标注完成后，接下来通过智能标注对原来的左视图标注进行调整。

❶ 退出基础标注回到【DIM】命令的初始状态，然后输入【G】进行对齐，选择尺寸为"70"的标注作为基准标注，如下图所示。

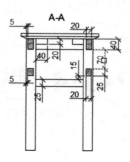

❷ 选择尺寸为"40"的标注作为要对齐的标注，如下图所示。

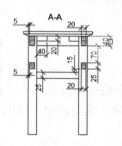

❸ 按空格键后如下图所示。

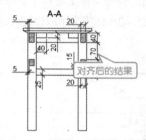

对齐后的结果

❹ 重复对齐操作，将尺寸为"20"的标注和尺寸为"5"的标注对齐，结果如下图所示。

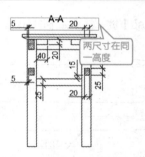

两尺寸在同一高度

❺ 在命令行输入【D】并根据提示设置分发距离。

选择对象或指定第一个尺寸界线原点或 [角度 (A)/ 基线 (B)/ 连续 (C)/ 坐标 (O)/ 对齐 (G)/ 分发 (D)/ 图层 (L)/ 放弃 (U)]:　D

当前设置：偏移 (DIMDLI) =6.000000
指定用于分发标注的方法 [相等 (E)/ 偏移 (O)] < 相等 >:O

选择基准标注或 [偏移 (O)]:O
指定偏移距离 <6.000000>:4

❻ 选择标注为"20"的尺寸作为基准标注。

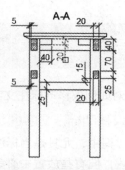

❼ 选择标注为"25"和"15"的尺寸作为要分发的标注，如下图所示。

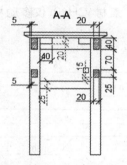

❽ 按空格键后结果如下图所示。

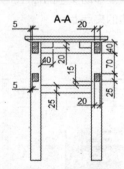

❾ 按空格键或【Esc】键退出【DIM】命令后结果如下图所示。

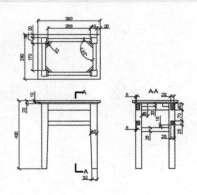

高手私房菜

本节视频教程时间：2 分钟

下面将对如何仅移动标注文字的方法进行详细介绍。

技巧：仅移动标注文字的方法

在标注过程中，尤其是当标注比较紧凑时，AutoCAD 会根据设置自行放置文字的位置，但有些放置未必美观，未必符合绘图者的要求，这时候用户可以通过"仅移动文字"来调节文字的位置。

"仅移动文字"的具体操作步骤如下。

❶ 打开"素材\CH10\仅移动标注文字.dwg"文件。

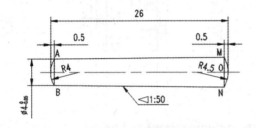

❷ 单击选中要移动文字的标注，并将鼠标放置到文字旁边的夹点上。

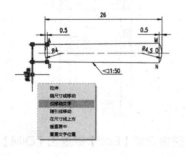

❸ 在弹出的快捷菜单上选择【仅移动文字】选项，然后移动光标将文字放置到合适的位置。

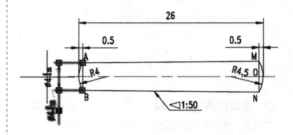

❹ 按【Esc】键，结果如下图所示。

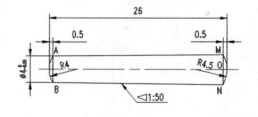

第

11

章

查询与参数化设置——给灯具
平面图添加约束

本章视频教程时间：19 分钟

高手指引

AutoCAD 中包含许多辅助管理功能供用户调用，例如查询、参数化、快速计算器、核查、修复等，本章将对相关工具的使用进行详细介绍。

重点导读

+ 查询对象信息
+ 参数化操作

11.1 查询操作

本节视频教程时间：7 分钟

在 AutoCAD 中，查询命令包含众多的功能，如查询两点之间的距离、查询面积、查询图纸状态和图纸的绘图时间等。利用各种查询功能，既可以辅助绘制图形，也可以对图形的各种状态进行查询了解。

11.1.1 查询距离

距离查询用于测量选定对象或点序列的距离。

【距离查询】命令的几种常用调用方法如下。

（1）选择【工具】➤【查询】➤【距离】菜单命令。

（2）在命令行中输入【DIST/DI】命令并按空格键确认。

（3）在命令行中输入【MEASUREGEOM/MEA】命令并按空格键确认，然后选择【D】选项。

（4）单击【默认】选项卡➤【实用工具】面板中的【距离】按钮。

下面对距离的查询过程进行详细介绍，具体操作步骤如下。

❶ 打开"素材 \CH11\ 距离查询 .dwg"文件。

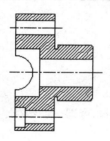

❷ 单击【默认】选项卡➤【实用工具】面板中的【距离】按钮，在绘图区域中捕捉下图所示端点作为第一点。

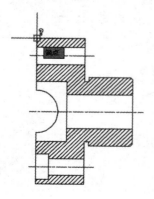

❸ 在绘图区域中移动光标并捕捉下图所示端点作为第二点。

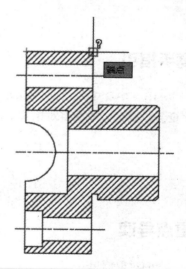

❹ 命令行显示查询结果如下。

距离 = 110.0000，XY 平面中的倾角 = 0，与 XY 平面的夹角 = 0

X 增量 = 110.0000，Y 增量 = 0.0000，Z 增量 = 0.0000

11.1.2　查询角度

角度查询用于测量选定对象的角度。

【角度查询】命令的几种常用调用方法如下。

（1）选择【工具】➤【查询】➤【角度】菜单命令。

（2）在命令行中输入【MEASUREGEOM/MEA】命令并按空格键确认，然后选择【A】选项。

（3）单击【默认】选项卡➤【实用工具】面板中的【角度】按钮。

下面对角度的查询过程进行详细介绍，具体操作步骤如下。

❶ 打开 "素材\CH11\角度查询.dwg" 文件。

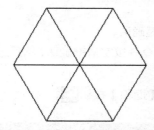

❷ 单击【默认】选项卡➤【实用工具】面板中的【角度】按钮，在绘图区域中单击选择下图所示的直线段作为需要查询的起始边。

❸ 在绘图区域中鼠标单击选择下图所示的直线段作为需要查询的终止边。

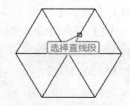

❹ 命令行显示查询结果如下。

角度 = 60°

11.1.3　查询半径

半径查询用于测量选定对象的半径。

【半径查询】命令的几种常用调用方法如下。

（1）选择【工具】➤【查询】➤【半径】菜单命令。

（2）在命令行中输入【MEASUREGEOM/MEA】命令并按空格键确认，然后选择【R】选项。

（3）单击【默认】选项卡➤【实用工具】面板中的【半径】按钮。

下面对半径的查询过程进行详细介绍，具体操作步骤如下。

❶ 打开 "素材\CH11\半径查询.dwg" 文件。

❷ 单击【默认】选项卡➤【实用工具】面板中的【半径】按钮🔘，在绘图区域中单击选择下图所示的圆弧作为需要查询的对象。

选择圆弧

❸ 在命令行中显示出了所选圆弧半径和直径的大小。

半径 = 20.0000
直径 = 40.0000

11.1.4 查询面积和周长

用于测量选定对象或定义区域的面积。

【面积和周长查询】命令的几种常用调用方法如下。

（1）选择【工具】➤【查询】➤【面积】菜单命令。

（2）在命令行中输入【AREA/AA】命令并按空格键确认。

（3）在命令行中输入【MEASUREGEOM/MEA】命令并按空格键确认，然后选择【AR】选项。

（4）单击【默认】选项卡➤【实用工具】面板中的【面积】按钮。

执行【面积】查询命令，AutoCAD 命令行提示如下。

命令：_MEASUREGEOM
输入选项[距离(D)/半径(R)/角度(A)/面积(AR)/体积(V)]<距离>:_area
指定第一个角点或[对象(O)/增加面积(A)/减少面积(S)/退出(X)]<对象(O)>：

命令行中各选项的含义如下。

● 【指定角点】：计算由指定点所定义的面积和周长。所有点必须位于与当前 UCS 的 *xy* 平面平行的平面上。必须至少指定三个点才能定义多边形，如果未闭合多边形，则将计算面积，就如同输入的第一个点和最后一个点之间存在一条直线。

● 【对象】：计算所选择的二维面域或多段线围成的区域的面积和周长。

● 【增加面积】：打开"加"模式，并显示所指定的后续面积的总累计测量值。

● 【减少面积】：打开"减"模式，从总面积中减去指定的面积。

提示　【面积】查询命令无法计算自交对象的面积。

下面对面积的查询过程进行详细介绍，具体操作步骤如下。

❶ 打开"素材\CH11\面积查询.dwg"文件。

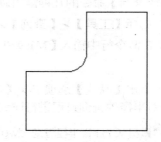

❷ 单击【默认】选项卡➤【实用工具】面板

中的【面积】按钮，命令行提示如下。

```
命令：_MEASUREGEOM
输入选项 [ 距离 (D)/ 半径 (R)/ 角度 (A)/ 面
积 (AR)/ 体积 (V)] < 距离 >：_area
指定第一个角点或 [ 对象 (O)/ 增加面积 (A)/
减少面积 (S)/ 退出 (X)] < 对象 (O)>：
```

❸ 按【Enter】键，接受 AutoCAD 的默认
选项对象，然后在绘图区域中单击选择下图所
示的图形作为需要查询的对象。

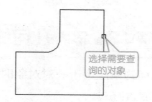

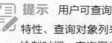

选择需要查询的对象

❹ 在命令行中显示查询结果。

区域 = 30193.1417，长度 = 887.1239

 提示　用户可查询周长、查询体积、查询质量
特性、查询对象列表、查询点坐标、查询图纸
绘制时间、查询图纸状态等，操作和查询面积
类似，这里不再赘述。

11.2　参数化操作

本节视频教程时间：5 分钟

参数化绘图功能可以让用户通过基于设计意图的图形对象约束提高绘图效
率，该操作可以确保在对象修改后还保持特定的关联及尺寸关系。

11.2.1　自动约束

自动约束是根据对象相对于彼此的方向将几何约束应用于对象的选择集。

【自动约束】命令的几种常用调用方法如下。

（1）选择【参数】▶【自动约束】菜单命令。

（2）在命令行中输入【AUTOCONSTRAIN】命令并按空格键确认。

（3）单击【参数化】选项卡 ▶【几何】面板中的【自动约束】按钮。

下面对自动约束的创建过程进行详细介绍，具体操作步骤如下。

❶ 打开"素材 \CH11\ 自动约束 .dwg"文件。

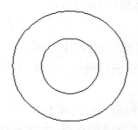

❷ 单击【参数化】选项卡 ▶【几何】面板中的【自
动约束】按钮，在绘图区域中选择下图所示
的两个圆形。

❸ 按【Enter】键确认，结果如图所示。

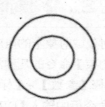

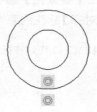

11.2.2 几何约束

将几何约束应用于一对对象时，选择对象的顺序以及选择每个对象的点可能会影响对象彼此间的放置方式。

【几何约束】命令的几种常用调用方法如下。

（1）选择【参数】➤【几何约束】菜单命令，选择一种适当的约束方式。

（2）在命令行中输入【GEOMCONSTRAINT】命令并按空格键确认，选择一种适当的约束方式。

（3）单击【参数化】选项卡➤【几何】面板，选择一种适当的约束方式。

下面以【平行】几何约束为例，对几何约束命令的应用进行详细介绍，具体操作步骤如下。

❶ 打开"素材\CH11\平行几何约束.dwg"文件。

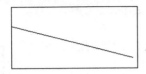

❷ 单击【参数化】选项卡➤【几何】面板➤【平行】按钮，在绘图区域中选择第一个对象，如图所示。

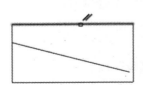

❸ 在绘图区域中移动光标并选择第二个对象，如图所示。

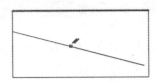

❹ 结果如图所示。

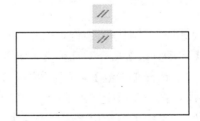

11.2.3 标注约束

对选定对象或对象上的点应用标注约束，或将关联标注转换为标注约束。

【标注约束】命令的几种常用调用方法如下。

（1）选择【参数】➤【标注约束】菜单命令，选择一种适当的约束方式。

（2）在命令行中输入【DIMCONSTRAINT】命令并按空格键确认，选择一种适当的约束方式。

（3）单击【参数化】选项卡➤【标注】面板，选择一种适当的约束方式。

下面以【对齐】标注约束为例，对标注约束命令的应用进行详细介绍，具体操作步骤如下。

❶ 打开"素材\CH11\对齐标注约束.dwg"文件。

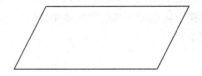

❷ 单击【参数化】选项卡➤【标注】面板➤【对齐】按钮，在绘图区域中指定第一个约束点，如图所示。

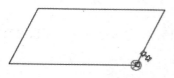

❸ 在绘图区域中移动光标并指定第二个约束点，如图所示。

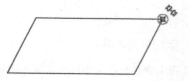

❹ 在绘图区域中移动光标并单击指定尺寸线

的位置，如图所示。

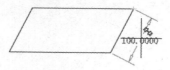

❺ 在绘图区域中可以编辑标注文字，如图所示。

❻ 按【Enter】键确认，结果如图所示。

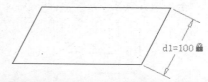

11.3　综合实战——给灯具平面图添加约束

本节视频教程时间：3分钟

下面将为灯具平面图添加几何约束和标注约束，具体操作步骤如下。

1. 添加几何约束

❶ 打开"素材 \CH11\ 灯具平面图 .dwg"文件，如下图所示。

❷ 选择【参数化】➤【几何】➤【同心】菜单命令，然后选择图形中央的小圆为第一个对象，如下图所示。

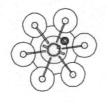

❸ 选择位于小圆外侧的第一个圆为第二个对象，AutoCAD 会自动生成一个同心约束，如下图所示。

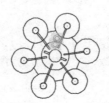

❹ 选择【参数化】➤【几何】➤【水平】菜单命令，在图形左下方选择水平直线，将直线约束为与 x 轴平行，如下图所示。

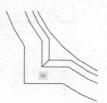

⑤ 选择【参数化】➤【几何】➤【平行】菜单命令，选择水平约束的直线为第一个对象，如下图所示。

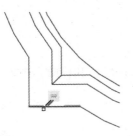

⑥ 然后选择上方的水平直线为第二个对象，如下图所示。

⑦ AutoCAD 会自动生成一个平行约束，如下图所示。

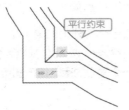

⑧ 选择【参数化】➤【几何】➤【垂直】菜单命令，选择水平约束的直线为第一个对象，如下图所示。

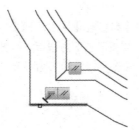

⑨ 然后选择与之相交的直线为第二个对象，如下图所示。

⑩ AutoCAD 自动生成一个垂直约束，如下图所示。

2. 添加标注约束

❶ 选择【参数化】➤【标注】➤【水平】菜单命令，然后在图形中指定第一个约束点，如下图所示。

❷ 指定第二个约束点，如下图所示。

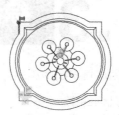

❸ 移动光标到合适的位置，将尺寸值修改为 1440，然后在空白区域单击鼠标左键，结果如下图所示。

④ 选择【参数化】▶【标注】▶【半径】菜单命令，然后在图形中指定圆弧，移动光标将约束放置到合适的位置，如下图所示。

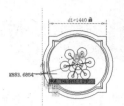

⑤ 将半径值改为880，然后在空白处单击鼠标左键，程序会自动生成一个半径标注约束，如下图所示。

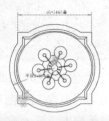

 高手私房菜

本节视频教程时间：4 分钟

下面将对【DBLIST】和【LIST】命令的区别以及点坐标查询和距离查询时的注意事项进行详细介绍。

技巧1：DBLIST 和 LIST 命令的区别

【LIST】命令为选定对象显示特性数据，而【DBLIST】命令则列出图形中每个对象的数据库信息，下面将分别对这两个命令进行详细介绍。

❶ 打开"素材 \CH11\ 查询技巧 .dwg"文件。

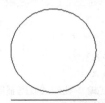

❷ 在命令行输入【LIST】命令并按【Enter】键确认，然后在绘图区域中选择直线图形，如图所示。

❸ 按【Enter】键确认，查询结果如图所示。

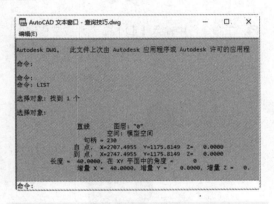

❹ 在命令行输入【DBLIST】命令并按【Enter】键确认，命令行中显示了查询结果。

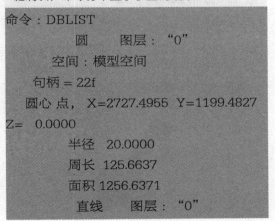

命令：DBLIST

　　　　　圆　　　图层："0"

　　　　空间：模型空间

　　　　句柄 = 22f

　　　　圆心点， X=2727.4955　Y=1199.4827

Z=　0.0000

　　　　　　半径　20.0000

　　　　　　周长　125.6637

　　　　　　面积 1256.6371

　　　　　　直线　　图层："0"

⑤ 按【Enter】键可继续进行查询。

按 ENTER 键继续：

空间：模型空间

　　　句柄 = 230

　　　自点，X=2707.4955　Y=1175.8149
Z=　0.0000

　　　到　点，X=2747.4955　Y=1175.8149
Z=　0.0000

　　　长度 = 40.0000，在 XY 平面中的角
度 =　0

　　增量 X = 40.0000，增量 Y =　0.0000，
增量 Z =　0.0000

技巧 2：点坐标查询和距离查询时的注意事项

　　如果绘制的图形是三维图形，在【选项】对话框的【绘图】选项卡选中【使用当前标高替换 Z 值】复选框时，那么在为点坐标查询和距离查询拾取点时，所获取的值可能是错误的数据。

❶ 打开"素材 \CH11\ 点坐标查询和距离查询时的注意事项 .dwg"文件，如下图所示。

❷ 在命令行中输入【ID】命令并按空格键调用【点坐标查询】命令，然后在绘图区域中捕捉下图所示的圆心。

❸ 命令行显示查询结果如下。

X = −145.5920　Y = 104.4085　Z = 155.8846

❹ 在命令行输入【DI】命令并按空格键调用【距离查询】命令，然后捕捉步骤 2 捕捉的圆心为第一点，捕捉下图所示的圆心为第二点。

⑤ 命令行显示查询结果如下。

距离 = 180.0562，XY 平面中的倾角 = 87，与 XY 平面的夹角 = 300

X 增量 = 4.5000，　Y 增量 = 90.0000，　Z 增量 = −155.8846

❻ 在命令行中输入【OP】命令并按空格键在弹出的【选项】对话框上单击【绘图】选项卡，然后在【对象捕捉选项】区勾选【使用当前标高替换 Z 值】复选框，如下图所示。

对象捕捉选项

☑ 忽略图案填充对象(I)
☑ 忽略尺寸界线(X)
☑ 对动态 UCS 忽略 Z 轴负向的对象捕捉(U)
☑ 使用当前标高替换 Z 值(R)

❼ 重复步骤 2，查询圆心的坐标，结果显示如下。

X = −145.5920　　Y = 104.4085　　Z = 0.0000

❽ 重复步骤 4，查询两圆心之间的距离，结果显示如下。

距离 = 90.1124，XY 平面中的倾角 = 87，与 XY 平面的夹角 = 0

X 增量 = 4.5000，　Y 增量 = 90.0000，　Z 增量 = 0.0000

第4篇
三维图形篇

三维建模基础与基本建模图形
——绘制玩具模型

本章视频教程时间：44 分钟

高手指引

在三维建模空间下，除了可以绘制简单的三维图形外，还可以绘制三维曲面和三维实体。AutoCAD 为用户提供了强大的三维图形绘制功能。

重点导读

- ✛ 绘制三维实体对象
- ✛ 绘制三维曲面对象
- ✛ 由二维图形创建三维图形

12.1 三维绘图创建基础

本节视频教程时间：15 分钟

相对于二维 xy 平面视图，三维视图多了一个维度，不仅有 xy 平面，还有 zx 平面和 yz 平面，因此，三维视图相对于二维视图更加直观。本节介绍三维绘图的基础知识。

12.1.1 三维建模空间

三维图形是在三维建模空间下完成的，因此在创建三维图形之前，首先应该将绘图空间切换到三维建模模式。

1. 命令调用方法

关于切换工作空间的方法，除了本书 1.4 节介绍的两种方法外，还有以下两种方法。

（1）选择【工具】➤【工作空间】➤【三维建模】菜单命令。

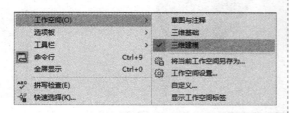

（2）在命令行输入【WSCURRENT】命令并按空格键，然后在命令行提示下输入【三维建模】。

2. 命令提示

切换到三维建模空间后，可以看到三维

建模空间是由快速访问工具栏、菜单栏、选项卡、控制面板和绘图区和状态栏组成的集合，用户可以在专门的、面向任务的绘图环境中工作，三维建模空间如下图所示。

12.1.2 三维视图

三维视图可分为标准正交视图和等轴测视图。

标准正交视图：俯视、仰视、主视、左视、右视和后视。

等轴测视图：SW（西南）等轴测、SE（东南）等轴测、NE（东北）等轴测和 NW（西北）等轴测。

在 AutoCAD 2018 中切换【三维视图】的方法通常有以下 4 种。

（1）选择【视图】➤【三维视图】菜单命令，然后选择一种适当的视图。

（2）单击【常用】选项卡➤【视图】面板➤【三维导航】下拉列表，然后选择一种适当的视图。

（3）单击【可视化】选项卡➤【视图】面板，然后选择一种适当的视图。

（4）单击绘图窗口左上角的视图控件，然后选择一种适当的视图。

不同视图下显示的效果也不相同。例如同一个齿轮，在"西南等轴测"视图下的效果如下左图所示，而在"西北等轴测"视图下的效果如下右图所示。

12.1.3 视觉样式

视觉样式用于观察三维实体模型在不同视觉下的效果，在 AutoCAD 2018 中程序提供了 10 种视觉样式，用户可以切换到不同的视觉样式来观察模型。

1. 视觉样式的分类

AutoCAD 2018 中的视觉样式有 10 种类型：二维线框、概念、隐藏、真实、着色、带边缘着色、灰度、勾画、线框和 X 射线，程序默认的视觉样式为二维线框。

在 AutoCAD 2018 中切换【视觉样式】的方法通常有以下 4 种。

（1）选择菜单栏中的【视图】➤【视觉样式】➤……菜单命令，如下左图所示。

（2）单击【常用】选项卡➤【视图】面板➤【视觉样式】下拉列表，如下中图所示。

（3）单击【可视化】选项卡➤【视觉样式】面板➤【视觉样式】下拉列表，如下中图所示。

（4）单击绘图窗口左上角的视图控件，如下右图所示。

 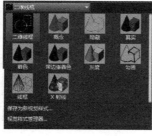 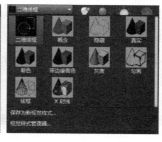 

各视觉样式含义如下。

二维线框：二维线框视觉样式显示是通过使用直线和曲线表示对象边界的显示方法。光栅图像、OLE 对象、线型和线宽均可见，如下图所示。

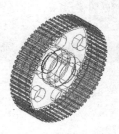

线框：线框是通过使用直线和曲线表示边界从而显示对象的方法，如下图所示。

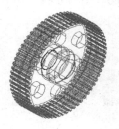

隐藏（消隐）：隐藏（消隐）是用三维线框表示的对象，并且将不可见的线条隐藏起来，如下图所示。

真实：真实是将对象边缘平滑化，显示已附着到对象的材质，如下图所示。

概念：概念是使用平滑着色和古氏面样

式显示对象的方法，它是一种冷色和暖色之间的过渡，而不是从深色到浅色的过渡。虽然效果缺乏真实感，但是可以更加方便地查看模型的细节，如下图所示。

着色：使用平滑着色显示对象，如下图所示。

带边缘着色：使用平滑着色和可见边显示对象，如下图所示。

灰度：使用平滑着色和单色灰度显示对象，如下图所示。

勾画：使用线延伸和抖动边修改器显示手绘效果的对象，如下图所示。

X 射线：以局部透明度显示对象，如下图所示。

2. 视觉样式管理器

视觉样式管理器用于管理视觉样式，对所选视觉样式的面、环境、边等特性进行自定义设置。

在 AutoCAD 2018 中视觉样式管理器的调用方法和视觉样式的调用方法相同，在弹出的视觉样式下拉列表中选择【视觉样式管理器】选项即可。

调用【视觉样式管理器】命令之后系统会弹出【视觉样式管理器】选项板，如下图所示。

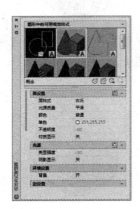

【视觉样式管理器】选项板中各选项含义如下。

●【工具栏】：用户可通过工具栏创建或删除视觉样式，将选定的视觉样式应用于当前视口，或者将选定的视觉样式输出到工具选项板，如下图所示。

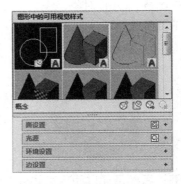

●【面设置特性面板】：用于控制三维模型的面在视口中的外观，如下图所示。

●【光照和环境设置】：【亮显强度】选项可以控制亮显在无材质的面上的大小。"环境设置"特性面板用于控制阴影和背景的显示方式，如下图所示。

●【边设置】：用于控制边的显示方式，如下图所示。

12.1.4　创建和重命名用户坐标系

AutoCAD 系统为用户提供了一个绝对的坐标系，即世界坐标系（WCS）。通常，AutoCAD 构造新图形时将自动使用 WCS。虽然 WCS 不可更改，但可以从任意角度、任意方向来观察或旋转。

相对于世界坐标系 WCS，用户可根据需要创建无限多的坐标系，这些坐标系称为用户坐标系（UCS，User Coordinate System）。用户可以使用 UCS 命令来对用户坐标系进行定义、保存、恢复和移动等一系列操作。

1. 创建 UCS（用户坐标系）

在 AutoCAD 2018 中，用户可以根据工作需要定义 UCS。

在 AutoCAD 2018 中调用【UCS】命令的方法通常有以下 4 种。

（1）选择【工具】➤【新建 UCS】菜单命令，然后选择一种定义方式。

（2）命令行输入【UCS】命令并按空格键。

（3）单击【常用】选项卡➤【坐标】面板，然后选择一种定义方式。

（4）单击【可视化】选项卡➤【坐标】面板，然后选择一种定义方式。

调用【UCS】命令之后命令行提示如下。

```
命令：UCS
当前 UCS 名称：* 世界 *
指定 UCS 的原点或 [ 面 (F)/ 命名 (NA)/ 对
象 (OB)/ 上一个 (P)/ 视图 (V)/ 世界 (W)/X/
Y/Z/Z 轴 (ZA)] < 世界 >：
```

下面将利用【UCS】命令创建一个用户坐标系，具体操作步骤如下。

❶ 在命令行输入【UCS】并按【Enter】键确认，然后在绘图区域中单击指定 UCS 原点的位置，如下图所示。

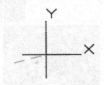

❷ 在绘图区域中向左水平移动光标并单击，以指定 x 轴上的点，如下图所示。

❸ 在绘图区域中向下垂直移动光标并单击，以指定 y 轴上的点，如下图所示。

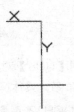

❹ 结果如下图所示。

2. 重命名 UCS（用户坐标系）

在 AutoCAD 2018 中重命名 UCS 的方法通常有以下 4 种。

（1）选择【工具】➢【命名 UCS】菜单命令。

（2）命令行输入【UCSMAN/UC】命令并按空格键。

（3）单击【常用】选项卡➢【坐标】面板➢【UCS，命名 UCS】按钮 。

（4）单击【可视化】选项卡➢【坐标】面板➢【UCS，命名 UCS】按钮 。

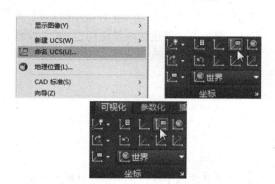

调用重命名命令之后系统会弹出【UCS】对话框，如下图所示。

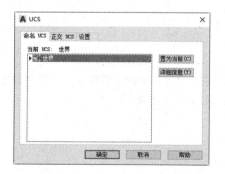

下面将利用【UCS】对话框对用户自定义 UCS 进行重命名，具体操作步骤如下。

❶ 打开"素材 \CH12\ 重命名 UCS.dwg"文件，如下图所示。

❷ 选择【工具】➢【命名 UCS】菜单命令，系统弹出【UCS】对话框，如下图所示。

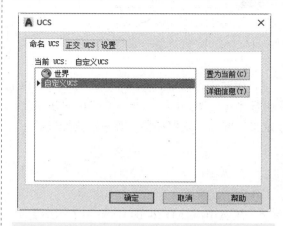

❸ 在【自定义 UCS】上右击，在弹出的快捷菜单中选择【重命名】命令，如下图所示。

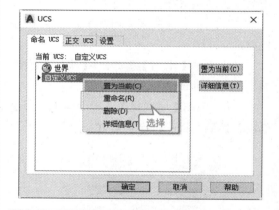

❹ 输入新的名称【工作 UCS】，单击【确定】按钮完成操作，如下图所示。

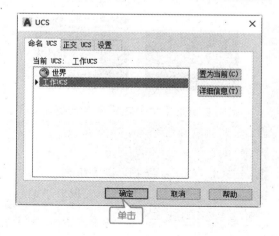

12.2 绘制三维实体对象

> 本节视频教程时间：6 分钟

实体是能够完整表达对象几何形状和物体特性的空间模型。与线框和网格相比，实体的信息最完整，也最容易构造和编辑。

12.2.1 绘制长方体

创建三维实体长方体。

【长方体】命令的几种常用调用方法如下。

（1）选择【绘图】➤【建模】➤【长方体】菜单命令。

（2）在命令行中输入【BOX】命令并按空格键确认。

（3）单击【常用】选项卡➤【建模】面板中的【长方体】按钮 。

下面将对长方体的绘制过程进行详细介绍，具体操作步骤如下。

❶ 新建一个 AutoCAD 文件，选择【工具】➤【工作空间】➤【三维建模】菜单命令，将工作空间切换到【三维建模空间】。

❷ 单击左上角的视口控件，将视图切换为【西南等轴测】。

❸ 单击【常用】选项卡➤【建模】面板中的【长

方体】按钮 ，并在绘图区域中单击以指定长方体的第一个角点，如图所示。

❹ 在命令行输入"@200,100"并按【Enter】键确认，以指定对角点的位置，命令行提示如下。

指定其他角点或 [立方体 (C)/ 长度 (L)]：@200,100

❺ 在命令行输入"50"并按【Enter】键确认，以指定长方体的高度，命令行提示如下。

指定高度或 [两点 (2P)] <200.0000>: 50

❻ 结果如图所示。

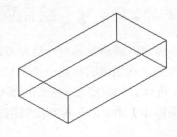

12.2.2 绘制圆柱体

圆柱体是一个具有高度特征的圆形实体，创建圆柱体时，首先需要指定圆柱体的底面圆心，然后指定底面圆的半径，再指定圆柱体的高度即可。

【圆柱体】命令的几种常用调用方法如下。

（1）选择【绘图】➤【建模】➤【圆柱体】菜单命令。

（2）在命令行中输入【CYLINDER/CYL】命令并按空格键确认。

（3）单击【常用】选项卡➤【建模】面板中的【圆柱体】按钮 。

下面将对圆柱体的绘制过程进行详细介绍，具体操作步骤如下。

❶ 新建一个 AutoCAD 文件，将工作空间切换到【三维建模空间】，然后将视图切换为【西南等轴测】。

❷ 单击【常用】选项卡➤【建模】面板中的【圆柱体】按钮 ，并在绘图区域中单击以指定圆柱体底面的中心点，如图所示。

❸ 在命令行输入"300"并按【Enter】键确认，以指定圆柱体的底面半径，命令行提示如下。

指定底面半径或 [直径 (D)]：300

❹ 在命令行输入"1000"并按【Enter】键确认，以指定圆柱体的高度，命令行提示如下。

指定高度或 [两点 (2P)/ 轴端点 (A)] <50.0000>：1000

❺ 结果如图所示。

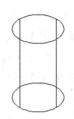

❺ 如果想更改圆柱体体的线控密度，可以在命令行中输入【ISOLINES】命令，输入"20"，按【Enter】确认。

命令：ISOLINES
输入 ISOLINES 的新值 <4>：20

❻ 选择【视图】➤【重生成】菜单命令后结果如图所示。

提示 系统变量"ISOLINES"用于控制表面的线框密度，它只决定显示效果，并不影响表面的平滑度。

12.2.3 绘制圆锥体

圆锥体可以看做是具有一定斜度的圆柱体变化而来的三维实体。如果底面半径和顶面半径的值相同，则创建的将是一个圆柱体；如果底面半径或顶面半径其中一项为 0，则创建的将是一个椎体；如果底面半径和顶面半径是两个不同的值，则创建一个圆台体。

【圆锥体】命令的几种常用调用方法如下。

（1）选择【绘图】➤【建模】➤【圆锥体】菜单命令。

（2）在命令行中输入【CONE】命令并按空格键确认。

（3）单击【常用】选项卡 ➤➤【建模】面板中的【圆锥体】按钮▲。

下面将对圆锥体的绘制过程进行详细介绍，具体操作步骤如下。

❶ 新建一个 AutoCAD 文件，将工作空间切换到【三维建模空间】，然后将视图切换为【西南等轴测】。

❷ 单击【常用】选项卡 ➤【建模】面板中的【圆锥体】按钮▲，并在绘图区域中单击以指定圆锥体底面的中心点，如图所示。

❸ 在命令行输入"190"并按【Enter】键确认，以指定圆锥体的底面半径，命令行提示如下。

指定底面半径或 [直径 (D)] <300.0000>：190 ✓

❹ 在命令行输入"500"并按【Enter】键确认，以指定圆锥体的高度，命令行提示如下。

指定高度或 [两点 (2P)/ 轴端点 (A)/ 顶面半径 (T)] <1000.0000>：500 ✓

❺ 结果如图所示。

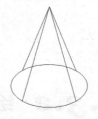

> 📒 **提示**　其他三维实体建模的方法与此类似，这里就不在赘述了。

12.3　绘制三维曲面对象

本节视频教程时间：10 分钟

曲面模型主要定义了三维模型的边和表面的相关信息，它可以解决三维模型的消隐、着色、渲染和计算表面等问题。

12.3.1　绘制长方体网格

创建三维网格图元长方体。

【网格长方体】命令的几种常用调用方法如下。

（1）选择【绘图】➤【建模】➤【网格】➤【图元】➤【长方体】菜单命令。

（2）单击【网格】选项卡 ➤【图元】面板中的【网格长方体】按钮▦。

下面将对长方体表面的绘制过程进行详细介绍，具体操作步骤如下。

❶ 新建一个 AutoCAD 文件，将工作空间切换到【三维建模空间】，然后将视图切换为【西南等轴测】。

❷ 单击【网格】选项卡 ➤【图元】面板中的【网格长方体】按钮▦，然后在绘图区域中单击以指定长方体表面的第一个角点，如图所示。

❸ 在命令行输入"@300,200"并按【Enter】

键确认,以确定长方体表面对角点的位置,命令行提示如下。

指定其他角点或 [立方体 (C)/ 长度 (L)]: @300,200

④ 在命令行输入"150"并按【Enter】键确认,以确定长方体表面的高度,命令行提示如下。

指定高度或 [两点 (2P)] <100.0000>: 150

⑤ 结果如图所示。

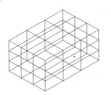

提示 在命令行中输入【MESH】命令并按空格键确认,命令行提示如下。

命令:MESH 当前平滑度设置为 : 0
输入选项 [长方体 (B)/ 圆锥体 (C)/ 圆柱体 (CY)/ 棱锥体 (P)/ 球体 (S)/ 楔体 (W)/ 圆环体 (T)/ 设置 (SE)] < 长方体 >:
根据命令行提示选择相应的选项,可以绘制长方体网格、圆锥体网格、圆柱体网格、棱锥体网格、球体网格、楔体网格、圆环体网格等。

 ## 12.3.2 绘制圆柱体网格

创建三维网格图元圆柱体。

【网格圆柱体】命令的几种常用调用方法如下。

（1）选择【绘图】▶【建模】▶【网格】▶【图元】▶【圆柱体】菜单命令。

（2）单击【网格】选项卡 ▶【图元】面板中的【网格圆柱体】按钮。

下面将对圆柱体表面的绘制过程进行详细介绍,具体操作步骤如下。

❶ 新建一个 AutoCAD 文件,将工作空间切换到【三维建模空间】,然后将视图切换为【西南等轴测】。

❷ 单击【网格】选项卡 ▶【图元】面板中的【网格圆柱体】按钮,然后在绘图区域中单击以指定圆柱体表面的底面中心点,如图所示。

❸ 在命令行输入"20"并按【Enter】键确认,以确定圆柱体表面的底面半径,命令行提示如下。

指定底面半径或 [直径 (D)] <15.0000>: 20

④ 在命令行输入"70"并按【Enter】键确认,以确定圆柱体表面的高度,命令行提示如下。

指定高度或 [两点 (2P)/ 轴端点 (A)] <150.0000>: 70

⑤ 结果如图所示。

 ## 12.3.3 绘制旋转网格

旋转网格是通过将路径曲线或轮廓曲线绕指定的轴旋转,创建一个近似于旋转曲面的网格。网格的密度由"SURFTAB1"和"SURFTAB2"系统变量控制,所以在使用旋转网格之前要预先设置"SURFTAB1"和"SURFTAB2"的系统变量值。

【旋转网格】命令的几种常用调用方法如下。

（1）选择【绘图】➤【建模】➤【网格】➤【旋转网格】菜单命令。

（2）在命令行中输入【REVSURF】命令并按空格键确认。

（3）单击【网格】选项卡➤【图元】面板中的【建模，网格，旋转曲面】按钮。

下面将对旋转曲面的创建过程进行详细介绍，具体操作步骤如下。

❶ 打开"素材\CH12\旋转网格.dwg"文件。

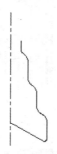

❷ 单击【网格】选项卡➤【图元】面板中的【建模，网格，旋转曲面】按钮，在绘图区域中选择需要旋转的对象，如图所示。

❸ 在绘图区域中单击选择定义旋转轴的对象，如图所示。

❹ 在命令行中输入起点角度"0"和旋转角度"360"，分别按【Enter】键确认。命令行提示如下。

指定起点角度 <0>：0

指定包含角（+= 逆时针，-= 顺时针）<360>：360

❺ 结果如图所示。

12.3.4　绘制平移网格

平移网格是将选择的对象按照指定的矢量方向进行拉伸，矢量方向必须是一条直线。网格的高度就是矢量轴的高度。

【平移网格】命令的几种常用调用方法如下。

（1）选择【绘图】➤【建模】➤【网格】➤【平移网格】菜单命令。

（2）在命令行中输入【TABSURF】命令并按空格键确认。

（3）单击【网格】选项卡➤【图元】面板中的【建模，网格，平移曲面】按钮。

下面将对平移曲面的创建过程进行详细介绍，具体操作步骤如下。

❶ 打开"素材\CH12\平移网格.dwg"文件。

② 单击【网格】选项卡➤【图元】面板中的【建模，网格，平移曲面】按钮，然后在绘图区域中单击选择用作轮廓曲线的对象，如图所示。

③ 在绘图区域中单击选择用作方向矢量的对象，如图所示。

④ 结果如图所示。

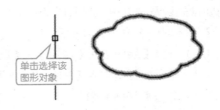

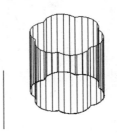

提示 选择矢量轴时如果选择的是矢量轴的上端则拉伸方向向下，拉伸长度为矢量轴的长度。同理，如果选择的是矢量轴的下端，则拉伸向上，长度为矢量轴的长度。

12.3.5 绘制直纹网格

直纹网格是将两条曲线进行连接，选择的曲线可以是点、直线、圆弧或多段线。选择的两条直线必须同时是闭合的或同时是开放的。直纹网格的的密度只由 SURFTAB1 决定。

【直纹网格】命令的几种常用调用方法如下。

（1）选择【绘图】➤【建模】➤【网格】➤【直纹网格】菜单命令。

（2）在命令行中输入【RULESURF】命令并按空格键确认。

（3）单击【网格】选项卡➤【图元】面板中的【建模，网格，直纹曲面】按钮。

下面将对直纹曲面的创建过程进行详细介绍，具体操作步骤如下。

① 打开"素材\CH12\直纹网格.dwg"文件。

② 选择【绘图】➤【建模】➤【网格】➤【直纹网格】菜单命令，然后在绘图区域中单击选择第一条定义曲线，如图所示。

③ 在绘图区域中单击选择第二条定义曲线，如图所示。

单击选择该图形对象

④ 结果如图所示。

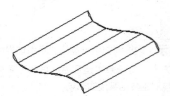

> **提示** 选择曲线对象时如果两条曲线在同一侧则创建的网格是平滑的网格曲面，如上图所示。如果选择的不在同一侧，创建的将是扭曲的网格，如下图所示。直纹网格只有一个方向，所以在设置网格系统变量的时候，只设置一个方向即可。

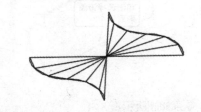

12.3.6 绘制边界网格

边界曲面是在指定的 4 个首尾相连的曲线边界之间形成的一个指定密度的三维网格。

【边界网格】命令的几种常用调用方法如下。

（1）选择【绘图】➤【建模】➤【网格】➤【边界网格】菜单命令。

（2）在命令行中输入【EDGESURF】命令并按空格键确认。

（3）单击【网格】选项卡➤【图元】面板中的【建模，网格，边界曲面】按钮 ⚐。

下面将对边界曲面的创建过程进行详细介绍，具体操作步骤如下。

❶ 打开"素材\CH12\边界网格.dwg"文件。

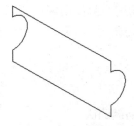

❷ 选择【绘图】➤【建模】➤【网格】➤【边界网格】菜单命令，然后在绘图区域中单击选择用作曲面边界的对象 1，如图所示。

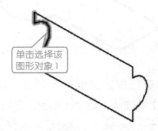

单击选择该图形对象1

❸ 在绘图区域中单击选择用作曲面边界的对象 2，如图所示。

单击选择该图形对象 2

❹ 在绘图区域中单击选择用作曲面边界的对象 3，如图所示。

单击选择该图形对象 3

❺ 在绘图区域中单击选择用作曲面边界的对象 4，如图所示。

单击选择该图形对象 4

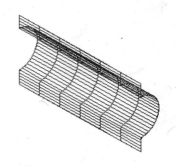

📝 **提示** 边界网格第一条边决定着边界网格的纵横方向，第一条边选定后，其他三条边的选择顺序对生成结果没有影响。

❻ 结果如图所示。

12.4 由二维图形创建三维图形

🎬 本节视频教程时间：7 分钟

在 AutoCAD 中，不仅可以直接利用系统本身的模块创建基本三维图形，还可以利用编辑命令将二维图形生成三维图形，以便创建更为复杂的三维模型。

12.4.1 拉伸建模

拉伸生成型较为常用的有两种方式，即按一定的高度将二维图形拉伸成三维图形，这样生成的三维对象在高度形态上较为规则，通常不会有弯曲角度及弧度出现；还有一种方式为按路径拉伸，这种拉伸方式可以将二维图形沿指定的路径生成三维对象，相对而言较为复杂且允许沿弧度路径进行拉伸。

【拉伸】命令的几种常用调用方法如下。

（1）选择【绘图】➢【建模】➢【拉伸】菜单命令。

（2）在命令行中输入【EXTRUD/EXT】命令并按空格键确认。

（3）单击【常用】选项卡 ➢【建模】面板 ➢【拉伸】按钮 🔲 。

下面将对【拉伸】命令的应用方法进行详细介绍，具体操作步骤如下。

❶ 打开"素材 \CH12\ 拉伸 .dwg"文件。

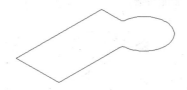

❷ 单击【常用】选项卡 ➢【建模】面板 ➢【拉伸】按钮 🔲 ，在绘图区域中选择需要拉伸的对象并按【Enter】键确认，如图所示。

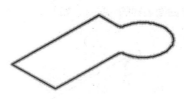

❸ 在命令行指定图形对象的拉伸高度并按【Enter】键确认，命令行提示如下。

指定拉伸的高度或 [方向 (D)/ 路径 (P)/ 倾斜角 (T)/ 表达式 (E)] <200.0000>: 50 ↙

④ 结果如图所示。

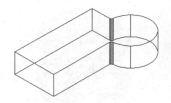

 提示 如果输入的拉伸高度为负值，则向相反方向拉伸。

12.4.2 旋转建模

用于旋转的二维图形可以是多边形、圆、椭圆、封闭多段线、封闭样条曲线、圆环以及封闭区域，旋转过程中可以控制旋转角度，即旋转生成的实体可以是闭合的也可以是开放的。

【旋转】命令的几种常用调用方法如下。

（1）选择【绘图】➤【建模】➤【旋转】菜单命令。

（2）在命令行中输入【REVOLVE/REV】命令并按空格键确认。

（3）单击【常用】选项卡➤【建模】面板中的【旋转】按钮🔲。

下面将对【旋转】命令的应用方法进行详细介绍，具体操作步骤如下。

❶ 打开"素材 \CH12\ 旋转 .dwg"文件。

❷ 选择【绘图】➤【建模】➤【旋转】菜单命令，在绘图区域中选择需要旋转的对象，并按【Enter】键确认，如图所示。

❸ 在绘图区域中捕捉下图所示端点作为旋转轴的起点。

❹ 在绘图区域中移动光标并捕捉下图所示端点作为旋转轴的端点。

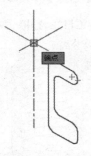

❺ 在命令行指定旋转角度并按【Enter】键确认，命令行提示如下。

指定旋转角度或 [起点角度 (ST)/ 反转 (R)/ 表达式 (EX)] <360>：360

❻ 结果如图所示。

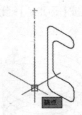

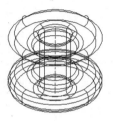

菜单命令，结果如图所示。

❼ 选择【视图】➤【视觉样式】➤【概念】

12.4.3 扫掠建模

扫掠命令可以用来生成实体或曲面，当扫掠的对象是闭合图形时扫掠的结果是实体，当扫掠的对象是开放图形时，扫掠的结果是曲面。

【扫掠】命令的几种常用调用方法如下。

（1）选择【绘图】➤【建模】➤【扫掠】菜单命令。

（2）在命令行中输入【SWEEP】命令并按空格键确认。

（3）单击【常用】选项卡➤【建模】面板➤【扫掠】按钮 。

下面将对【扫掠】命令的应用方法进行详细介绍，具体操作步骤如下。

❶ 打开"素材 \CH12\ 扫掠 .dwg"文件。

选择螺旋线图形

❹ 结果如图所示。

❷ 单击【常用】选项卡➤【建模】面板➤【扫掠】按钮 ，在绘图区域中选择圆形作为需要扫掠的对象，并按【Enter】键确认，如图所示。

选择圆形

❺ 选择【视图】➤【视觉样式】➤【概念】菜单命令，结果如图所示。

❸ 在绘图区域中选择螺旋线作为扫掠路径，如图所示。

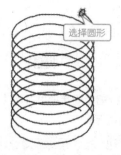

12.4.4　放样建模

　　放样命令用于在横截面之间的空间内绘制实体或曲面。使用放样命令时，至少必须指定两个横截面。放样命令通常用于变截面实体的绘制。

　　【放样】命令的几种常用调用方法如下。

　　（1）选择【绘图】➤【建模】➤【放样】菜单命令。

　　（2）在命令行中输入【LOFT】命令并按【Enter】键确认。

　　（3）单击【常用】选项卡➤【建模】面板➤【放样】按钮。

　　下面将对【放样】命令的应用方法进行详细介绍，具体操作步骤如下。

❶ 打开"素材 \CH12\ 放样 .dwg"文件。

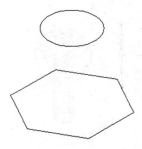

❷ 单击【常用】选项卡➤【建模】面板➤【放样】按钮，在绘图区域中选择正六边形作为放样的横截面，如图所示。

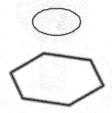

❸ 在绘图区域中继续选择圆形作为放样的横截面，如图所示。

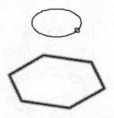

❹ 按两次【Enter】键确认，结果如图所示。

❺ 选择【视图】➤【视觉样式】➤【概念】菜单命令，结果如图所示。

12.5　综合实战——绘制玩具模型

　本节视频教程时间：2 分钟

　　下面将利用【平移网格】和【网格球体】命令绘制玩具模型，具体操作步骤如下。

❶ 打开"素材 \CH12\ 玩具模型 .dwg"文件。

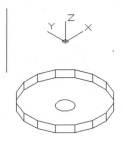

❷ 单击【网格】选项卡➤【图元】面板中的【建模，网格，平移曲面】按钮 ，在绘图区域中选择下图所示的圆形作为轮廓曲线。

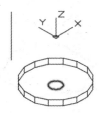

❸ 在绘图区域中选择下图所示的直线段作为方向矢量。

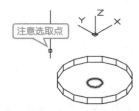

❹ 结果如图所示。

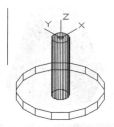

❺ 单击【网格】选项卡➤【图元】面板中的【网格球体】按钮 ，在命令行输入球体表面的中心点以及半径，并分别按【Enter】键确认，命令行提示如下。

指定中心点或 [三点 (3P)/ 两点 (2P)/ 切点、切点、半径 (T)]: 0,0,0

指定半径或 [直径 (D)]: 30

❻ 结果如图所示。

❼ 在绘图区域中选择下图所示的直线段以及圆形，并按【Del】键将其删除。

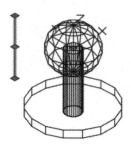

❽ 结果如图所示。

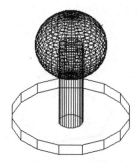

❾ 选择【视图】➤【视觉样式】➤【概念】菜单命令，结果如图所示。

高手私房菜

本节视频教程时间：4 分钟

圆锥体命令除了绘制圆锥外，还能绘制圆台，实体可以转换为曲面，曲面也可以转换为实体。下面就通过案例来详细介绍如何用圆锥命令绘制圆台，如何让实体和曲面之间互相转换。

技巧 1：通过圆锥体命令绘制圆台

AutoCAD 中圆锥体命令默认圆锥体的顶端半径为 0，如果在绘图时设置圆锥体的顶端半径不为 0，则绘制的结果是圆台体。

用圆锥体命令绘制圆台的具体操作如下。

❶ 新建一个 AutoCAD 文件，将工作空间切换到【三维建模空间】，然后将视图切换为【西南等轴测】。

❷ 单击【常用】选项卡➤【建模】面板➤【圆锥体】按钮，在绘图区域中单击以指定圆锥体底面的中心点，如下图所示。

❸ 在命令行输入"200"并按空格键确认，指定圆锥体的底面半径，如下图所示。

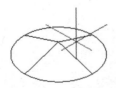

❹ 当命令行提示输入圆锥体高度时输入【T】，然后输入顶端半径为"100"，AutoCAD 提示如下。

指定高度或 [两点 (2P)/ 轴端点 (A)/ 顶面半径 (T)] <10.0000>：T
指定顶面半径 <5.0000>：100

❺ 然后输入高度"250"，如下图所示。

❻ 选择【视图】➤【视觉样式】➤【概念】菜单命令，结果如下图所示。

技巧 2：实体和曲面之间的相互转换

实体转换曲面命令可以将下列对象转换成曲面：利用 SOLID 命令创建的二维实体；面域；具有厚度的零线宽的多段线，并且没有生成封闭的图形；具有厚度的直线和圆弧。

曲面转换实体命令则可以将具有厚度的宽度均匀的多段线、宽度为 0 的闭合多段线和圆转换成实体。

AutoCAD 2018 中调用"实体和曲面之间切换"的命令的常用方法有以下 4 种。

（1）选择【修改】➤【三维操作】➤【转换为实体 / 转换为曲面】菜单命令。

（2）在命令行中输入【CONVTOSURFACE】或【CONVTOSLID】命令并按空格键确认。

（3）单击【常用】选项卡➤【实体编辑】面板➤【转换为实体 / 转换为曲面】按钮 / 。

（4）单击【网格】选项卡➤【转换网格】面板➤【转换为实体 / 转换为曲面】按钮 / 。

实体和曲面之间相互转换的具体操作如下。

❶ 打开"素材 \CH12\ 实体和曲面间的相互转换 .dwg"文件，如下图所示。

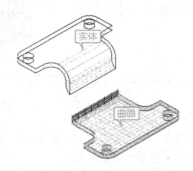

❷ 单击【常用】选项卡➤【实体编辑】面板➤【转换为曲面】按钮🔲，然后选择上侧图形，将它转换为曲面，结果如下图所示。

❸ 单击【常用】选项卡➤【实体编辑】面板➤【转换为实体】按钮🔲，然后选择下侧图形，将它转换为实体，结果如下图所示。

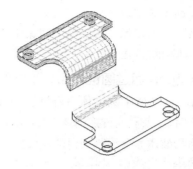

❹ 选择【视图】➤【视觉样式】➤【真实】菜单命令，结果如下图所示。

第13章

编辑三维图形——三维泵体建模

本章视频教程时间：1 小时 3 分钟

高手指引

在绘图时，用户可以对图形进行三维图形编辑。三维图形编辑就是对图形对象进行移动、旋转、镜像、阵列等修改操作，以及对曲面及网格对象进行编辑的过程。AutoCAD 提供了强大的三维图形编辑功能，可以帮助用户合理地构造和组织图形。

重点导读

+ 掌握布尔运算的操作
+ 掌握三维图形的操作
+ 掌握三维实体边的编辑操作
+ 掌握三维实体面的编辑操作
+ 掌握三维实体体的编辑操作

13.1 三维基本编辑操作

本节视频教程时间：13 分钟

下面将对比较常用的三维编辑操作命令分别进行详细介绍，例如布尔运算、三维镜像、三维移动、三维阵列、三维旋转、扫掠、放样等。

13.1.1 布尔运算

在 AutoCAD 中，利用布尔运算可以对多个面域和三维实体进行并集、差集和交集运算。

1. 并集运算

并集运算可以在图形中选择两个或两个以上的三维实体，系统将自动删除实体相交的部分，并将不相交部分保留下来合并成一个新的组合体。

【并集】命令的几种常用调用方法如下。

（1）选择【修改】▶【实体编辑】▶【并集】菜单命令。

（2）在命令行中输入【UNION/UNI】命令并按空格键确认。

（3）单击【常用】选项卡 ▶【实体编辑】面板 ▶【实体，并集】按钮。

下面将对【并集】布尔运算的操作过程进行详细介绍，具体操作步骤如下。

❶ 打开"素材 \CH13\ 并集运算 .dwg"文件。

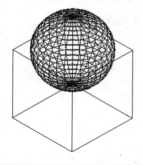

❷ 单击【常用】选项卡 ▶【实体编辑】面板 ▶【实体，并集】按钮，并在绘图区域中选择球体作为第一个对象，如图所示。

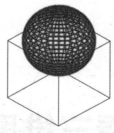

❸ 在绘图区域中选择立方体作为第二个对象，如图所示。

❹ 按【Enter】键确认，结果如图所示。

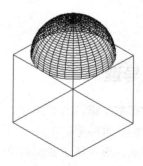

2. 差集运算

差集运算可以对两个或两组实体进行相减运算。

【差集】命令的几种常用调用方法如下。

（1）选择【修改】➤【实体编辑】➤【差集】菜单命令。

（2）在命令行中输入【SUBTRACT/SU】命令并按空格键确认。

（3）单击【常用】选项卡➤【实体编辑】面板➤【实体，差集】按钮⚪。

下面将对【差集】布尔运算的操作过程进行详细介绍，具体操作步骤如下。

❶ 打开"素材\CH13\差集运算.dwg"文件。

❷ 单击【常用】选项卡➤【实体编辑】面板➤【实体，差集】按钮⚪，并在绘图区域中选择要从中减去的实体或面域并按【Enter】键确认，如图所示。

❸ 在绘图区域中选择要减去的实体或面域并按【Enter】键确认，如图所示。

❹ 结果如图所示。

3. 交集运算

交集运算可以对两个或两组实体进行相交运算。当对多个实体进行交集运算后，它会删除实体不相交的部分，并将相交部分保留下来生成一个新组合体。

【交集】命令的几种常用调用方法如下。

（1）选择【修改】➤【实体编辑】➤【交集】菜单命令。

（2）在命令行中输入【INTERSECT/IN】命令并按空格键确认。

（3）单击【常用】选项卡➤【实体编辑】面板➤【实体，交集】按钮⚪。

下面将对【交集】布尔运算的操作过程进行详细介绍，具体操作步骤如下。

❶ 打开"素材\CH13\交集运算.dwg"文件。

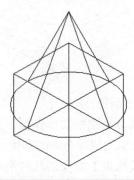

❷ 单击【常用】选项卡➤【实体编辑】面板➤【实体，交集】按钮⚪，并在绘图区域中选择立方体作为第一个对象，如图所示。

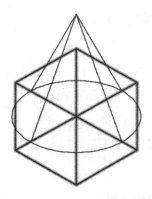

❸ 在绘图区域中选择圆锥体作为第二个对象，如图所示。

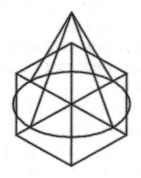

❹ 按【Enter】键确认，结果如下图所示。

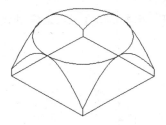

4. 干涉运算

干涉运算是指把实体保留下来，并用两个实体的交集生成一个新的实体。

【干涉检查】命令的几种常用调用方法如下。

（1）选择【修改】➤【三维操作】➤【干涉检查】菜单命令。

（2）在命令行中输入【INTERFERE】命令并按空格键确认。

（3）单击【常用】选项卡➤【实体编辑】

面板➤【干涉】按钮 。

下面将对【干涉检查】命令的应用过程进行详细介绍，具体操作步骤如下。

❶ 打开"素材\CH13\干涉运算.dwg"文件。

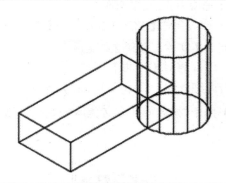

❷ 单击【常用】选项卡➤【实体编辑】面板➤【干涉】按钮 ，在绘图区域中选择长方体作为第一组对象，并按【Enter】键确认，如图所示。

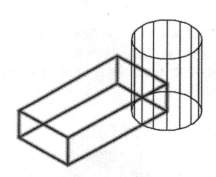

❸ 在绘图区域中选择圆柱体作为第二组对象，并按【Enter】键确认，如图所示。

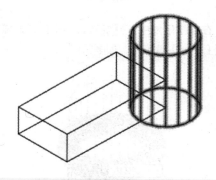

❹ 弹出【干涉检查】对话框，如图所示。

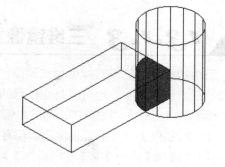

⑤ 把对话框移到一边，结果如图所示。

13.1.2　三维移动

执行三维移动命令后，在三维视图中显示三维移动小控件，以便将三维对象在指定方向上移动指定距离。

【三维移动】命令的几种常用调用方法如下。

（1）选择【修改】➤【三维操作】➤【三维移动】菜单命令。

（2）在命令行中输入【3DMOVE/3M】命令并按空格键确认。

（3）单击【常用】选项卡➤【修改】面板➤【三维移动】按钮。

下面将对【三维移动】命令的应用方法进行详细介绍，具体操作步骤如下。

❶ 打开"素材\CH13\三维移动.dwg"文件。

❷ 单击【常用】选项卡➤【修改】面板➤【三维移动】按钮，在绘图区域中选择圆锥体作为移动对象，并按【Enter】键确认，如图所示。

❸ 在绘图区域中捕捉下图所示的圆心位置作为基点。

❹ 在绘图区域中移动光标并捕捉下图所示的圆心位置作为位移的第二个点。

⑤ 结果如图所示。

13.1.3 三维镜像

三维镜像是将三维实体模型按照指定的平面进行对称复制，选择的镜像平面可以是对象的面、三点创建的面，也可以是坐标系的三个基准平面。三维镜像与二维镜像的区别在于，二维镜像是以直线为镜像参考，而三维镜像则是以平面为镜像参考。

【三维镜像】命令的几种常用调用方法如下。

（1）选择【修改】➤【三维操作】➤【三维镜像】菜单命令。

（2）在命令行中输入【MIRROR3D】命令并按空格键确认。

（3）单击【常用】选项卡➤【修改】面板➤【三维镜像】按钮。

下面将对【三维镜像】命令的应用方法进行详细介绍，具体操作步骤如下。

❶ 打开"素材\CH13\三维镜像.dwg"文件。

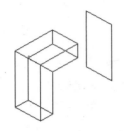

❷ 单击【常用】选项卡➤【修改】面板➤【三维镜像】按钮，在绘图区域中选择需要镜像的对象并按【Enter】键确认，如图所示。

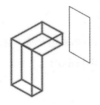

❸ 在绘图区域中捕捉下图所示端点作为镜像平面的第一个点。

❹ 在绘图区域中移动光标并捕捉下图所示端点作为镜像平面的第二个点。

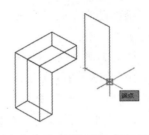

❺ 在绘图区域中移动光标并捕捉下图所示端点作为镜像平面的第三个点。

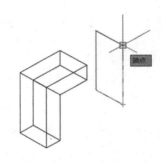

❻ 在命令行中输入【N】并按【Enter】键确认，命令行提示如下。

是否删除源对象? [是(Y)/否(N)]<否>: N ↙

❼ 结果如图所示。

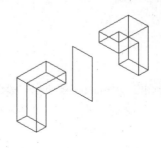

13.1.4 三维旋转

三维旋转命令可以使指定对象绕预定义轴，按指定基点、角度旋转三维对象。

【三维旋转】命令的几种常用调用方法如下。

（1）选择【修改】➢【三维操作】➢【三维旋转】菜单命令。

（2）在命令行中输入【3DROTATE/3R】命令并按空格键确认。

（3）单击【常用】选项卡➢【修改】面板➢【三维旋转】按钮■。

下面将对【三维旋转】命令的应用方法进行详细介绍，具体操作步骤如下。

❶ 打开"素材\CH13\三维旋转.dwg"文件。

❷ 单击【常用】选项卡➢【修改】面板➢【三维旋转】按钮■，在绘图区域中选择需要旋转的对象并按【Enter】键确认，如图所示。

❸ 在绘图区域中捕捉下图所示端点作为旋转基点。

❹ 在绘图区域中拾取红色的旋转轴，如下图所示。

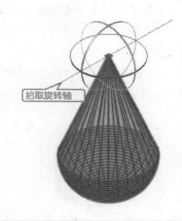

拾取旋转轴

❺ 在命令行输入旋转角度，并按【Enter】键确认，命令行提示如下。

指定角的起点或键入角度：90 ↙

❻ 结果如图所示。

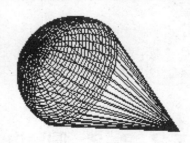

> 📝 **提示** AutoCAD 中默认 x 轴为红色，y 轴为绿色，z 轴为蓝色。

13.2 三维实体边编辑

本节视频教程时间：15 分钟

三维实体编辑（SOLIDEDIT）命令的选项分为三类，分别是边、面和体。这一节我们先来对边编辑进行介绍。

13.2.1 倒角边

利用倒角边功能可以为选定的三维实体对象的边进行倒角，倒角距离可由用户自行设定，不允许超过可倒角的最大距离值。

【倒角边】命令的几种常用调用方法如下。

（1）选择【修改】➤【实体编辑】➤【倒角边】菜单命令。

（2）在命令行中输入【CHAMFEREDGE】命令并按空格键确认。

（3）单击【实体】选项卡➤【实体编辑】面板➤【倒角边】按钮 。

下面将对【倒角边】命令的应用方法进行详细介绍，具体操作步骤如下。

❶ 打开"素材 \CH13\ 倒角边 .dwg"文件。

❷ 单击【实体】选项卡➤【实体编辑】面板➤【倒角边】按钮 ，在命令行指定倒角边的距离值，命令行提示如下。

命令：_CHAMFEREDGE 距离 1 = 1.0000，
距离 2 = 1.0000
选择一条边或 [环 (L)/ 距离 (D)]：D ↙
指定距离 1 或 [表达式 (E)] <1.0000>：5 ↙
指定距离 2 或 [表达式 (E)] <1.0000>：5 ↙

❸ 在绘图区域中选择需要倒角的边，如图所示。

选择需要倒角的边

❹ 按两次【Enter】键确认，结果如图所示。

倒角结果

13.2.2 圆角边

利用圆角边功能可以为选定的三维实体对象的边进行圆角，圆角半径可由用户自行设定，不允许超过可圆角的最大半径值。

【圆角边】命令的几种常用调用方法如下。

（1）选择【修改】➤【实体编辑】➤【圆角边】菜单命令。

（2）在命令行中输入【FILLETEDGE】命令并按空格键确认。

（3）单击【实体】选项卡➤【实体编辑】面板➤【圆角边】按钮 。

下面将对【圆角边】命令的应用方法进行详细介绍，具体操作步骤如下。

❶ 打开"素材\CH13\圆角边.dwg"文件。

❷ 单击【实体】选项卡➤【实体编辑】面板➤【圆角边】按钮 ，在命令行指定圆角边的半径值，命令行提示如下。

命令：_FILLETEDGE
半径 = 1.0000
选择边或 [链 (C)/ 环 (L)/ 半径 (R)]: R ✓
输入圆角半径或 [表达式 (E)] <1.0000>: 2 ✓

❸ 在绘图区域中选择需要圆角的边，如图所示。

❹ 按两次【Enter】键确认，结果如图所示。

圆角结果

13.2.3 压印边

通过压印边命令可以压印三维实体或曲面上的二维几何图形，从而在平面上创建其他边。被压印的对象必须与选定对象的一个或多个面相交，才可以完成压印。【压印】选项仅限于以下对象执行：圆弧、圆、直线、二维和三维多段线、椭圆、样条曲线、面域、体和三维实体。

【压印边】命令的几种常用调用方法如下。

（1）选择【修改】➤【实体编辑】➤【压印边】菜单命令。

（2）在命令行中输入【Imprint】命令并按空格键确认。

（3）单击【常用】选项卡➤【实体编辑】面板➤【压印】按钮 。

（4）单击【实体】选项卡➤【实体编辑】面板➤【压印】按钮 。

压印边的具体操作步骤如下。

❶ 打开"素材\CH13\三维实体边编辑.dwg"文件，如下图所示。

❷ 单击【实体】选项卡➤【实体编辑】面板➤【压印】按钮🔲，并在绘图区单击选择三维实体对象，如下图所示。

❸ 在绘图区单击选择矩形作为要压印的对象。如下图所示。

❹ 在命令行中输入【N】并按【Enter】键确认，以确定不删除矩形对象。然后按【Enter】键确认后结果如下图所示。

❺ 选择矩形，然后按【Del】将其删除，结果如下图所示。

13.2.4 着色边

利用着色边功能可以为选定的三维实体对象的边进行着色，着色颜色可由用户自行选定，默认情况下着色边操作完成后，三维实体对象在选定状态下会以最新指定颜色显示。

【着色边】命令的几种常用调用方法如下。

（1）选择【修改】➤【实体编辑】➤【着色边】菜单命令。

（2）单击【常用】选项卡➤【实体编辑】面板➤【着色边】按钮🔳。

着色边的具体操作步骤如下。

❶ 打开"素材\CH13\三维实体边编辑.dwg"文件，将矩形对象删除。单击绘图窗口左上角的视图控件，将视图切换为"东北等轴侧视图"，如下图所示。

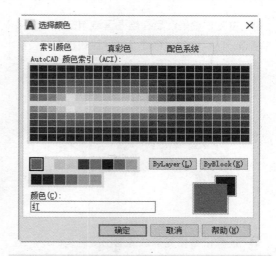

❷ 单击【常用】选项卡➤【实体编辑】面板➤【着色边】按钮，然后选择需要着色的边，如下图所示。

选择底面外轮廓线

❸ 选择完毕按空格键结束选择，AutoCAD 自动弹出【选择颜色】对话框，选择【红色】，如下图所示。

❹ 单击【确定】按钮退出【选择颜色】对话框，然后连续按空格键退出着色边命令。单击绘图窗口左上角的视觉样式控件，将视觉样式切换为"隐藏"，结果如下图所示。

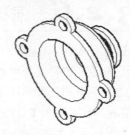

13.2.5　复制边

复制边功能可以对三维实体对象的各个边进行复制，所复制边将被生成为直线、圆弧、圆、椭圆或样条曲线。

【复制边】命令的几种常用调用方法如下。

（1）选择【修改】➤【实体编辑】➤【复制边】菜单命令。

（2）单击【常用】选项卡 ➤【实体编辑】面板 ➤【复制边】按钮。

复制边的具体操作步骤如下。

❶ 打开"素材\CH13\复制和偏移边.dwg"文件，如下图所示。

❷ 单击【常用】选项卡➤【实体编辑】面板➤【复制边】按钮，然后选择需要复制的边，如下图所示。

选择外轮廓线

❸ 按空格键确认后在绘图区域单击指定位移基点，然后移动光标在绘图区域单击指定位移第二点，如下图所示。

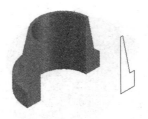

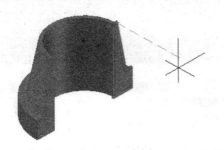

❹ 连续按空格键确认并退出复制边命令。结果如下图所示。

> **提示** 着色边和复制边除了上面的调用方法外，还可以通过【SOLIDEDIT】命令调用，具体操作如下。
>
> 命令：SOLIDEDIT ↙
> 实体编辑自动检查：SOLIDCHECK=1
> 输入实体编辑选项 [面 (F)/ 边 (E)/ 体 (B)/ 放弃 (U)/ 退出 (X)] < 退出 >:e ↙
> 输入边编辑选项 [复制 (C)/ 着色 (L)/ 放弃 (U)/ 退出 (X)] < 退出 >:
> // 选择复制或着色选项即可调用

13.2.6 偏移边

【偏移边】命令可以偏移三维实体或曲面上平整面的边。其结果会产生闭合多段线或样条曲线，位于与选定的面或曲面相同的平面上，而且可以是原始边的内侧或外侧。

【偏移边】命令的几种常用调用方法如下。

（1）在命令行中输入【OFFSETEDGE】命令并按空格键确认。

（2）单击【实体】选项板 ➤【实体编辑】面板 ➤【偏移边】按钮■。

（3）单击【曲面】选项卡 ➤【编辑】面板 ➤【偏移边】按钮■。

偏移边的具体操作步骤如下。

❶ 打开"素材 \CH13\ 复制和偏移边 .dwg"文件。单击【实体】选项卡 ➤【实体编辑】面板 ➤【偏移边】按钮■，然后选择需要偏移的边，如下图所示。

选择外轮廓线

❷ 当命令行提示指定通过的距离时，输入【D】，然后设定通过的距离为 2，AutoCAD命令行提示如下。

> 指定通过点或 [距离 (D)/ 角点 (C)]:D
> 指定距离 <0.0000>:2

❸ 然后在选定的边框外侧单击。结果如下图所示。

> **提示** 偏移后的边可以使用生成的对象与 PRESSPULL 或 EXTRUDE 来创建新实体。

13.2.7　提取边

提取边命令可以从实体或曲面提取线框对象。通过提取边命令，可以提取所有边，创建线框的几何体有：三维实体、三维实体历史记录子对象、网格、面域、曲面、子对象（边和面）。

【提取边】命令的几种常用调用方法如下。

（1）选择【修改】➤【三维操作】➤【提取边】菜单命令。

（2）在命令行中输入【XEDGES】命令并按空格键确认。

（3）单击【常用】选项板➤【实体编辑】面板➤【提取边】按钮█。

（4）单击【实体】选项板➤【实体编辑】面板➤【提取边】按钮█。

提取边的具体操作步骤如下。

❶　打开"素材\CH13\提取边.dwg"文件，如下图所示。

❷　单击【常用】选项板➤【实体编辑】面板➤【提取边】按钮█，然后单击三维图形作为提取边对象，如下图所示。

❸　按空格键后结束对象选择。然后单击【常用】选项板➤【修改】面板➤【移动】按钮✛，选择三维实体为移动对象，如下图所示。

❹　将实体对象移动到合适位置后，结果如下图所示。

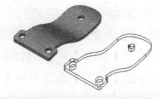

13.3　三维实体面编辑

本节视频教程时间：8 分钟

上一节介绍了三维实体边编辑，这一节来介绍三维实体面编辑。【SOLIDEDIT】命令中"面"编辑的选项。

13.3.1　拉伸面

【拉伸面】命令可以根据指定的距离拉伸平面，或者将平面沿着指定的路径进行拉伸。【拉伸面】命令只能拉伸平面，对球体表面、圆柱体或圆锥体的曲面均无效。

【拉伸面】命令的几种常用调用方法如下。

（1）选择【修改】➤【实体编辑】➤【拉伸面】菜单命令。

（2）单击【常用】选项卡➤【实体编辑】面板➤【拉伸面】按钮。

（3）单击【实体】选项卡➤【实体编辑】面板➤【拉伸面】按钮。

拉伸面的具体操作步骤如下。

❶ 打开"素材\CH13\三维实体面编辑.dwg"文件，如下图所示。

❷ 单击【常用】选项卡➤【实体编辑】面板➤【拉伸面】按钮。并在绘图区域选择需要拉伸的面，如下图所示。

❸ 按空格键确认。并在命令行分别指定拉伸高度及角度。命令行提示如下：

指定拉伸高度或 [路径 (P)]: 15
指定拉伸的倾斜角度 <0>: 0↙

❹ 连续按空格键确认并退出拉伸面命令。结果如下图所示。

13.3.2 移动面

【移动面】命令可以在保持面的法线方向不变的前提下移动面的位置，从而修改实体的尺寸或更改实体中槽和孔的位置。

【移动面】命令的几种常用调用方法如下。

（1）选择【修改】➤【实体编辑】➤【移动面】菜单命令。

（2）单击【常用】选项卡➤【实体编辑】面板➤【移动面】按钮。

移动面的具体操作步骤如下。

❶ 打开"素材\CH13\三维实体面编辑.dwg"文件。单击【常用】选项卡➤【实体编辑】面板➤【移动面】按钮，在绘图区域单击选择需要移动的面并按空格键确认，如下图所示。

❷ 按空格键确认后在绘图区域单击指定移动基点，如下图所示。

❸ 移动光标并在绘图区域单击指定位移第二点，如下图所示。

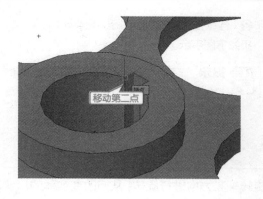

④ 连续按空格键确认并退出移动面命令。结果如下图所示。

13·3·3 偏移面

【偏移面】命令不具备复制功能，它只能按照指定的距离或通过点均匀地偏移实体表面。在偏移面时，如果偏移面是实体轴，则正偏移值使得轴变大，如果偏移面是一个孔，正的偏移值将使得孔变小，因为它将最终使得实体体积变大。

【偏移面】命令的几种常用调用方法如下。

（1）选择【修改】➤【实体编辑】➤【偏移面】菜单命令。

（2）单击【常用】选项卡➤【实体编辑】面板➤【偏移面】按钮⬜。

（3）单击【实体】选项卡➤【实体编辑】面板➤【偏移面】按钮⬜。

偏移面的具体操作步骤如下。

❶ 打开"素材\CH13\三维实体面编辑.dwg"文件。单击【常用】选项卡➤【实体编辑】面板➤【偏移面】按钮⬜，在绘图区域单击选择需要偏移的面并按空格键确认，如下图所示。

❷ 在命令行输入"15"以指定偏移距离。连续按空格键确认并退出偏移面命令。结果如下图所示。

13·3·4 删除面

使用【删除面】命令可以从选择集中删除以前选择的面。

【删除面】命令的几种常用调用方法如下。

（1）选择【修改】➤【实体编辑】➤【删除面】菜单命令。

（2）单击【常用】选项卡➤【实体编辑】面板➤【删除面】按钮🔳。

删除面的具体操作步骤如下。

❶ 打开"素材\CH13\三维实体面编辑.dwg"文件。单击【常用】选项卡➤【实体编辑】面板➤【删除面】按钮🔳，在绘图区域单击选择需要删除的面，如下图所示。

❷ 连续按空格键确认并退出删除面命令，结果如下图所示。

 提示 着色面、复制面、倾斜面以及旋转面的操作与其他面编辑命令操作类似，这里不再赘述。

13·3·5 旋转面

【旋转面】命令可以将选择的面沿着指定的旋转轴和方向进行旋转，从而改变实体的形状。【旋转面】命令的几种常用调用方法如下。

（1）选择【修改】▶【实体编辑】▶【旋转面】菜单命令。

（2）单击【常用】选项卡▶【实体编辑】面板▶【旋转面】按钮 ▇。

旋转面的具体操作步骤如下。

❶ 打开"素材\CH13\三维实体面编辑.dwg"文件。单击【常用】选项卡▶【实体编辑】面板▶【旋转面】按钮 ▇，选择需要旋转的面，如下图所示。

❷ 在绘图区域单击指定旋转轴上的第一点，如下图所示。

❸ 在绘图区域拖动光标并单击指定旋转轴上的第二点，如下图所示。

❹ 并在命令行输入"3"并按空格键确认以指定旋转角度。连续按空格键确认并退出旋转面命令。结果如下图所示。

13.4 三维实体体编辑

 本节视频教程时间：7 分钟

前面介绍了三维实体边编辑和面编辑，这一节来介绍三维实体体编辑。

13·4·1 剖切

通过剖切或分割现有对象，创建新的三维实体和曲面。可以保留剖切三维实体的一个或两个侧面。

【剖切】命令的几种常用调用方法如下。

（1）选择【修改】➤【三维操作】➤【剖切】菜单命令。

（2）在命令行中输入【SLICE/SL】命令并按空格键确认。

（3）单击【常用】选项卡➤【实体编辑】面板中的【剖切】按钮。

下面将对【剖切】命令的应用方法进行详细介绍，具体操作步骤如下。

❶ 打开"素材\CH13\剖切.dwg"文件。

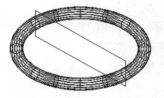

❷ 单击【常用】选项卡➤【实体编辑】面板中的【剖切】按钮，选择需要剖切的对象并按【Enter】键确认，如图所示。

❸ 在命令行输入【O】并按【Enter】键确认，命令行提示如下。

指定 切面 的起点或 [平面对象 (O)/ 曲面 (S)/Z 轴 (Z)/ 视图 (V)/XY(XY)/YZ(YZ)/ZX(ZX)/三点 (3)] < 三点 >: O

❹ 在绘图区域中选择矩形对象，如图所示。

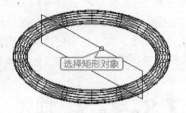

❺ 在绘图区域中移动光标并在矩形的左侧单击，如图所示。

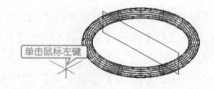

❻ 结果如图所示。

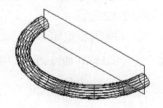

13.4.2　分割

分割可以将不相连的组合实体分割成独立的实体。虽然分离后的三维实体看起来没有什么变化，但实际上它们已是各自独立的三维实体了。

【分割】命令的几种常用调用方法如下。

（1）选择【修改】➤【实体编辑】➤【分割】菜单命令。

（2）单击【常用】选项卡➤【实体编辑】面板➤【分割】按钮。

（3）单击【实体】选项卡➤【实体编辑】面板➤【分割】按钮。

分割对象的具体操作步骤如下。

❶ 打开"素材\CH13\分割对象.dwg"文件，如下图所示。

将鼠标放到对象上，可以看到是一个整体

❷ 单击【常用】选项卡➤【实体编辑】面板➤【分割】按钮，然后选择三维实体，连续按空格键退出分割命令。实体分割后将鼠标放置到图形上，可以看到图形是两个独立的实体，如下

图所示。

将鼠标放到对象上，可以看到只选中一个实体

> **提示** 分割不用设置分割面，分割不能将一个三维实体分解恢复到它的原始状态，也不能分割相连的实体。

13·4·3 抽壳

抽壳命令通过偏移被选中的三维实体的面，将原始面与偏移面之外的东西删除。也可以在抽壳的三维实体内通过挤压创建一个开口。该命令对一个特殊的三维实体只能执行一次。

【抽壳】命令的几种常用调用方法如下。

（1）选择【修改】➤【实体编辑】➤【抽壳】菜单命令。

（2）单击【常用】选项卡➤【实体编辑】面板➤【抽壳】按钮。

（3）单击【实体】选项卡➤【实体编辑】面板➤【抽壳】按钮。

抽壳的具体操作步骤如下。

❶ 打开"素材\CH13\抽壳.dwg"文件，如下图所示。

❷ 单击【常用】选项卡➤【实体编辑】面板➤【抽壳】按钮。选择三维实体，如下图所示。

❸ 当命令行提示选择删除面时选择上表面并

按空格键，如下图所示。

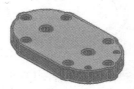

❹ 当命令行提示输入抽壳距离时输入2，然后连续按空格键退出抽壳命令，结果如下图所示。

> **提示** 分割和抽壳除了上面的调用方法外，还可以通过【SOLIDEDIT】命令调用，具体操作如下。
>
> 命令：SOLIDEDIT ↙
> 实体编辑自动检查：SOLIDCHECK=1
> 输入实体编辑选项 [面 (F)/ 边 (E)/ 体 (B)/ 放弃 (U)/ 退出 (X)] < 退出 >:b ↙
> 输入体编辑选项
> [压印 (I)/ 分割实体 (P)/ 抽壳 (S)/ 清除 (L)/ 检查 (C)/ 放弃 (U)/ 退出 (X)] < 退出 >:
> // 选择分割或抽壳选项即可调用

13.4.4 加厚

加厚命令可以加厚曲面，从而把它转换成实体。该命令只能将由平移、拉伸、扫描、放样或者旋转命令创建的曲面通过加厚后转换成实体。

【加厚】命令的几种常用调用方法如下。

（1）选择【修改】➤【三维操作】➤【加厚】菜单命令。

（2）命令行输入【THICKEN】命令并按空格键。

（3）单击【常用】选项卡➤【实体编辑】面板➤【加厚】按钮。

（4）单击【实体】选项卡➤【实体编辑】面板➤【加厚】按钮。

加厚的具体操作步骤如下。

❶ 打开"素材\CH13\加厚对象.dwg"文件，如下图所示。

❷ 单击【常用】选项卡➤【实体编辑】面板➤【加厚】按钮，然后选择上侧曲面为加厚对象，

如下图所示。

❸ 当命令行提示输入厚度时，输入 10，结果如下图所示。

选择面

📝 **提示** 当输入的厚度为正值时，向外加厚；当输入的厚度值为负值时，向内加厚。

13.5 综合实战——三维泵体建模

📹 本节视频教程时间：16 分钟

离心泵是一个复杂的整体，绘图时可以将其拆分成两部分，各自绘制完成后，再通过移动、并集、差集等命令将其合并成为一体。

13.5.1 泵体的连接法兰部分建模

下面将介绍泵体法兰部分的绘制方法，其具体操作步骤如下。

1. 创建圆柱体

❶ 新建一个 dwg 文件，将视图样式切换为【西南等轴测】，然后选择【绘图】➤【建模】➤【圆柱体】菜单命令，在绘图区域中绘制一个底面圆心在（200,200,0），底面半径值为"19"，高度值为"12"的圆柱体，结果如下图所示。

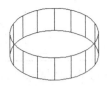

❷ 继续调用【圆柱体】命令，绘制一个底面圆心在（200,200,-6），底面半径值为"14"，高度值为"22"的圆柱体，结果如下图所示。

❸ 继续调用【圆柱体】命令，绘制一个底面圆心在（200,200,16），底面半径值为"19"，高度值为"5"的圆柱体，结果如下图所示。

2. 创建法兰体的连接部分

❶ 选择【绘图】➤【矩形】菜单命令，在绘图区域中绘制一个矩形，该矩形的第一个角点坐标为（175,175,12），另一个角点坐标为（@50,50），结果如下图所示。

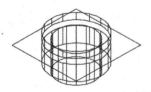

❷ 选择【修改】➤【圆角】菜单命令，将圆角半径设置为"10"，并在命令行提示下输入【P】按【Enter】键确认，以调用【多段线】选项，然后选择上一步绘制的矩形对象，结果如下图所示。

❸ 选择【绘图】➤【建模】➤【拉伸】菜单命令，选择上一步创建的圆角矩形作为需要拉伸的对象，拉伸高度设置为"9"，角度设置为"0"，结果如下图所示。

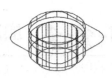

❹ 选择【绘图】➤【建模】➤【圆柱体】菜单命令，绘制一个底面圆心在（182,182,12），底面半径值为"3"，高度值为"9"的圆柱体，结果如下图所示。

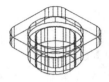

❺ 选择【修改】➤【阵列】➤【矩形阵列】菜单命令，选择上一步绘制的圆柱体作为需要阵列的对象，并在【阵列创建】选项卡中进行相应设置，如下图所示。

❻ 设置完成后单击【关闭阵列】按钮，之后将阵列后的4个圆柱体分解为单个对象，结果如下图所示。

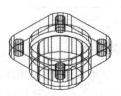

3. 合并和修整法兰体

❶ 选择【修改】➤【实体编辑】➤【并集】菜单命令，选择圆角长方体和"1. 创建圆柱体"中绘制的前两个圆柱体，如下图所示。

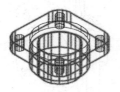

❷ 按【Enter】键后将圆角长方体和两个圆柱体合并成一个整体。然后选择【修改】➤【实体编辑】➤【差集】菜单命令，选择刚并集生成的实体，如下图所示。

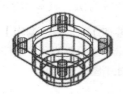

❸ 按【Enter】键确认，然后选择"1. 创建圆柱体"中绘制的第 3 个圆柱体和阵列的 4 个小圆柱体作为减去的对象，如下图所示。

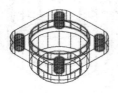

❹ 按【Enter】键确认，然后选择【视图】➤【视觉样式】➤【概念】菜单命令，结果如下图所示。

❺ 选择【修改】➤【三维操作】➤【三维旋转】菜单命令，将所有对象绕 x 轴旋转，旋转基点设置为"200,200,-6"，旋转角度设置为"90"，结果如下图所示。

4. 创建法兰体的其他细节

❶ 将视觉样式切换为"二维线框"，然后选择【绘图】➤【建模】➤【圆柱体】菜单命令，绘制一个底面圆心在（200,188,14），底面半径值为"6"，高度值为"30"的圆柱体，结果如下图所示。

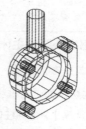

❷ 继续调用【圆柱体】命令，绘制一个底面圆心在（200,188,14），底面半径值为"3"，高度值为"30"的圆柱体，结果如下图所示。

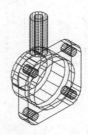

❸ 选择【修改】➤【实体编辑】➤【并集】菜单命令，选择主体和上一步刚绘制的大圆柱体，如下图所示。

④ 选择【修改】➤【实体编辑】➤【差集】菜单命令，将刚绘制的小圆柱体从主体中减去，结果如下图所示。

小圆柱体不选择

⑤ 选择【视图】➤【消隐】菜单命令，结果如下图所示。

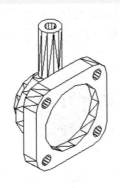

13.5.2 创建离心泵体主体并将主体和法兰体合并

下面将介绍离心泵体主体的建模方法及主体和法兰体的合并方法，其具体操作步骤如下。

1. 创建泵体主体圆柱体

① 将视觉样式切换为"二维线框"，然后选择【绘图】➤【建模】➤【圆柱体】菜单命令，绘制一个底面圆心在（300,188,-13.5），底面半径值为"40"，高度值为"40"的圆柱体，结果如下图所示。

② 重复调用【圆柱体】命令，绘制两个圆柱体，底面圆心分别在（300,188,6.5）和（300,188,46.5），底面半径值为"50"和"43"，高度值为"40"和"30"，结果如下图所示。

③ 选择【修改】➤【实体编辑】➤【并集】菜单命令，选择刚绘制的 3 个圆柱体将它们合并成一体，如下图所示。

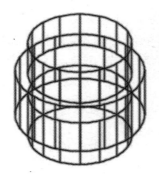

④ 选择【修改】➤【三维操作】➤【三维旋转】菜单命令，将刚才合并的三个圆柱体绕 x 轴旋转，旋转基点设置为"300,188,-13.5"，旋转角度设置为"90"，结果如下图所示。

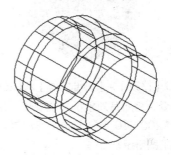

2. 创建泵体进出油口

❶ 选择【绘图】➤【建模】➤【圆柱体】菜单命令，绘制一个底面圆心在（264,148,-13.5），底面半径值为"13"，高度值为"55"的圆柱体，结果如下图所示。

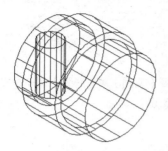

❷ 重复调用【圆柱体】命令，绘制一个底面圆心在（264,148,-13.5），底面半径值为"8"，高度值为"55"的圆柱体，结果如下图所示。

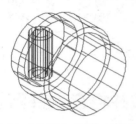

❸ 选择【修改】➤【实体编辑】➤【差集】菜单命令，将刚绘制的小圆柱体从大圆柱体中减去，并将视觉样式切换为"概念"，结果如下图所示。

❹ 将视觉样式切换为"二维线框"，选择【修改】➤【镜像】菜单命令，然后选择上一步差集生成的圆柱体作为镜像对象，并指定镜像线第一点为"300,98"，镜像线第二点为"300,188"，结果如下图所示。

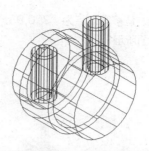

❺ 选择【修改】➤【实体编辑】➤【并集】菜单命令，然后选择刚才绘制的两个圆筒和柱体，如下图所示。

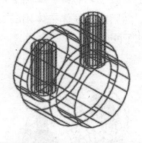

❻ 按【Enter】键确认，将所选对象合并为一体，结果如下图所示。

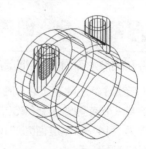

3. 合并法兰体和泵体主体

❶ 选择【修改】➤【移动】菜单命令，然后选择法兰体为移动对象，如下图所示。

❷ 在命令行提示下指定位移基点为"200,

200,-6"，位移第二点为"300,98,-13.5"，
结果如下图所示。

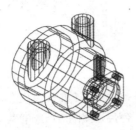

❸ 选择【修改】➤【实体编辑】➤【并集】
菜单命令，然后选择泵体主体和法兰体作为并
集对象，如下图所示。

❹ 按【Enter】键确认，结果如下图所示。

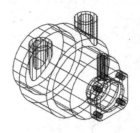

❺ 选择【视图】➤【消隐】菜单命令，结果
如下图所示。

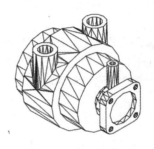

▲ *13·5·3* 创建泵体的其他细节并将它合并到泵体上

下面将介绍离心泵体其他细节的创建及合并方法，其具体操作步骤如下。

❶ 选择【绘图】➤【建模】➤【圆柱体】菜
单命令，绘制一个底面圆心在（350,40,0），
底面半径值为"14"，高度值为"108"的圆
柱体，结果如下图所示。

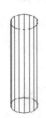

❷ 选择【修改】➤【三维操作】➤【三维旋转】
菜单命令，将刚才绘制的圆柱体绕 x 轴旋转，
旋转基点设置为"350,40,16"，旋转角度设
置为"90"，结果如下图所示。

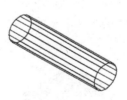

❸ 选择【修改】➤【移动】菜单命令，选择
旋转后的圆柱体作为移动对象，在命令行提示
下指定位移基点为"350,-52,16"，位移第二
点为"300,76,-13.5"，结果如下图所示。

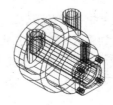

④ 选择【修改】➤【实体编辑】➤【差集】菜单命令，将细节圆柱体从整个泵体中减去，然后将视觉样式切换为"概念"，结果如图所示。

 高手私房菜

本节视频教程时间 4 分钟

下面将对三维图形的标注方法进行详细介绍。

技巧：在 AutoCAD 中为三维图形添加尺寸标注

在 AutoCAD 中没有三维标注的功能，尺寸标注都是基于二维 xy 平面的标注。因此，要为三维图形标注就要想办法通过转换坐标系，把 xy 平面转换到需要标注尺寸的平面上，具体操作步骤如下。

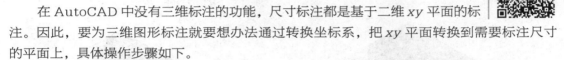

❶ 打开"素材 \CH13\ 标注三维图形 .dwg"文件。

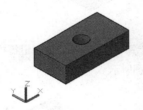

❷ 单击【注释】选项卡➤【标注】面板➤【线性】按钮，捕捉下图所示的端点作为标注的第一个尺寸界线原点。

❸ 捕捉下图所示的端点作为标注的第二个尺寸界线的原点。

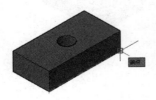

❹ 移动光标在合适的位置单击放置尺寸线，结果如下图所示。

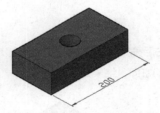

❺ 单击【常用】选项卡➤【坐标】面板➤【Z】按钮，然后在命令行输入旋转的角度 180°，如下图所示。

❻ 重复步骤 2~4，对图形进行线性标注，结果如下图所示。

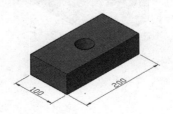

⑦ 单击【常用】选项卡▶【坐标】面板▶【三点】按钮，然后捕捉下图所示的端点为坐标系的原点。

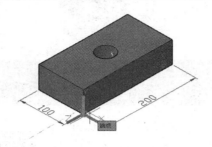

⑧ 移动光标指引 x 轴的方向，如下图所示。

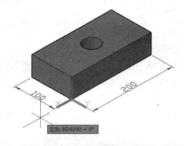

⑨ 单击后确定 x 轴的方向，然后移动光标指引 y 轴的方向，结果如下图所示。

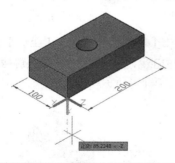

⑩ 单击后确定 y 轴的方向后如下图所示。

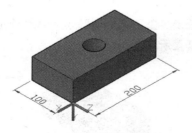

⑪ 重复步骤 2~4，对图形进行线性标注，结果如下图所示。

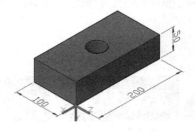

⑫ 重复步骤 7~10，将坐标系的 xy 平面放置与图形顶部平面平齐，并将 x 轴和 y 轴的方向放置到下图所示的位置。

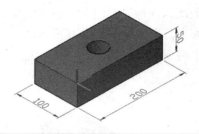

⑬ 重复步骤 2~4，对圆心位置进行线性标注，结果如下图所示。

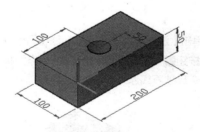

⑭ 单击【注释】选项卡▶【标注】面板▶【直径】按钮，然后捕捉图中的圆进行标注，结果如下图所示。

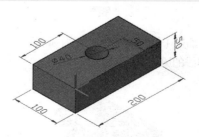

第14章

渲染实体——渲染书桌模型

本章视频教程时间：32 分钟

高手指引

　　三维模型对象可以对事物进行整体上的有效表达，使其更加直观，结构更加明朗，但是在视觉效果上面却与真实物体存在着很大差距，AutoCAD 中的渲染功能有效地弥补了这一缺陷，使三维模型对象表现得更加完美，更加真实。

重点导读

* 设置渲染参数
* 使用材质
* 新建光源

14.1 了解渲染

本节视频教程时间：3 分钟

渲染基于三维场景来创建二维图像。它使用已设置的光源、已应用的材质和环境设置（例如背景和雾化），为场景的几何图形着色。

渲染可以生成真实准确的模拟光照效果，包括光线跟踪反射和折射以及全局照明。

一系列标准渲染预设、可重复使用的渲染参数均可以使用。某些预设适用于相对快速的预览渲染，而其他预设则适用于质量较高的渲染。

最终目标是创建一个可以表达用户想像的真实照片级演示质量图像，而在此之前则需要创建许多渲染。基础水平的用户可以使用 RENDER 命令来渲染模型，而不应用任何材质、添加任何光源或设置场景。渲染新模型时，渲染器会自动使用"与肩齐平"的虚拟平行光，这个光源不能移动或调整。

【渲染】的几种常用调用方法如下。

（1）选择【视图】➤【渲染】➤【高级渲染设置】菜单命令，在【渲染预设管理器】对话框中单击【渲染】按钮。

（2）在命令行中输入【RENDER/RR】命令并按空格键确认。

（3）单击【可视化】选项卡➤【渲染】面板➤【渲染窗口】按钮，在【渲染预设管理器】对话框中单击【渲染】按钮。

下面将使用系统默认参数对电机模型进行渲染，具体操作步骤如下。

❶ 打开"素材\CH14\电机.dwg"文件。

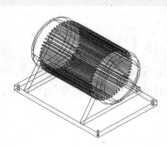

❷ 选择【视图】➤【渲染】➤【高级渲染设置】菜单命令。

❸ 弹出【渲染预设管理器】对话框，单击【渲染】按钮。

❹ 结果如图所示。

渲染结果

14.2 设置渲染参数

本节视频教程时间：4 分钟

控制渲染的所有主设置，包括预定义和自定义设置。

【渲染预设管理器】对话框的几种常用调用方法如下。

（1）选择【视图】▶【渲染】▶【高级渲染设置】菜单命令。

（2）在命令行中输入【RPREF/RPR】命令并按空格键确认。

（3）单击【可视化】选项卡▶【渲染】面板中的■按钮。

（4）单击【可视化】选项卡▶【渲染】面板中的■按钮，系统弹出【渲染预设管理器】对话框。

● 【渲染位置】：确定渲染器显示渲染图像的位置。有窗口、视口和面域三个选项。

窗口：将视图渲染到"渲染"窗口。

视口：在当前视口中渲染当前视图。

面域：在当前视口中渲染指定区域。

● 【渲染尺寸】：单击下拉列表指定渲染图像的输出尺寸和分辨率。仅当从"渲染位置"下拉列表中选择"窗口"时，此选项才可用。

● 【渲染按钮■】：单击开始渲染，并在"渲染"窗口或当前视口中显示渲染的图像。

● 【当前预设】：指定渲染视图或区域时要使用的渲染预设，有低、中、高、茶歇质量、午餐质量和夜间质量等 6 个选项。

● 【创建副本按钮■】：复制选定的渲染预设。将复制的渲染预设名称以后缀"-CopyN"附加到该名称，以便为该新的自定义渲染预设创建唯一名称。N 所表示的数字会递增，直到创建唯一名称。

● 【删除按钮■】：从图形的"当前预设"下拉列表中，删除选定的自定义渲染预设。在删除选定的渲染预设后，将另一个渲染预设置为当前。

● 【预设信息】：显示选定渲染预设的名称和说明。

● 【名称】：指定选定渲染预设的名称。您可以重命名自定义渲染预设而非标准渲染预设。

● 【说明】：指定选定渲染预设的说明。

● 【渲染持续时间】：控制渲染器为创建最终渲染输出而执行的迭代时间或层级数。增加时间或层级数可提高渲染图像的质量。

● 【直到满意为止】：渲染将继续，直到取消为止。

● 【按级别渲染】：指定渲染引擎为创建渲染图像而执行的层级数或迭代数。

● 【按时间渲染】：指定渲染引擎用于反复细化渲染图像的分钟数。

● 【光源和材质】：控制用于渲染图像的光源和材质计算的准确度。

● 【低】：简化光源模型；最快但最不真实。全局照明、反射和折射处于禁用状态。

● 【草稿】：基本光源模型；平衡性能和真实感。全局照明处于启用状态，反射和折射处于禁用状态。

● 【高】：高级光源模型；较慢但更真实。全局照明、反射和折射处于启用状态。

14.3 使用材质

本节视频教程时间：8分钟

材质能够详细描述对象如何反射或透射灯光，可使场景更加具有真实感。

14.3.1 材质浏览器

用户可以使用材质浏览器导航和管理材质。

【材质浏览器】面板的几种常用调用方法如下。

（1）选择【视图】▶【渲染】▶【材质浏览器】菜单命令。

（2）在命令行中输入【MATBROWSEROPEN】命令并按空格键确认。

（3）单击【可视化】选项卡▶【材质】面板中的【材质浏览器】按钮◎。

单击【可视化】选项卡▶【材质】面板中的【材质浏览器】按钮◎，系统弹出【材质浏览器】面板，如图所示。

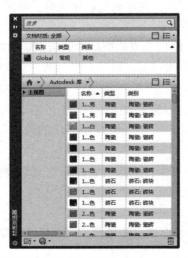

【材质浏览器】面板中各个模块的功能如下。

● 【在文档中创建新材质】按钮◎：在图形中创建新材质，主要包含下图所示的材质。

● 【文档材质：全部】：描述图形中所

有应用材质。单击下拉列表后如下图所示。

●【Autodesk 库】：包含了 Autodesk
提供的所有材质。

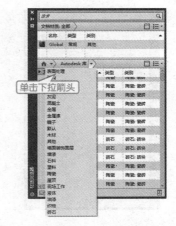

●【管理】按钮的下拉列表如下图所示。

14.3.2　材质编辑器

编辑在【材质编辑器】中选定的材质。

【材质编辑器】面板的几种常用调用方法如下。

（1）选择【视图】➤【渲染】➤【材质编辑器】菜单命令。

（2）在命令行中输入【MATEDITOROPEN】命令并按空格键确认。

（3）单击【可视化】选项卡➤【材质】面板中的 按钮。

下面将对【材质编辑器】面板的相关功能进行详细介绍。

❶ 单击【可视化】选项卡➤【材质】面板中的 按钮，系统弹出【材质编辑器】面板，选择【外观】选项卡，如图所示。

【外观】选项卡中各个模块的功能如下。

●【材质预览】：预览选定的材质。

●【选项】下拉菜单：提供用于更改缩略图预览的形状和渲染质量的选项。

●【名称】：指定材质的名称。

●【打开/关闭材质浏览器】按钮：打开或关闭材质浏览器。

●【创建材质】按钮：创建或复制材质。

❷ 在【材质编辑器】面板中选择【信息】选项卡，如图所示。

【信息】选项卡中各个模块的功能如下。

● 【信息】：指定材质的常规说明。

● 【关于】：显示材质的类型、版本和位置。

14.3.3 附着材质

下面将利用【材质浏览器】面板为三维模型附着材质，具体操作步骤如下。

❶ 打开"素材 \CH14\ 附着材质 .dwg"文件。

❷ 单击【可视化】选项卡➤【材质】面板中的【材质浏览器】按钮🔲。

❸ 选择【12 英寸顺砌 -紫红色】材质选项，如图所示。

❹ 将【12 英寸顺砌 -紫红色】材质拖动到三维建模空间中的三维模型上面，如图所示。

❺ 选择【视图】➤【渲染】➤【高级渲染设置】菜单命令。弹出【渲染预设管理器】对话框，单击【渲染】按钮。结果如图所示。

14.3.4 设置贴图

将贴图频道和贴图类型添加到材质后，用户可以通过修改相关的贴图特性优化材质。可以使用贴图控件来调整贴图的特性。

【贴图】命令的几种常用调用方法如下。

（1）选择【视图】➤【渲染】➤【贴图】菜单命令，然后选择一种适当的贴图方式。

（2）在命令行中输入【MATERIALMAP】命令并按【Enter】键确认，然后在命令提示下输入相应选项按【Enter】键确认。

（3）单击【可视化】选项卡➤【材质】面板➤【材质贴图】，然后选择一种适当的贴图方式。

下面将对【贴图】的几种类型进行详细介绍。

选择【视图】➤【渲染】➤【贴图】菜单命令，执行命令后，将显示以下 4 种贴图方式。

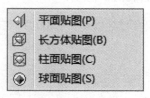

这 4 种贴图方式分别解释如下。

●【平面贴图】：将图像映射到对象上，就像将其从幻灯片投影器投影到二维曲面上一样。图像不会失真，但是会被缩放以适应对象。该贴图最常用于面。

●【长方体贴图】：将图像映射到类似长方体的实体上。该图像将在对象的每个面上重复使用。

●【柱面贴图】：在水平和垂直两个方向上同时使图像弯曲。纹理贴图的顶边在球体的"北极"压缩为一个点。同样，底边在"南极"压缩为一个点。

●【球面贴图】：将图像映射到圆柱形对象上，水平边将一起弯曲，但顶边和底边不会弯曲。图像的高度将沿圆柱体的轴进行缩放。

14.4　新建光源

本节视频教程时间：10 分钟

AutoCAD 提供了 3 种光源单位：标准（常规）、国际（国际标准）和美制。AutoCAD 的默认光源流程是基于国际（国际标准）光源单位的光度控制流程，此选择将产生真实准确的光源。

场景中没有光源时，将使用默认光源对场景进行着色或渲染。来回移动模型时，默认光源来自视点后面的两个平行光源。模型中所有的面均被照亮，以使其可见。可以控制光源亮度和对比度，但不需要自己创建或放置光源。

插入自定义光源或启用阳光时，将会为用户提供禁用默认光源的选项。另外，用户可以仅将默认光源应用到视口，同时将自定义光源应用到渲染。

14.4.1　新建点光源

法线点光源不以某个对象为目标，而是照亮它周围的所有对象。使用类似点光源来获得基本照明效果。目标点光源具有其他目标特性，因此它可以定向到对象。也可以通过将点光源的目标特性从【否】更改为【是】，从点光源创建目标点光源。

在标准光源工作流中可以手动设定点光源，使其强度随距离线性衰减（根据距离的平方反比）或者不衰减。默认情况下，衰减设定为【无】。

用户可以使用【POINTLIGHT】命令新建点光源。

【新建点光源】命令的几种常用调用方法如下。

（1）选择【视图】➤【渲染】➤【光源】➤【新建点光源】菜单命令。

（2）在命令行中输入【POINTLIGHT】命令并按空格键确认。

（3）单击【可视化】选项卡➤【光源】面板➤【点】按钮💡。

下面将对新建点光源的方法进行详细介绍。

❶ 打开"素材 \CH14\ 新建光源 .dwg"文件。

❷ 单击【可视化】选项卡➤【光源】面板➤【点】按钮💡，系统弹出【光源 - 视口光源模式】询问对话框，选择【关闭默认光源（建议）】选项，如图所示。

❸ 然后在命令提示下指定新建点光源的位置及强度因子，命令行提示如下。

```
命令：_pointlight
指定源位置 <0,0,0>：0,0,50
输入要更改的选项 [ 名称 (N)/ 强度因子 (I)/ 状态 (S)/ 光度 (P)/ 阴影 (W)/ 衰减 (A)/ 过滤颜色 (C)/ 退出 (X)] < 退出 >：i
    输入强度 (0.00 − 最大浮点数 ) <1>：0.01
    输入要更改的选项 [ 名称 (N)/ 强度因子 (I)/ 状态 (S)/ 光度 (P)/ 阴影 (W)/ 衰减 (A)/ 过滤颜色 (C)/ 退出 (X)] < 退出 >：
```

❹ 结果如图所示。

14.4.2 新建聚光灯

聚光灯（如闪光灯、剧场中的跟踪聚光灯或前灯）分布投射一个聚焦光束。聚光灯发射定向锥形光，可以控制光源的方向和圆锥体的尺寸。像点光源一样，聚光灯也可以手动设定为强度随距离衰减，但是，聚光灯的强度始终还是根据相对于聚光灯的目标矢量的角度衰减，此衰减由聚光灯的聚光角角度和照射角角度控制。可以用聚光灯亮显模型中的特定特征和区域。

用户可以使用【SPOTLIGHT】命令新建聚光灯。

【新建聚光灯】命令的几种常用调用方法如下。

（1）选择【视图】➤【渲染】➤【光源】➤【新建聚光灯】菜单命令。

（2）在命令行中输入【SPOTLIGHT】命令并按【Enter】键确认。

（3）单击【可视化】选项卡➤【光源】面板➤【聚光灯】按钮 。

下面将对新建聚光灯的方法进行详细介绍。

❶ 打开"素材\CH14\新建光源.dwg"文件。

❷ 单击【可视化】选项卡➤【光源】面板➤【聚光灯】按钮 ，系统弹出【光源 - 视口光源模式】询问对话框，选择【关闭默认光源（建议）】选项，如图所示。

❸　然后在命令提示下指定新建聚光灯的位置及强度因子，命令行提示如下。

命令：_spotlight
指定源位置 <0,0,0>：-120,0,0
指定目标位置 <0,0,-10>：-90,0,0

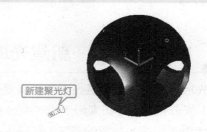

输入要更改的选项 [名称 (N)/ 强度因子 (I)/ 状态 (S)/ 光度 (P)/ 聚光角 (H)/ 照射角 (F)/ 阴影 (W)/ 衰减 (A)/ 过滤颜色 (C)/ 退出 (X)] < 退出 >：i

输入强度 (0.00 - 最大浮点数) <1>：0.03

输入要更改的选项 [名称 (N)/ 强度因子 (I)/ 状态 (S)/ 光度 (P)/ 聚光角 (H)/ 照射角 (F)/ 阴影 (W)/ 衰减 (A)/ 过滤颜色 (C)/ 退出 (X)] < 退出 >：

❹ 结果如图所示。

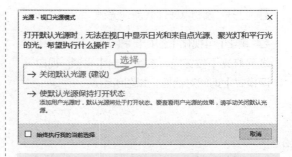

新建聚光灯

14.4.3　新建平行光

用户可以使用【DISTANTLIGHT】命令新建平行光源。

【新建平行光】命令的几种常用调用方法如下。

（1）选择【视图】➤【渲染】➤【光源】➤【新建平行光】菜单命令。

（2）在命令行中输入【DISTANTLIGHT】命令并按空格键确认。

（3）单击【可视化】选项卡➤【光源】面板➤【平行光】按钮 。

下面将对新建平行光的方法进行详细介绍。

❶ 打开"素材\CH14\新建光源.dwg"文件。

❷ 单击【可视化】选项卡➤【光源】面板➤【平行光】按钮 ，系统弹出【光源 - 视口光源模式】询问对话框，选择【关闭默认光源（建议）】选项，如图所示。

❸　系统弹出【光源 - 光度控制平行光】询问对话框，选择【允许平行光】选项，如图所示。

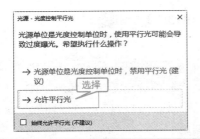

❹ 然后在命令提示下指定新建平行光的光源来向、光源去向及强度因子，命令行提示如下。

命令：_distantlight
指定光源来向 <0,0,0> 或 [矢量 (V)]:
0,0,130
指定光源去向 <1,1,1>: 0,0,70
输入要更改的选项 [名称 (N)/ 强度因子

(I)/ 状态 (S)/ 光度 (P)/ 阴影 (W)/ 过滤颜色 (C)/ 退出 (X)] < 退出 >: i
　　输入强度 (0.00 – 最大浮点数) <1>: 2
　　输入要更改的选项 [名称 (N)/ 强度因子 (I)/ 状态 (S)/ 光度 (P)/ 阴影 (W)/ 过滤颜色 (C)/ 退出 (X)] < 退出 >:

❺ 结果如图所示。

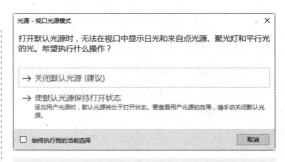

14.4.4 新建光域网灯光

光域灯光（光域）是光源的光强度分布的三维表示。光域灯光可用于表示各向异性（非统一）光分布，此分布来源于现实中的光源制造商提供的数据。

使用光度控制数据的 IES LM-63-1991 标准文件格式将定向光分布信息以 IES 格式存储在光度控制数据文件中。

要描述光源发出的光的方向分布，可通过置于光源的光度控制中心的点光源近似光源。使用此近似，将仅分布描述为发出方向的功能。提供用于水平角度和垂直角度预定组的光源的照度，并且系统可以通过插值计算沿任意方向的照度。

用户可以使用【WEBLIGHT】命令新建光域网灯光。

【光域网灯光】命令的几种常用调用方法如下。

（1）在命令行中输入【WEBLIGHT】命令并按空格键确认。

（2）单击【可视化】选项卡 ➤【光源】面板 ➤【光域网灯光】按钮 。

下面将对新建光域网灯光的方法进行详细介绍。

❶ 打开"素材 \CH14\ 新建光源 .dwg"文件。

❷ 单击【可视化】选项卡 ➤【光源】面板 ➤【光域网灯光】按钮 ，系统弹出【光源 - 视口光源模式】询问对话框，如图所示。

❸ 选择【关闭默认光源（建议）】选项，然后在命令提示下指定新建光域网灯光的源位

置、目标位置及强度因子，命令行提示如下。

命令：_WEBLIGHT
指定源位置 <0，0，0>：−30，0，130
指定目标位置 <0，0，−10>：0，0，0
输入要更改的选项 [名称 (N)/ 强度因子
(I)/ 状态 (S)/ 光度 (P)/ 光域网 (B)/ 阴影 (W)/
过滤颜色 (C)/ 退出 (X)] < 退出 >：i
输入强度 (0.00 − 最大浮点数) <1>：
0.1
输入要更改的选项 [名称 (N)/ 强度因子
(I)/ 状态 (S)/ 光度 (P)/ 光域网 (B)/ 阴影 (W)/

(I)/ 状态 (S)/ 光度 (P)/ 光域网 (B)/ 阴影 (W)/
过滤颜色 (C)/ 退出 (X)] < 退出 >：

❹ 结果如图所示。

新建光域网
灯光

14.5　综合实战——渲染书桌模型

本节视频教程时间：5 分钟

书桌在家庭中较为常见，通常摆放在书房，有很高的实用价值。本实例
将为书桌三维模型附着材质及添加灯光，具体操作步骤如下。

1. 为书桌模型添加材质

❶ 打开"素材 \CH14\ 书桌模型 .dwg"文件。

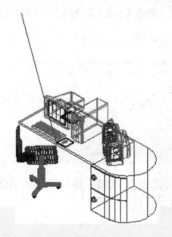

❷ 单击【可视化】选项卡➤【材质】面板中的【材
质浏览器】按钮，系统弹出【材质浏览器】
选项板，如图所示。

❸ 在【Autodesk 库】➤【漆木】材质上面单
击鼠标右键，在快捷菜单中选择【添加到】➤【文
档材质】选项，如图所示。

❹ 在【文档材质：全部】区域中单击【漆木】
材质的编辑按钮🖉，如图所示。

❺ 在系统弹出【材质编辑器】的选项板上将【材
质编辑器】选项中的【凹凸】复选框取消，并
在【常规】卷展栏下对【图像褪色】及【光泽度】
的参数进行调整，如图所示。

❻ 将【材质编辑器】选项板关闭，然后在绘
图区域中选择书桌模型，如图所示。

❼ 在【文档材质：全部】区域中右键单击【漆
木】选项，在弹出的快捷菜单中选择【指定给

当前选择】选项，如图所示。

❽ 将【材质浏览器】选项板关闭。

2. 为书桌模型添加灯光

❶ 单击【可视化】选项卡➤【光源】面板➤【平
行光】按钮🔆，系统弹出【光源 –视口光源模式】
询问对话框，选择【关闭默认光源（建议）】
选项，如图所示。

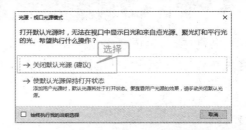

❷ 系统弹出【光源 –光度控制平行光】询问
对话框，选择【允许平行光】选项，如图所示。

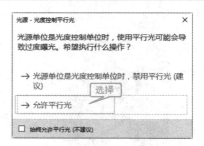

❸ 然后在绘图区域中捕捉下图所示端点以指
定光源来向。

④ 在绘图区域中移动光标并捕捉下图所示端点以指定光源去向。

⑤ 按【Enter】键确认，然后在绘图区域中选择下图所示的直线段，按【Del】键将其删除。

选择该直线段并按【Del】键将其删除

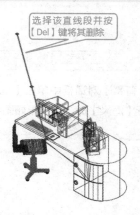

3. 渲染书桌模型

❶ 单击【可视化】选项卡➤【渲染】面板中的 按钮，在弹出的【渲染预设管理器】对话框中将当前预设设置为高，如下图所示。

❷ 单击【渲染】按钮，结果如图所示。

高手私房菜

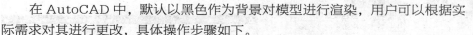

本节视频教程时间：2 分钟

下面将对渲染的背景颜色的设置方法进行详细介绍。

技巧：设置渲染的背景颜色

在 AutoCAD 中，默认以黑色作为背景对模型进行渲染，用户可以根据实际需求对其进行更改，具体操作步骤如下。

❶ 打开"素材 \CH14\ 设置渲染的背景颜色 .dwg"文件。

❷ 在命令行输入【BACKGROUND】命令并按空格键确认，弹出【背景】对话框，设置【类型】为"纯色"，单击【纯色选项】区域中的颜色位置，如图所示。

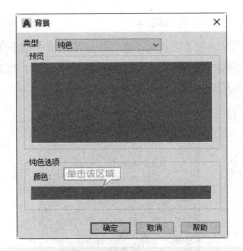

❸ 弹出【选择颜色】对话框，如图所示。

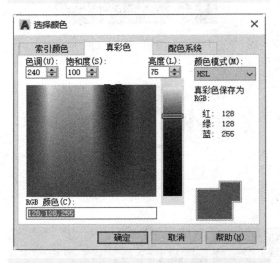

❹ 将颜色设置为白色，如图所示。

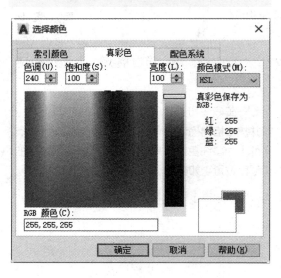

❺ 在【选择颜色】对话框中单击【确定】按钮，返回【背景】对话框，如图所示。

❻ 在【背景】对话框中单击【确定】按钮，然后执行【渲染】命令，结果如图所示。

第 5 篇

综合案例篇

第

15

章

机械设计案例——绘制轴套

 本章视频教程时间：1 小时 22 分钟

高手指引

在运动部件中，长期的磨擦会造成零件的磨损，当轴和孔的间隙磨损到一定程度的时候必须要更换零件，因此设计者在设计的时候通常选用硬度较低、耐磨性较好的材料作为轴套或衬套，这样可以减少轴和座的磨损，当轴套或衬套磨损到一定程度再进行更换，可以节约因更换轴或座产生的成本。

重点导读

- 绘制轴套各视图
- 为视图添加尺寸标注

15.1 轴套的概念和作用

本节视频教程时间：2 分钟

　　轴套在一些转速较低，径向载荷较高且间隙要求较高的地方（如凸轮轴）用来替代滚动轴承（其实轴套也算是一种滑动轴承），材料要求硬度低且耐磨，轴套内孔经研磨刮削，能达到较高配合精度，内壁上一定要有润滑油的油槽。轴套的润滑非常重要，如果干磨，轴和轴套很快就会报废，安装时刮削轴套内孔壁，这样可以留下许多小凹坑，增强润滑。

　　轴套的主要作用有以下几点。

　　（1）减少摩擦。

　　（2）减少振动。

　　（3）防腐蚀。

　　（4）减少噪音。

　　（5）便于维修。

　　（6）利用不同材料组成的摩擦副减少黏结。

　　（7）简化结构制造工艺。

　　轴套绘制完毕后如下图所示。

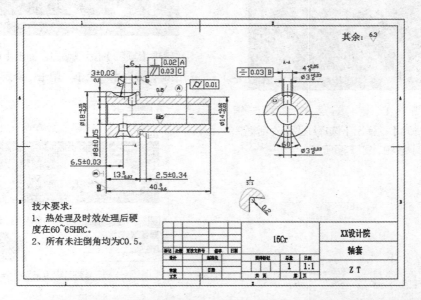

15.2 绘图环境设置

本节视频教程时间：10 分钟

　　绘图之前先对绘图环境进行设置，这些设置主要包括图层、文字样式、标注样式和多重引线等。

1. 设置图层

❶ 新建一个 "dwg" 文件，单击【常用】选

项卡➤【图层】面板➤【图层特性】按钮，弹出【图层特性管理器】对话框，如下图所示。

② 单击【新建图层】按钮，建立默认的"图层 1"，如下图所示。

③ 更改图层的名字为"中心线"，如下图所示。

④ 单击"中心线"图层的线型按钮【Continuous】，弹出【选择线型】对话框，单击【加载】按钮，如下图所示。

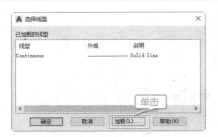

⑤ 弹出【加载或重载线型】对话框，选择【CENTER】线型，单击【确定】按钮。

⑥ 返回【选择线型】对话框并选择【CENTER】线型，单击【确定】按钮。

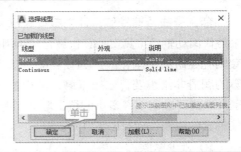

⑦ 返回【图层特性管理器】对话框，"中心线"图层的线型已变成【CENTER】线型，如下图所示。

⑧ 单击【颜色】按钮白，弹出【选择颜色】对话框，选择【红色】，单击【确定】按钮。

⑨ 返回到【图层特性管理器】后，颜色变成了红色，如下图所示。

⑩ 单击【线宽】按钮，弹出【线宽】对话框，选择线宽为 0.15mm，单击【确定】按钮。

⑪ 返回到【图层特性管理器】后，线宽变成了 0.15，如下图所示。

⑫ 重复步骤 2~11，设置其他图层的颜色、线型和线宽，结果如下图所示。

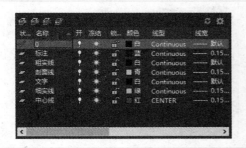

⑬ 设置完成后关闭【图层特性管理器】对话框。

2. 设置文字样式

❶ 在命令行输入【ST】并按空格键，弹出【文字样式】对话框，单击【字体名】下拉列表，选择【txt.shx】字体样式。

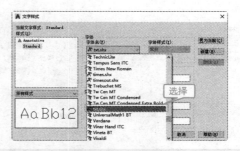

❷ 勾选【使用大字体】，然后单击【大字体】下拉列表，选【bigfont.shx】。

❸ 单击【新建】按钮，弹出 AutoCAD 提示框，如下图所示。单击【是】按钮。

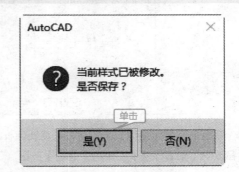

❹ 然后在弹出的【新建文字样式】对话框，输入样式名：机械样式，单击【确定】按钮。

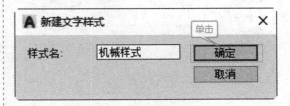

❺ 将【使用大字体】前的钩去掉，然后单击【字体名】下拉列表，选择【宋体】，如下图所示。

⑥ 选中左侧样式列表中的【机械样式】，然后单击【置为当前】按钮，最后单击【关闭】按钮关闭【文字样式】对话框。

3. 设置标注样式

① 在命令行输入【D】并按空格键，弹出【标注样式管理器】，单击【新建】按钮。

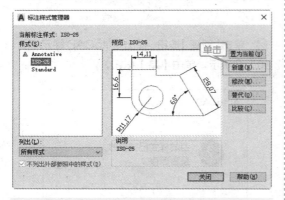

② 弹出【新建标注样式】对话框，将新建样式名改为【轴套标注】，单击【继续】按钮。

③ 弹出【新建样式: 轴套标注】对话框。选择【文字】选项卡，选择【Standard】为【文字样式】，选择【与尺寸线对齐】为文字对齐形式。

④ 选择【调整】选项卡，选择【标注特征比例】选项框中的【使用全局比例】，并将全局比例值改为 0.7，单击【确定】按钮。

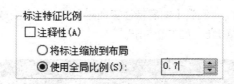

⑤ 回到【标注样式管理器】界面后，单击【置为当前】按钮，然后单击【关闭】按钮。

4. 设置多重引线

① 在命令行输入【MLS】并按空格键，弹出【多重引线样式管理器】，单击【新建】按钮。

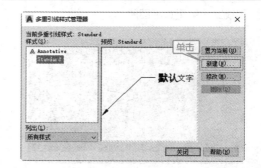

② 弹出【创建新多重引线样式】对话框，将新样式名改为【样式1】，单击【继续】按钮。

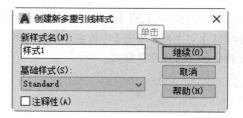

❸ 弹出【修改多重引线样式: 样式 1】对话框。选择【引线格式】选项卡,将箭头大小改为 1,其他设置不变,如下图所示。

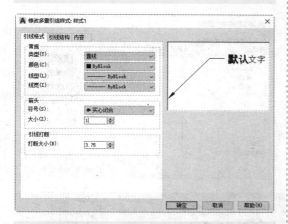

❹ 选择【引线结构】选项卡,将【最大引线点数】改为 3,然后取消【自动包含基线】选项,其他设置不变,如下图所示。

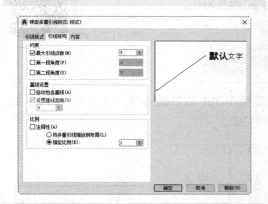

❺ 选择【内容】选项卡,单击【多重引线类型】下拉列表,选择【无】,单击【确定】按钮,如下图所示。

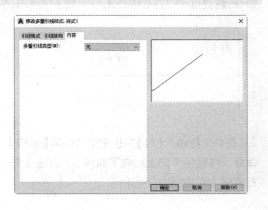

❻ 回到【多重引线样式管理器】对话框后,选中左侧样式列表中的【Standard】样式,然后单击【新建】按钮,弹出【创建新多重引线样式】对话框,将新样式名改为【样式 2】,单击【继续】按钮。

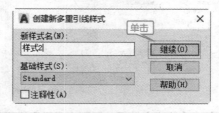

❼ 弹出【修改多重引线样式: 样式 2】对话框。选择【引线格式】选项卡,将箭头符号选择为"无",其他设置不变,如下图所示。

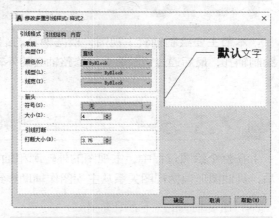

❽ 选择【引线结构】选项卡,取消【自动包含基线】选项,其他设置不变,如下图所示。

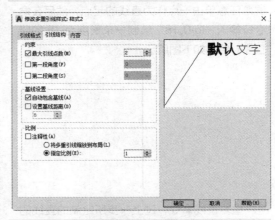

❾ 选择【内容】选项卡,将文字高度改为 1.25,引线连接文字设置为【最后一行加下划

线】，并将基线间隙改为 0.5，如下图所示。

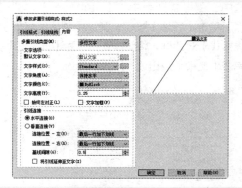

⑩ 单击【确定】按钮，回到【多重引线样式

管理器】对话框后，选中左侧样式列表中的【样式 1】样式，单击【置为当前】按钮，然后单击【关闭】按钮，如下图所示。

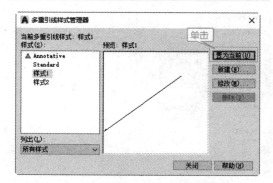

15.3 绘制轴套主视图

本节视频教程时间：21 分钟

本节主要绘制轴套主视图，根据轴套的结构，先绘制轴套的外轮廓，然后绘制轴孔，最后通过修改命令来修整轴套的外轮廓和轴孔形状。

▲ 15.3.1 绘制轴套外轮廓及轴孔

在整个绘图过程中，主视图的外轮廓和轴孔是整个图形的基础部分，将这部分绘制完成后，其他图形根据视图关系从主视图作辅助线绘制完成。

1. 绘制轴套的外轮廓和轴孔

❶ 将"粗实线"层设置为当前层，在命令行输入【L】并按空格键调用【直线】命令。在屏幕任意单击一点作为直线的起点，然后在命令行输入"@0,18"绘制一条长度为 18 的竖直线，结果如下图所示。

❷ 重复直线命令，过上一步所绘制的直线的中点绘制一条长 46 的直线，如下图所示。

❸ 在命令行输入【M】并按空格键调用移动命令，将竖直线向右侧移动3，结果如下图所示。

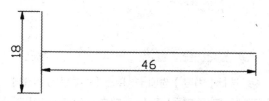

❹ 在命令行输入【O】并按空格键调用【偏移】命令，将直线 1 向上和向下偏移 9，直线 2 向右偏移 13，结果如下图所示。

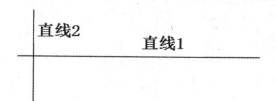

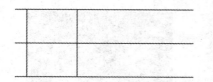

⑤ 在命令行输入【TR】并按空格键调用【修剪】命令，选择两条竖直线为剪切边，如下图所示。

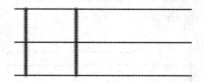

⑥ 对两条偏移后的水平直线进行修剪，结果如下图所示。

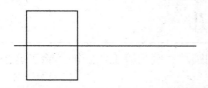

⑦ 继续调用【偏移】命令，将直线 1 向两侧分别偏移 4、6.75 和 7，将直线 2 向右侧偏移 40，结果如下图所示。

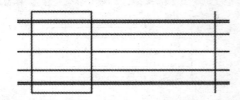

⑧ 继续调用【修剪】命令，对图形进行修剪，修剪后结果如下图所示。

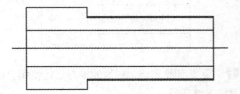

2. 绘制轴套外的细节部分

❶ 在命令行输入【O】并按空格键调用【偏移】命令，将直线 2 向右偏移 15.5，结果如下图所示。

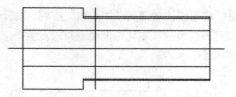

❷ 在命令行输入【L】并按空格键调用【直线】命令，连接图中的端点，绘制两条直线，如下图所示。

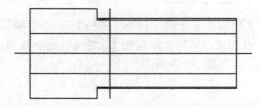

❸ 在命令行输入【TR】并按空格键调用【修剪】命令，对图形进行修剪，结果如下图所示。

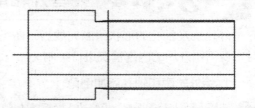

❹ 在命令行输入【E】并按空格键调用【删除】命令，然后选择需要删除的直线，按空格键后将它们删除，结果如下图所示。

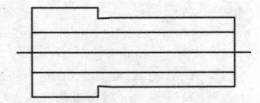

❺ 选择直线 1，然后选择【默认】选项卡➤【图层】面板➤【图层】下拉列表，选择"中心线"，将直线 1 切换到中心线层上，如下图所示。

⑥ 将直线 1 放置到"中心线"层后，发现仅仅是颜色发生了变化，但线型并未发生变化，如下图所示。

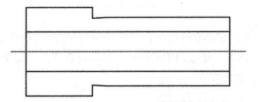

⑧ 线型比例修改完成后直线 1 变成了点划线，如下图所示。

⑦ 在命令行输入【PR】并按空格键调用特性面板，然后选择直线 1，将线型比例改为 0.25，如下图所示。

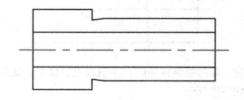

15.3.2 完善外轮廓及轴孔

外轮廓及轴孔的形状绘制完成后，还需要进行倒圆角、倒角等工业修饰。除了这些还要对主视图剖开后的内部情况进行绘制。

1. 给外轮廓和轴孔添加倒角

① 选择【默认】选项卡➤【修改】面板➤【倒角】按钮 。在命令行输入【D】，然后将两个倒角距离都设置为 0.5，AutoCAD 命令行提示如下。

命令：_chamfer
（"修剪"模式）当前倒角距离 1 = 0.0000，距离 2 = 0.0000
选择第一条直线或 [放弃 (U)/ 多段线 (P)/ 距离 (D)/ 角度 (A)/ 修剪 (T)/ 方式 (E)/ 多个 (M)]: D
指定 第一个 倒角距离 <0.0000>: 0.5
指定 第二个 倒角距离 <0.5000>: ↙

② 然后在命令行输入【M】，根据命令行提示选择第一条直线，如下图所示。

选择第一条直线或 [放弃 (U)/ 多段线 (P)/ 距离 (D)/ 角度 (A)/ 修剪 (T)/ 方式 (E)/ 多个 (M)]: M
选择第一条直线或 [放弃 (U)/ 多段线

(P)/ 距离 (D)/ 角度 (A)/ 修剪 (T)/ 方式 (E)/ 多个 (M)]:
// 选择下图所示的直线

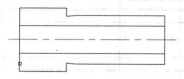

③ 选择第二条倒角的边，结果如下图所示。

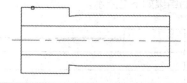

④ 重复步骤 2~3，对其他地方进行倒角，结果如下图所示。

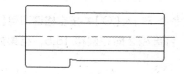

⑤ 在不退出倒角命令的情况下在命令行输入【T】，然后选择不修剪。AutoCAD 命令行提示如下：

> 选择第一条直线或 [放弃 (U)/ 多段线 (P)/ 距离 (D)/ 角度 (A)/ 修剪 (T)/ 方式 (E)/ 多个 (M)]: T
> 输入修剪模式选项 [修剪 (T)/ 不修剪 (N)] < 修剪 >: N

⑥ 选择 "轴孔" 和 "轴套" 的端面为倒角的两条边，结果如下图所示。

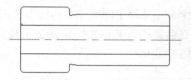

⑦ 重复步骤 6，继续进行不修剪倒角。然后按空格键，结束【倒角】命令，结果如下图所示。

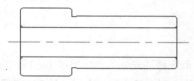

⑧ 在命令行输入【L】并按空格键调用【直线】命令，将不修剪倒角的端点端点连接起来，如下图所示。

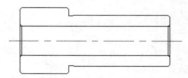

⑨ 在命令行输入【TR】并按空格键调用【修剪】命令，将倒角部分多余的直线修剪掉，结果如下图所示。

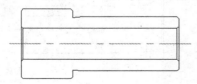

2. 绘制凹槽和注油孔

❶ 在命令行输入【L】并按空格键调用【直线】命令，根据命令行提示进行如下操作。

> 命令：LINE
> 指定第一个点：fro 基点： // 捕捉 A 点
> < 偏移 >: @-5.5,1
> 指定下一点或 [放弃 (U)]: @0,-4
> 指定下一点或 [放弃 (U)]: ↙
> 命令：LINE
> 指定第一个点：fro 基点： // 捕捉 A 点
> < 偏移 >: @-2.5,1
> 指定下一点或 [放弃 (U)]: @0,-7
> 指定下一点或 [放弃 (U)]: ↙
> 命令：LINE
> 指定第一个点：fro 基点： // 捕捉 B 点
> < 偏移 >: @-6,-1
> 指定下一点或 [放弃 (U)]: @0,7
> 指定下一点或 [放弃 (U)]: ↙

❷ 直线绘制完毕后如下图所示。

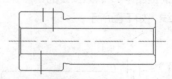

❸ 在命令行输入【C】并按空格键调用【圆】命令。根据命令行提示进行如下操作。

> 命令：C CIRCLE
> 指定圆的圆心或 [三点 (3P)/ 两点 (2P)/ 切点、切点、半径 (T)]: fro 基点：
> // 捕捉 C 点
> < 偏移 >: @0,5
> 指定圆的半径或 [直径 (D)]: 7

❹ 圆绘制完毕后如下图所示。

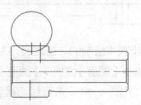

❺ 在命令行输入【O】并按空格键调用【偏移】命令，将步骤 1 绘制的两条长直线分别向两侧

偏移 1.5，如下图所示。

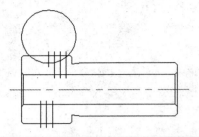

❻ 在命令行输入【TR】并按空格键调用【修剪】命令，对不需要的图形进行修剪，修剪后结果如下图所示。

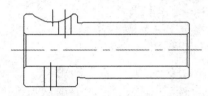

❼ 在命令行输入【L】并按空格键调用【直线】命令，捕捉图中 D 点为直线的端点，绘制一条水平直线，如下图所示。

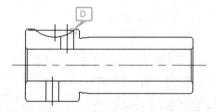

❽ 在命令行输入【TR】并按空格键调用【修剪】命令，将上一步绘制的直线超出圆弧的部分修剪掉，如下图所示。

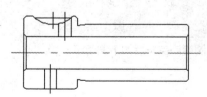

❾ 选中步骤 1 绘制的 3 条直线，然后选择【默认】选项卡 ➤【图层】面板 ➤【图层】下拉列表，选择"中心线"，将 3 条直线切换到中心线层上，并在特性面板上将段中心线的线型比例改为 0.05，两条长中心线的线型比例改为 0.1，结果如下图所示。

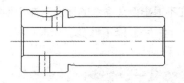

提示 （1）步骤 7 绘制直线时，选中端点后按住【Shift】，可以直接捕捉直线与圆弧的交点。
（2）步骤 7 在绘制直线的时候也可以通过"最近点"捕捉，直接捕捉到与圆弧的交点。

3. 绘制阶梯剖的位置线

❶ 将图层切换到"细实线"层，选择【默认】选项卡 ➤【注释】面板 ➤【引线】按钮，然后在合适的位置单击指定多重引线的第一点，如下图所示。

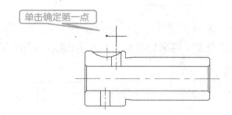

❷ 向左移动光标，当出现过中心线的指引线（虚线）时，单击鼠标左键，确定多重引线的第二点，如下图所示。

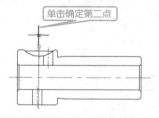

❸ 捕捉中心线的端点作为多重引线的第三点，结果如下图所示。

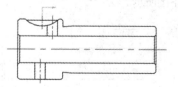

提示 该处的多重引线样式为"样式 1"。

❹ 重复步骤 1~3，绘制另一条多重引线，结

果如下图所示。

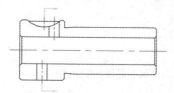

⑤ 在命令行输入【PL】并按空格键调用【多段线】命令，绘制一条如下图所示的多段线。

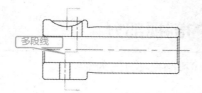

⑥ 在命令行输入【DT】并按空格键调用【单行文字】命令，当命令行提示输入文字高度时输入文字高度为 1.25，然后输入旋转角度为 0°，文字输入完毕后结果如下图所示。

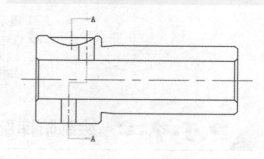

15.4　绘制轴套的阶梯剖视图

📹 本节视频教程时间：11 分钟

为了更清楚地表达视图的内部结构，在绘图时往往对某个视图采用剖视图的形式来表达，对于内部比较复杂的图形，还可以采用阶梯剖视的方法对图形进行多处剖视。

15.4.1　绘制阶梯剖视图的外轮廓

① 将"中心线"层切换为当前层，在命令行输入【L】并按空格键调用【直线】命令。绘制阶梯剖视图的水平中心线，如下图所示。

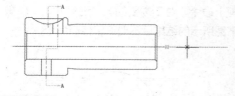

② 指定第一点位置后在命令行输入"@24,0"，设置【线型比例】为"0.2"，结果如下图所示。

③ 在命令行输入【RO】并按空格键调用【旋转】命令，选择中心线为旋转对象，然后捕捉中点为旋转基点，如下图所示。

④ 选定基点后，在命令行输入【C】，然后输入旋转角度为90°，AutoCAD 命令行提示如下。

指定旋转角度，或 [复制 (C)/ 参照 (R)] <0>：c 旋转一组选定对象。
指定旋转角度，或 [复制 (C)/ 参照 (R)] <0>：90

⑤ 旋转完成后结果如下图所示。

⑥ 将"粗实线"层切换为当前层，在命令行输入【C】并按空格键调用【圆】命令。以中心线的交点为圆心，绘制两个半径分别为 9 和 4 的圆，如下图所示。

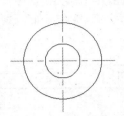

 提示 （1）为了方便绘制直线，在绘图时可以将正交模式打开。

（2）如果绘制的中心线显示出来为实线，则可以通过更改线型比例的值来将它改为中心线。

15.4.2 绘制阶梯剖视图的剖视部分

阶梯剖视部分分两步来绘制，即剖视部分的轮廓线和剖视部分的内部结构。

1. 绘制剖视部分的轮廓线

❶ 在命令行输入【O】并按空格键调用【偏移】命令。将阶梯剖视图的竖直中心线向两侧分别偏移 1.5 和 2，结果如下图所示。

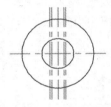

❷ 选择【默认】选项卡➤【绘图】面板➤【射线】按钮。根据命令行提示，捕捉图中的交点为射线的起点，如下图所示。

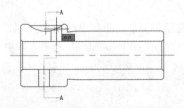

❸ 移动光标，在右侧水平方向上任意一点单击鼠标左键，然后按空格键，结果如下图所示。

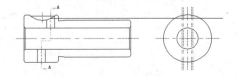

❹ 重复步骤 2~3，绘制另一条水平射线，如下图所示。

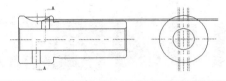

❺ 在命令行输入【L】并按空格键调用【直线】命令。绘制两条直线，如下图所示。

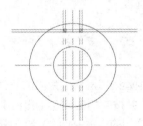

❻ 在命令行输入【TR】并按空格键调用【修剪】命令，对不需要的图形进行修剪，修剪成下图所示的结果后不要退出修剪命令。

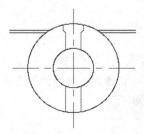

❼ 在命令行输入【R】，然后选择射线修剪后的剩余线段，按空格键后将它们删除，结果如下图所示。

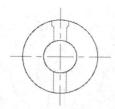

❽ 选中绘制的所有轮廓线，将它们切换到"粗实线"层上，最终结果如下图所示。

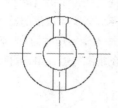

2. 绘制阶梯剖视图的内部结构

❶ 选择【默认】选项卡➤【绘图】面板➤【射线】按钮 。根据命令行提示，绘制一条如下图所示的射线。

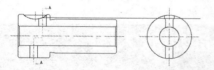

❷ 选择【默认】选项卡➤【绘图】面板➤【圆弧】按钮 （三点）。捕捉图中的交点，绘制相贯线，如下图所示。

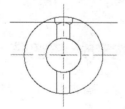

❸ 选中步骤 1 中绘制的射线，然后单击【Del】键，将射线删除，结果如下图所示。

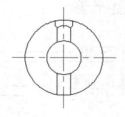

❹ 在命令行输入【L】并按空格键调用【直线】命令，根据 AutoCAD 提示，进行如下操作。

> 命令：LINE
> 指定第一个点： // 捕捉小圆与中心线的交点
> 指定下一点或 [放弃 (U)]：<60
> 角度替代：60
> 指定下一点或 [放弃 (U)]：
> // 在第三象限任意单击一点，只要长度超出大圆即可。
> 指定下一点或 [放弃 (U)]： ↙

❺ 直线绘制完毕后结果如下图所示。

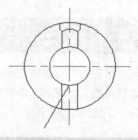

❻ 在命令行输入【MI】并按空格键调用【镜像】命令，将上一步中绘制的直线沿竖直中心线进行镜像，结果如下图所示。

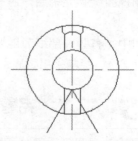

❼ 在命令行输入【L】并按空格键调用【直线】命令，捕捉交点，绘制下图所示的直线。

绘制直线

❽ 在命令行输入【TR】并按空格键调用【修剪】命令，将多余的直线修剪掉，结果如下图所示。

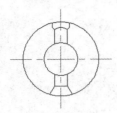

❾ 将"剖面线"层设置为当前层，然后在命令行输入【H】并按空格键调用【填充】命令，在弹出的【图案填充创建】选项卡中，选择图案"ANSI31"为填充图案，并将填充比例设置为0.5，如下图所示。

❿ 设置完成后在图形需要填充区域的单击鼠标左键，选择完填充区域后，按空格键，退出图案填充命令，结果如下图所示。

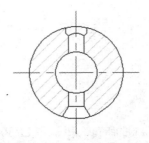

⓫ 将"文字"层设置为当前层，在命令行输入【DT】并按空格键调用【单行文字】命令，当命令行提示输入文字高度时输入文字高度为1.25，然后输入旋转角度为0°，在阶梯剖视图上方输入剖视图符号，如下图所示。

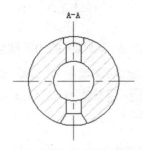

A-A

15.5　完善主视图并添加放大图

 本节视频教程时间：12分钟

　　阶梯剖视图绘制完毕后，通过视图关系由阶梯剖视图来完善注释图内部的剖视部分。

　　在视图中，有些局部细节地方很难看清楚，如倒角、圆角等，为了看清这些局部细节部分，经常采用将局部部分放大来观察的方法。

15.5.1　完善主视图的内部结构和外部细节

　　主视图的剖视图剖视部分和阶梯剖视图的剖视部分类似，画法也相同，具体操作步骤如下。

❶ 将"粗实线"设置为当前层，在命令行输入【L】并按空格键调用【直线】命令，绘制一条与水平中心线成60°夹角的直线，如下图所示。

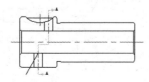

❷ 在命令行输入【MI】并按空格键调用【镜像】命令，将上一步中绘制的直线沿竖直中心线进行镜像，结果如下图所示。

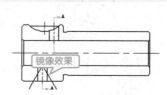

镜像效果

❸ 在命令行输入【L】并按空格键调用【直线】命令，捕捉交点，绘制下图所示的直线。

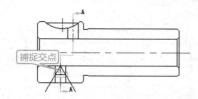

❹ 在命令行输入【TR】并按空格键调用【修剪】命令，将多余的直线修剪掉，结果如下图所示。

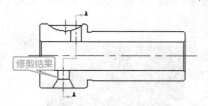

❺ 选择【默认】选项卡 ➤【绘图】面板 ➤【射线】按钮 ◢。绘制三条通过阶梯剖视图的三个交点的水平射线，如下图所示。

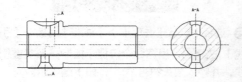

❻ 选择【默认】选项卡 ➤【绘图】面板 ➤【圆弧】按钮 ◢（三点），绘制三条相贯线，如下图所示。

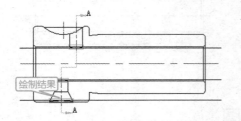

❼ 选中三条射线，然后单击【Del】键，将三条射线删除，结果如下图所示。

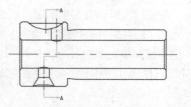

❽ 在命令行输入【TR】并按空格键调用【修剪】命令，以三条圆弧为剪切边，将与圆弧相交的直线修剪掉，结果如下图所示。

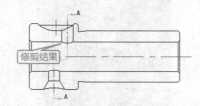

❾ 在命令行输入【F】并按空格键调用【圆角】命令，根据命令行提示，对圆角进行如下设置。

　命令：FILLET
　当前设置：模式 = 不修剪，半径 = 0.0000
　选择第一个对象或 [放弃 (U)/ 多段线 (P)/ 半径 (R)/ 修剪 (T)/ 多个 (M)]: R 指定圆角半径 <0.0000>: 0.2
　选择第一个对象或 [放弃 (U)/ 多段线 (P)/ 半径 (R)/ 修剪 (T)/ 多个 (M)]: M
　选择第一个对象或 [放弃 (U)/ 多段线 (P)/ 半径 (R)/ 修剪 (T)/ 多个 (M)]: T
　输入修剪模式选项 [修剪 (T)/ 不修剪 (N)] < 不修剪 >: T

❿ 设置完成后选择需要圆角的对象，结果如下图所示。

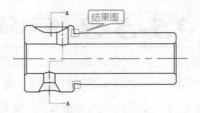

15.5.2 给主视图添加剖面线和放大符号

主视图绘制完毕后，本节来给主视图添加剖面线以及给上节圆角处添加放大符号。

❶ 将"剖面线"层设置为当前层，然后在命令行输入【H】并按空格键调用【填充】命令，在弹出的【图案填充创建】选项卡中，选择图案"ANSI31"为填充图案，并将填充比例设置为 0.5，如下图所示。

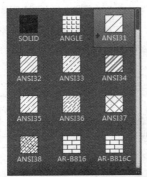

❷ 设置完成后在图形需要填充的区域单击鼠标左键，选择完填充区域后，按空格键，退出图案填充命令，结果如下图所示。

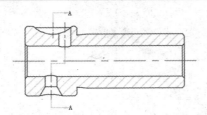

❸ 因为圆角部分太小，所以要通过局部放大图来具体显示圆角。将"细实线"层设置为当前层，然后在命令行输入【C】并按空格键调

用【圆】命令，以圆角圆弧的圆心为圆心绘制一个半径为 1 的圆，如下图所示。

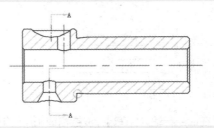

❹ 选择【默认】选项卡➤【注释】面板的下拉列表➤【多重引线】样式下拉列表，选择【样式 2】为当前样式，如下图所示。

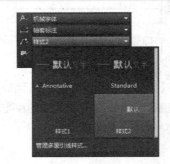

❺ 选择【默认】选项卡➤【注释】面板➤【引线】按钮 ✏，根据命令行提示绘制一条多重引线，并输入放大符号"I"，如下图所示。

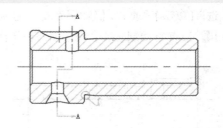

15·5·3 修改局部放大图

修改局部放大图，就是将上部圆范围内的圆弧重新复制出来，通过修剪命令将不在圆内的部分删除，然后绘制剖断轮廓线，通过缩放比例将整体图形放大一定的倍数即可。

❶ 在命令行输入【CO】并按空格键调用【复制】命令。将局部放大图从主视图中复制出来放置到合适的位置，如下图所示。

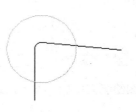

② 在命令行输入【TR】并按空格键调修剪命令，将圆外的部分修剪掉。在不退出修剪命令下输入【R】，将圆删除，结果如下图所示。

③ 选择【默认】选项卡➤【绘图】面板下拉按钮➤【样条曲线拟合】按钮，绘制一条样条曲线作为局部放大图的剖断轮廓线，如下图所示。

④ 在命令行输入【SC】并按空格键调用【缩放】命令，选中整个放大图（包括剖断轮廓线）。在放大图的样条曲线内任意一点单击作为基点，当命令行提示指定比例因子时输入5，结果如下图所示。

⑤ 将"剖面线"层设置为当前层，然后对放大图进行填充，选择"ANSI31"为填充图案，并将填充比例设置为0.5，结果如下图所示。

⑥ 将"文字"层设置为当前层，然后在命令行输入【T】并按空格键调多行文字命令，移动光标选择输入文字的矩形框。在【样式】面板上将文字高度设置为1.25，如下图所示。

⑦ 在矩形框内输入"I"局部放大符号，如下图所示。

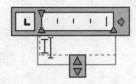

⑧ 输入"I"后，按【Enter】键，然后单击【格式】面板上的上划线按钮，如下图所示。

⑨ 输入"5：1"，然后退出文字输入命令，最终结果如下图所示。

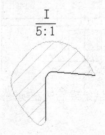

15.6 添加标注、文字说明和图框

本节视频教程时间：26分钟

一幅完整的图形，尺寸标注是不可或缺的部分。本例主要通过线型标注、角度标注、半径标注等完善图形。此外，本节还要介绍如何给尺寸添加尺寸公差，以及如何创建形位公差等。

15.6.1 添加尺寸标注

在添加尺寸标注之前，首先应将 15.2 设置的标注样式置为当前，然后再进行标注。尺寸标注的具体方法可以参见前面标注的相关章节，这里重点介绍通过特性选项板给标注后的尺寸添加公差的方法。

1. 添加尺寸标注

❶ 在命令行输入【DIM】命令，然后输入【L】，然后输入"标注"将"标注"层作为放置标注的图层，AutoCAD 命令行提示如下。

命令：DIM
选择对象或指定第一个尺寸界线原点或 [角度 (A)/ 基线 (B)/ 连续 (C)/ 坐标 (O)/ 对齐 (G)/ 分发 (D)/ 图层 (L)/ 放弃 (U)]:L
输入图层名称或选择对象来指定图层以放置标注或输入 . 以使用当前设置 [?/ 退出 (X)]<"文字">：标注
输入图层名称或选择对象来指定图层以放置标注或输入 . 以使用当前设置 [?/ 退出 (X)]<"标注">：

❷ 然后对主视图进行标注，结果如下图所示。

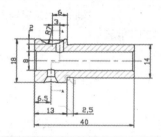

❸ 主视图标注结束后对左视图进行标注，结果如下图所示。

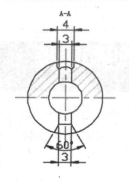

❹ 在给放大图添加半径标注时，当命令提示指定尺寸线位置时，输入【T】并按空格键，然后输入圆角在实际零件中的大小 0.2。

命令：DIMRADIUS
选择圆弧或圆：
标注文字 = 1
指定尺寸线位置或 [多行文字 (M)/ 文字 (T)/ 角度 (A)]: T
输入标注文字 <1>: 0.2

❺ 放大图的标注完成后如下图所示。

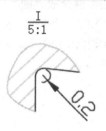

> **提示** 放大图只是为了方便观察图形的细节处而进行的放大，但图形的尺寸还应该标注未放大前的实际尺寸。

2. 修改尺寸和添加公差

❶ 按【Ctrl+1】键，弹出【特性】面板，如下图所示。

❷ 选择标注为 18 的尺寸，然后在【特性】面板【主单位】选项组中【标注前缀】输入框中输入"%%C"，如下图所示。

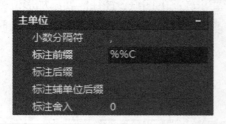

❸ 在公差选项组中，选择【显示公差】为"极限偏差"，然后在【公差下偏差】输入框中输入 0.22，在【公差上偏差】输入框中输入"-0.15"，【水平放置】公差选项选择"中"，将公差的文字高度改为 0.6，如下图所示。

❹ 退出【特性】选项面板后，图形中的尺寸发生了变化，如下图所示。

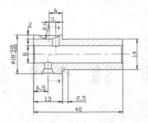

❺ 重复步骤 1~4，给主视图的尺寸添加直径符号和公差，结果如下图所示。

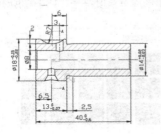

❻ 重复步骤 1~4，给阶梯剖视图的尺寸添加直径符号和公差，结果如下图所示。

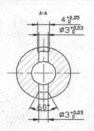

❼ 选择标注为"Φ8"的尺寸，在公差选项组中，选择【显示公差】为"对称"，然后在【公差上偏差】输入框中输入 0.05，【水平放置】公差选项选择"中"，将公差的文字高度设置为 1，如下图所示。

❽ 退出【特性】选项面板后，图形中的尺寸发生了变化，如下图所示。

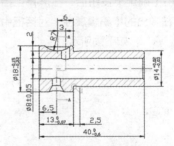

❾ 重复步骤 7，对其他对称公差尺寸进行公差标注，结果如下图所示。

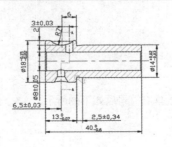

15.6.2 添加形位公差和粗糙度

在零件图中，除了尺寸标注和尺寸公差外，对于要求较高的图纸，往往需要添加形位公差来对图形的形状和位置做进一步的要求。下面就具体来讲解给图纸添加形位公差的操作步骤。

1. 添加形位公差

❶ 在命令行输入【I】调用【插入】命令。弹出【插入】对话框，如下图所示。

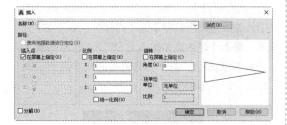

❷ 单击【浏览】按钮，打开一个文件，选择"基准符号"，如下图所示。

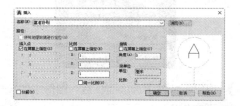

❸ 单击【确定】按钮后，在屏幕上指定插入点后，在弹出的【编辑属性】对话框中输入基准符号"A"，如下图所示。

❹ 插入基准符号后如下图所示。

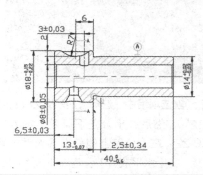

❺ 重复步骤 1~4，插入基准符号 B 和 C，插入时，将【插入】对话框的旋转角度设置为90°，插入后如下图所示。

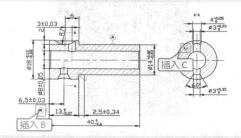

❻ 选择【标注】➤【公差】菜单命令。弹出【形位公差】对话框，单击【符号】选项下的黑色方框。

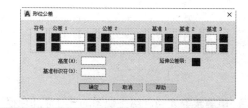

❼ 弹出【特征符号】选择框，在【特征符号】选择框中选择垂直度符号，如下图所示。

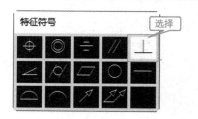

⑧ 然后在公差值输入框中输入 0.02，在基准 1 中输入 A，如下图所示。

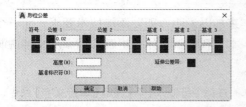

⑨ 重复步骤 7~8，定义平行度形位公差，如下图所示。单击【确定】按钮。

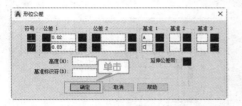

⑩ 将形位公差插入到图形中。在命令行输入【L】调用【直线】命令，绘制形位公差的指引线，如下图所示。

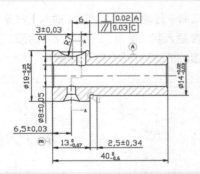

⑪ 重复步骤 6~10，添加圆柱度和对称度，结果如下图所示。

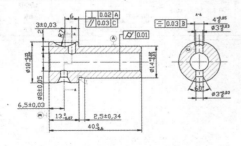

2. 添加粗糙度

❶ 在命令行输入【I】调用【插入】命令。在弹出【插入】对话框上单击【浏览】按钮，选择"粗糙度"，单击【确定】按钮，如下图所示。

❷ 在屏幕上指定插入点后，在弹出的【编辑属性】对话框中输入粗糙度的字"0.8"，如下图所示。

❸ 插入粗糙度符号后如下图所示。

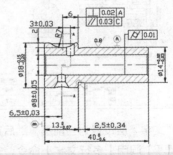

❹ 重复步骤 1~3，插入其他粗糙度符号，结果如下图所示。

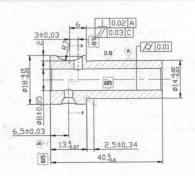

15.6.3 添加文字说明和图框

图形绘制完毕后，有些地方需要进一步用文字来加以说明，即要添加技术要求。而一个完整的图形除了有标注、文字说明外还要有图框。本节我们就具体来讲解如何添加文字说明和插入图框。

❶ 在命令行输入【I】调用【插入】命令。弹出【插入】对话框，单击【浏览】按钮，打开一个文件，选择"图框"，单击【确定】按钮，如下图所示。

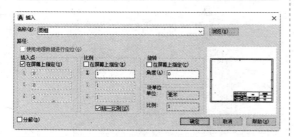

❷ 在屏幕上合适的位置指定插入点，结果如下图所示。

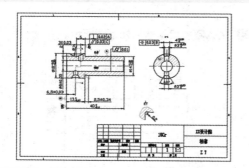

❸ 将"文字"层设置为当前层，然后在命令行输入【T】调用【多行文字】命令，输入技术要求，如下图所示。

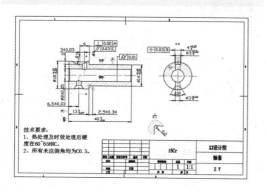

❹ 在命令行输入【T】调用【单行文字】命令，然后在命令行输入文字的高度为2.5，旋转角度为0，在图框的右上角合适的位置输入文字，如下图所示。

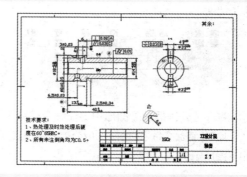

❺ 在命令行输入【I】调用【插入】命令，将粗糙度插入到"其余："单行文字后面，并将粗糙度的值改为6.3，如下图所示。

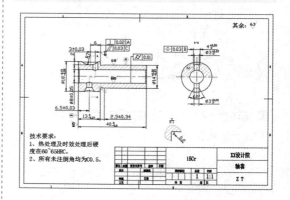

第

16

章

家具设计案例——绘制活动柜

本章视频教程时间：35 分钟

高手指引

　　家具设计是用图形（或模型）配合文字说明等方法，来表达家具的造型、功能、尺寸、色彩、材料和结构。本章主要介绍使用直线、矩形、偏移、圆角、多行文字和修剪等操作命令绘制家具平面设计图的基本方法。

重点导读

+ 绘制活动柜正立面图
+ 绘制活动柜侧立面图
+ 为活动柜添加标注及文字说明

16.1 活动柜类家具概述

本节视频教程时间：2 分钟

柜类家具是指以木材、人造板或金属等材料制成的各种用途不同的柜子，例如大衣柜、小衣柜、床边柜、书柜、文件柜、食品柜、行李柜、电视柜、陈设柜、实验柜等。

由于某些柜子使用区域比较灵活，为了适应位置移动的随意性，常会在底部安装轮子或脚垫，此类家具一般体形较小，配合其他家具使用，可以起到很好的辅助作用。

16.2 活动柜类家具设计图绘制思路

本节视频教程时间：1 分钟

在绘制住宅平面设计图之前，首先需要对绘图环境进行设置，绘图环境设置完成之后，用户可以参考下面的绘制思路对住宅平面设计图进行绘制。

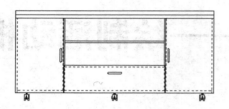

16.3 绘图环境设置

本节视频教程时间：2 分钟

在使用 AutoCAD 2018 绘制活动柜设计图之前，首先要设置当前图形的绘图环境，包括设置图形单位以及图层等。

1. 设置图形单位和精度

选择【格式】➤【单位】菜单命令，弹出【图形单位】对话框。将精度值改为"0.0"，选择"毫米"为绘图单位。

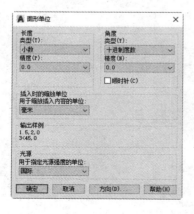

2. 设置图层

❶ 选择【格式】➤【图层】菜单命令，弹出【图层特性管理器】对话框。

❷ 单击【新建图层】按钮，建立默认的【图层 1】。

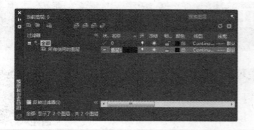

❸ 设置图层的名称为【虚线】。

❹ 单击【中心线】图层的线型【Continuous】按钮，弹出【选择线型】对话框。

❺ 单击【加载】按钮，弹出【加载或重载线型】对话框，选择"ACAD_IS003W100"线型。

❻ 单击【确定】按钮后返回【选择线型】对话框并选择"ACAD_IS003W100"线型。

❼ 单击【确定】按钮后返回【图层特性管理器】对话框，【虚线】图层的线型已变成"ACAD_IS003W100"线型。

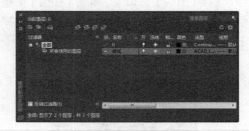

❽ 重复步骤2～3,新建图层并分别命名为【实线】【标注】【填充】和【文字】，设置新建图层的属性。

• 【虚线】层：【颜色–蓝色】【线型–ACAD_IS003W100】【线宽–0.13mm】。

• 【实线】层：【颜色–白色】【线型–Continuous】【线宽–默认】。

• 【标注】层：【颜色–红色】【线型–Continuous】【线宽–0.13 mm】。

• 【填充】层：【颜色–青色】【线型–Continuous】【线宽–0.13 mm】。

• 【文字】层：【颜色–白色】【线型–Continuous】【线宽–默认】。

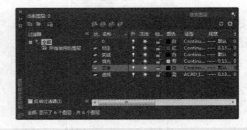

❾ 设置完成后关闭【图层特性管理器】对话框。

16.4 绘制活动柜正立面图

本节视频教程时间：15分钟

在活动柜设计图中，正立面图是表现信息最基本、最全面的一个视图，将正立面绘制完成后，可以将正立面图作为依据进行其他视图的绘制。

16.4.1 绘制盖板及楣条

可以利用【RECTANG】命令绘制活动柜的盖板及楣条，具体操作步骤如下。

❶ 选择【默认】选项卡，单击【图层】面板中的图层下拉按钮，在弹出的下拉列表中选择【实线】图层。

❷ 选择【绘图】➤【矩形】菜单命令，在绘图区域任意单击一点作为矩形第一角点。

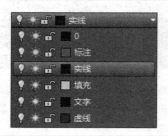

❸ 命令行提示如下。

　　指定另一个角点或 [面积 (A)/ 尺寸 (D)/ 旋转 (R)]: @1400,-30　↙

❹ 结果如图所示。

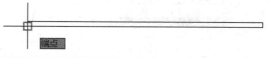

❺ 继续执行【矩形】命令，在绘图区域中捕捉下图所示端点作为矩形第一角点。

❻ 命令行提示如下。

　　指定另一个角点或 [面积 (A)/ 尺寸 (D)/ 旋转 (R)]: @1400,-25　↙

❼ 结果如图所示。

16.4.2 绘制左右侧板及底板

可以利用【LINE】及【OFFSET】命令绘制活动柜的左右侧板及底板，具体操作步骤如下。

❶ 选择【绘图】➤【直线】菜单命令，在绘图区域中捕捉下图所示端点作为直线的起点。

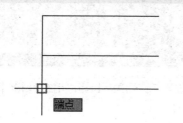

❷ 在命令提示下指定直线的端点坐标，命令行提示如下。

　　指定下一点或 [放弃 (U)]: @0,-545　↙
　　指定下一点或 [放弃 (U)]:　↙

❸ 结果如图所示。

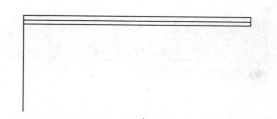

❹ 选择【修改】➢【偏移】菜单命令，将步骤 1～3 绘制的竖直直线段依次向右偏移，偏移距离分别指定为"15""1370""15"，结果如图所示。

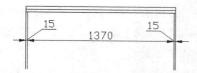

❺ 选择【绘图】➢【直线】菜单命令，在绘图区域中捕捉下图所示端点作为直线的起点。

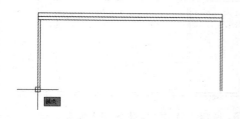

❻ 在绘图区域中捕捉下图所示端点作为直线的端点。

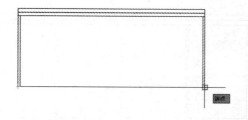

❼ 按【Enter】键确认，结果如图所示。

❽ 重复执行【直线】命令，在命令提示下输入【FRO】并按【Enter】键确认，命令行提示如下。

```
命令：_line
指定第一个点：FRO
```

❾ 在绘图区域中捕捉下图所示端点作为基点。

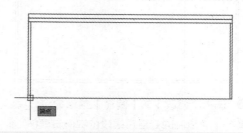

❿ 在命令提示下输入直线的起点及端点坐标，并分别按【Enter】键确认，命令行提示如下。

```
基点：< 偏移 >：@0,15
指定下一点或 [ 放弃 (U)]：@1370,0
指定下一点或 [ 放弃 (U)]：
```

⓫ 结果如图所示。

16.4.3 绘制中侧板及层板

可以利用【LINE】及【OFFSET】命令绘制活动柜的中侧板及层板，具体操作步骤如下。

❶ 选择【绘图】➢【直线】菜单命令，在命令提示下输入【FRO】并按【Enter】键确认，命令行提示如下。

```
命令：_line
指定第一个点：FRO
```

❷ 在绘图区域中捕捉下图所示端点作为基点。

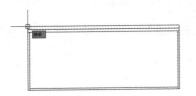

③ 在命令提示下输入直线的起点及端点坐标，并分别按【Enter】键确认，命令行提示如下。

> 基点：< 偏移 >: @335,−55
> 指定下一点或 [放弃 (U)]: @0,−530
> 指定下一点或 [放弃 (U)]:

④ 结果如图所示。

⑤ 选择【修改】➤【偏移】菜单命令，将步骤 1 ~ 4 绘制的竖直直线段依次向右偏移，偏移距离分别指定为"15""700""15"，结果如图所示。

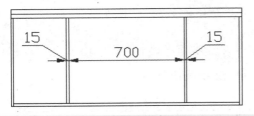

⑥ 选择【绘图】➤【直线】菜单命令，在命令提示下输入【FRO】并按【Enter】键确认，命令行提示如下。

> 命令：_line
> 指定第一个点：FRO

⑦ 在绘图区域中捕捉下图所示端点作为基点。

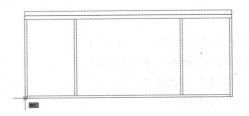

⑧ 在命令提示下输入直线的起点及端点坐标，并分别按【Enter】键确认，命令行提示如下。

> 基点：< 偏移 >: @350,185
> 指定下一点或 [放弃 (U)]: @700,0

⑨ 结果如图所示。

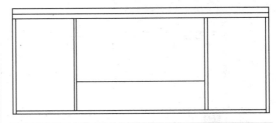

⑩ 选择【修改】➤【偏移】菜单命令，将步骤 6 ~ 9 绘制的水平直线段依次向上偏移，偏移距离分别指定为"15""165""15"，结果如图所示。

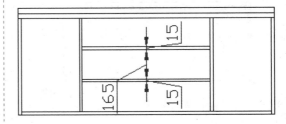

16.4.4 绘制抽屉面板

可以利用【RECTANG】【LINE】及【TRIM】命令绘制活动柜的抽屉面板，具体操作步骤如下。

❶ 选择【绘图】➤【矩形】菜单命令，在命令提示下输入【FRO】并按【Enter】键确认，

命令行提示如下。

> 命令：_rectang

指定第一个角点或 [倒角 (C)/ 标高 (E)/ 圆角 (F)/ 厚度 (T)/ 宽度 (W)]：FRO

❷　在绘图区域中捕捉下图所示端点作为基点。

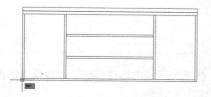

❸　在命令提示下输入矩形的相应角点坐标，并分别按【Enter】键确认，命令行提示如下。

基点：< 偏移 >：@344,2

指定另一个角点或 [面积 (A)/ 尺寸 (D)/ 旋转 (R)]：@712,196

❹　结果如图所示。

❺　选择【修改】➤【修剪】菜单命令，在绘图区域中选择下图所示的矩形对象，并按【Enter】键确认。

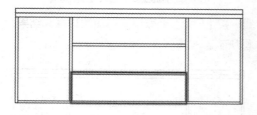

❻　在绘图区域中选择多余线条进行修剪，如图所示。

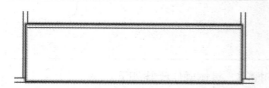

❼　按【Enter】键确认，结果如图所示。

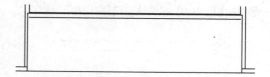

❽　选择【绘图】➤【直线】菜单命令，在绘图区域中捕捉下图所示端点作为直线的起点。

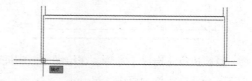

❾　在绘图区域中移动光标并捕捉下图所示端点作为直线的终点。

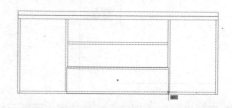

❿　按【Enter】键确认，结果如图所示。

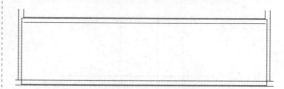

⓫　重复执行【直线】命令，在绘图区域中捕捉下图所示端点作为直线的起点。

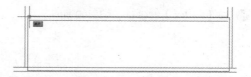

⓬　在绘图区域中移动光标并捕捉下图所示垂足点作为直线的终点。

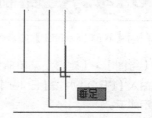

⑬ 按【Enter】键确认，结果如图所示。

⑭ 重复执行【直线】命令，在绘图区域中捕捉下图所示端点作为直线的起点。

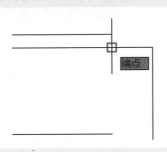

⑮ 在绘图区域中移动光标并捕捉下图所示垂足点作为直线的终点。

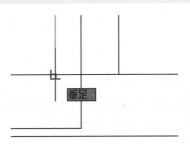

⑯ 按【Enter】键确认，结果如图所示。

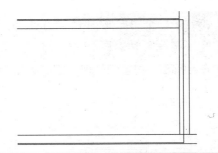

⑰ 在绘图区域中选择被抽屉面板覆盖的四条直线段，如图所示。

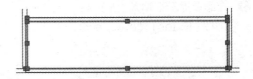

⑱ 选择【默认】选项卡，单击【图层】面板中的图层下拉按钮，在弹出的下拉列表中选择【虚线】图层。

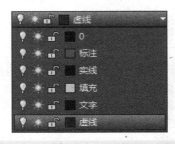

⑲ 按【Esc】键取消直线段的选择，结果如图所示。

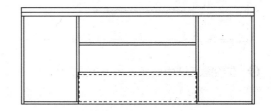

16.4.5 绘制掩门

可以利用【RECTANG】命令绘制活动柜的掩门，具体操作步骤如下。

❶ 选择【绘图】➤【矩形】菜单命令，在命令提示下输入【FRO】并按【Enter】键确认，命令行提示如下。

```
命令：_rectang
    指定第一个角点或 [ 倒角 (C)/ 标高 (E)/
圆角 (F)/ 厚度 (T)/ 宽度 (W)]: FRO  ↙
```

❷ 在绘图区域中捕捉下图所示端点作为基点。

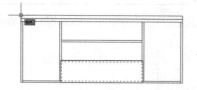

❸ 在命令提示下输入矩形的相应角点坐标，并分别按【Enter】键确认，命令行提示如下。

　基点：< 偏移 >：@2，-57 ✓
　指定另一个角点或 [面积 (A)/ 尺寸 (D)/ 旋转 (R)]：@339，-541 ✓

❹ 结果如图所示。

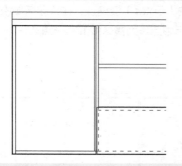

❺ 重复执行【矩形】命令，在命令提示下输入【FRO】并按【Enter】键确认，命令行提示如下。

　命令：_rectang
　指定第一个角点或 [倒角 (C)/ 标高 (E)/ 圆角 (F)/ 厚度 (T)/ 宽度 (W)]：FRO ✓

❻ 在绘图区域中捕捉下图所示端点作为基点。

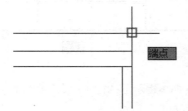

❼ 在命令提示下输入矩形的相应角点坐标，并分别按【Enter】键确认，命令行提示如下。

　基点：< 偏移 >：@-2，-57 ✓
　指定另一个角点或 [面积 (A)/ 尺寸 (D)/

旋转 (R)]：@-339，-541 ✓

❽ 结果如图所示。

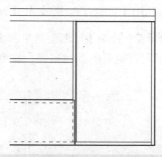

❾ 在绘图区域中选择被活动柜掩门覆盖的六条直线段，如图所示。

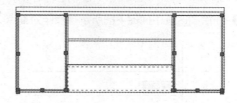

❿ 选择【默认】选项卡，单击【图层】面板中的图层下拉按钮，在弹出的下拉列表中选择【虚线】图层。

⓫ 按【Esc】键取消直线段的选择，结果如图所示。

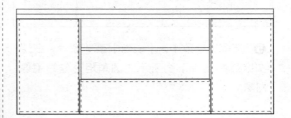

16.4.6 绘制拉手

可以利用【RECTANG】及【MIRROR】命令绘制活动柜的掩门，具体操作步骤如下。

❶ 选择【绘图】➤【矩形】菜单命令，在命令提示下指定矩形的圆角半径，命令行提示如下。

命令：_rectang

指定第一个角点或 [倒角 (C)/ 标高 (E)/ 圆角 (F)/ 厚度 (T)/ 宽度 (W)]：F

指定矩形的圆角半径 <0.0>：5

指定第一个角点或 [倒角 (C)/ 标高 (E)/ 圆角 (F)/ 厚度 (T)/ 宽度 (W)]：FRO

❷ 在绘图区域中捕捉下图所示端点作为基点。

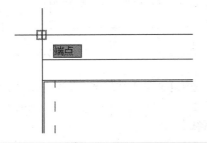

❸ 在命令提示下输入矩形的相应角点坐标，并分别按【Enter】键确认，命令行提示如下。

基点：< 偏移 >：@316，-377

指定另一个角点或 [面积 (A)/ 尺寸 (D)/ 旋转 (R)]：@10，100

❹ 结果如图所示。

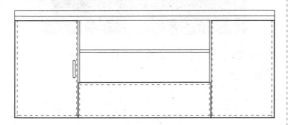

❺ 选择【修改】➤【镜像】菜单命令，在绘图区域中选择下图所示的圆角矩形作为镜像对象。

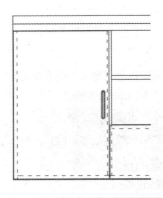

❻ 按【Enter】键确认，在绘图区域中捕捉下图所示中点作为镜像线的第一点。

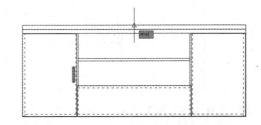

❼ 在绘图区域中移动光标并捕捉下图所示中点作为镜像线的第二点。

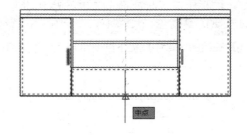

❽ 在命令提示下执行保留源对象操作，命令行提示如下。

要删除源对象吗？ [是 (Y)/ 否 (N)] <N>：

❾ 结果如图所示。

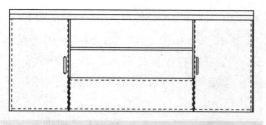

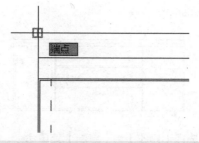

⑩ 选择【绘图】▶【矩形】菜单命令，在命令提示下输入【FRO】，并按【Enter】键确认，命令行提示如下。

> 命令：_rectang
> 当前矩形模式：圆角 =5
> 指定第一个角点或 [倒角 (C)/ 标高 (E)/ 圆角 (F)/ 厚度 (T)/ 宽度 (W)]：FRO ✓

 提示 用户需要在命令行中确认当前矩形模式为"圆角 =5.0"。

⑪ 在绘图区域中捕捉下图所示端点作为基点。

⑫ 在命令提示下输入矩形的相应角点坐标，并分别按【Enter】键确认，命令行提示如下。

> 基点：< 偏移 >：@650,-462 ✓
> 指定另一个角点或 [面积 (A)/ 尺寸 (D)/ 旋转 (R)]：@100,10 ✓

⑬ 结果如图所示。

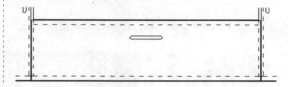

16.4.7 绘制万向轮

万向轮可以利用插入图块的形式创建，具体操作步骤如下。

❶ 选择【插入】▶【块】菜单命令，弹出【插入】对话框。

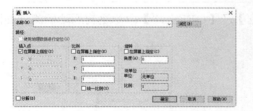

❷ 单击【浏览】按钮，选择"素材 \ch16\ 万向轮正立面图 .dwg"文件。

❸ 单击【确定】按钮，在命令提示下输入【FRO】

并按【Enter】键确认，命令行提示如下。

> 命令：_insert
> 指定插入点或 [基点 (B)/ 比例 (S)/X/Y/Z/ 旋转 (R)]：FRO ✓

❹ 在绘图区域中捕捉下图所示端点作为基点。

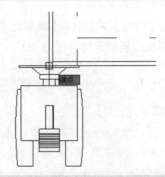

❺ 在命令提示下指定万向轮正立面图的插入位置，命令行提示如下。

> 基点：< 偏移 >：@80,0 ✓

⑥ 结果如图所示。

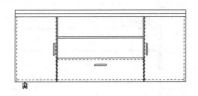

⑦ 选择【修改】▶【复制】菜单命令，在绘图区域中选择万向轮正立面图作为复制对象，如图所示。

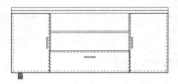

⑧ 按【Enter】键确认，然后在命令提示下分别指定相应坐标点的位置，命令行提示如下。

　　指定基点或 [位移 (D)/ 模式 (O)] < 位移 >：　// 在空白位置处任意单击一点即可
　　指定第二个点或 [阵列 (A)] < 使用第一个点作为位移 >：@620,0↙
　　指定第二个点或 [阵列 (A)/ 退出 (E)/ 放弃 (U)] < 退出 >：@1240,0↙
　　指定第二个点或 [阵列 (A)/ 退出 (E)/ 放弃 (U)] < 退出 >：↙

⑨ 结果如图所示。

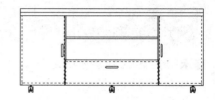

16.5　绘制活动柜侧立面图

本节视频教程时间：8 分钟

活动柜正立面图绘制完成后，可以将其作为依据进行侧立面图的绘制。

16.5.1　绘制柜体

可以利用【RECTANG】【LINE】【PLINE】及【OFFSET】命令绘制活动柜侧立面图的柜体，具体操作步骤如下。

1. 绘制盖板及侧板

① 选择【绘图】▶【矩形】菜单命令，在命令提示下指定当前圆角半径为"0"，命令行提示如下。

　　命令：_rectang
　　当前矩形模式：圆角 =5
　　指定第一个角点或 [倒角 (C)/ 标高 (E)/ 圆角 (F)/ 厚度 (T)/ 宽度 (W)]：F↙
　　指定矩形的圆角半径 <5.0>：0↙
　　指定第一个角点或 [倒角 (C)/ 标高 (E)/ 圆角 (F)/ 厚度 (T)/ 宽度 (W)]：FRO↙

② 在绘图区域中捕捉下图所示端点作为基点。

③ 在命令提示下输入矩形的相应角点坐标，并分别按【Enter】键确认，命令行提示如下。

　　基点：< 偏移 >：@280,0↙
　　指定另一个角点或 [面积 (A)/ 尺寸 (D)/ 旋转 (R)]：@600,-30↙

④ 结果如图所示。

❺　重复执行【矩形】命令，在绘图区域中捕捉下图所示端点作为矩形第一角点。

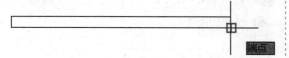

❻　在命令提示下输入矩形另一角点的坐标位置，并按【Enter】键确认，命令行提示如下。

指定另一个角点或 [面积 (A)/ 尺寸 (D)/ 旋转 (R)]: @–565,–570　✔

❼　结果如图所示。

2. 绘制背板及底板

❶　选择【绘图】➢【直线】菜单命令，在命令提示下输入【FRO】，并按【Enter】键确认，命令行提示如下。

命令 : _line
指定第一个点 : FRO　✔

❷　在绘图区域中捕捉下图所示端点作为基点。

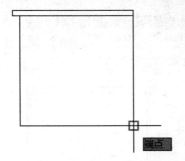

❸　在命令提示下输入直线起点及端点的坐标位置，并分别按【Enter】键确认，命令行提示如下。

基点 : < 偏移 >: @–15,0　✔
指定下一点或 [放弃 (U)]: @0,570　✔

指定下一点或 [放弃 (U)]:　✔

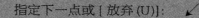

❹　结果如图所示。

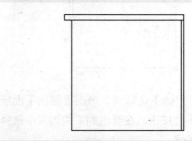

❺　重复执行【直线】命令，在命令提示下输入【FRO】，并按【Enter】键确认，命令行提示如下。

命令 : _line
指定第一个点 : FRO　✔

❻　在绘图区域中捕捉下图所示端点作为基点。

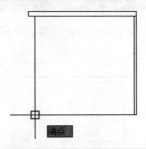

❼　在命令提示下输入直线起点及端点的坐标位置，并分别按【Enter】键确认，命令行提示如下。

基点 : < 偏移 >: @0,15　✔
指定下一点或 [放弃 (U)]: @550,0　✔
指定下一点或 [放弃 (U)]:　✔

❽　结果如图所示。

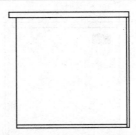

❾　在绘图区域中选择下图所示的两条直线段。

⑩ 选择【默认】选项卡，单击【图层】面板中的图层下拉按钮，在弹出的下拉列表中选择【虚线】图层。

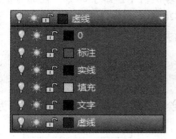

⑪ 按【Esc】键取消直线段的选择，结果如图所示。

3. 绘制楣条及掩门

① 选择【绘图】➤【矩形】菜单命令，在绘图区域中捕捉下图所示端点作为矩形第一角点。

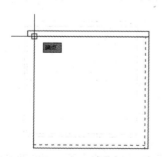

② 在命令提示下输入矩形另一角点的坐标位

置，并按【Enter】键确认，命令行提示如下。

> 指定另一个角点或 [面积 (A)/ 尺寸 (D)/ 旋转 (R)]：@-15,-25 ✓

③ 结果如图所示。

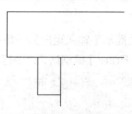

④ 重复执行【矩形】命令，在命令提示下输入【FRO】，并按【Enter】键确认，命令行提示如下。

> 命令：_rectang
> 指定第一个角点或 [倒角 (C)/ 标高 (E)/ 圆角 (F)/ 厚度 (T)/ 宽度 (W)]：FRO ✓

⑤ 在绘图区域中捕捉下图所示端点作为基点。

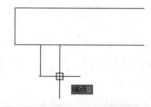

⑥ 在命令提示下输入矩形的相应角点坐标，并分别按【Enter】键确认，命令行提示如下。

> 基点：< 偏移 >：@0,-2 ✓
> 指定另一个角点或 [面积 (A)/ 尺寸 (D)/ 旋转 (R)]：@-15,-541 ✓

⑦ 结果如图所示。

4. 绘制拉手

① 选择【绘图】➤【多段线】菜单命令，在

命令提示下输入【FRO】，并按【Enter】键确认，命令行提示如下。

```
命令：_pline
指定起点：FRO ↙
```

❷ 在绘图区域中捕捉下图所示端点作为基点。

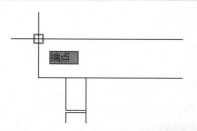

❸ 在命令提示下依次指定多段线相应坐标点的位置，命令行提示如下。

```
基点：< 偏移 >：@20,-277 ↙
当前线宽为 0
指定下一个点或 [ 圆弧 (A)/ 半宽 (H)/
长度 (L)/ 放弃 (U)/ 宽度 (W)]：@-15,0 ↙
指定下一点或 [ 圆弧 (A)/ 闭合 (C)/ 半宽
(H)/ 长度 (L)/ 放弃 (U)/ 宽度 (W)]：A ↙
指定圆弧的端点 ( 按住 Ctrl 键以切换方
向 ) 或
[ 角度 (A)/ 圆心 (CE)/ 闭合 (CL)/ 方向
(D)/ 半宽 (H)/ 直线 (L)/ 半径 (R)/ 第二个点
(S)/ 放弃 (U)/ 宽度 (W)]：R ↙
指定圆弧的半径：10 ↙
指定圆弧的端点或 [ 角度 (A)]：@-10,
-10 ↙
指定圆弧的端点 ( 按住 Ctrl 键以切换方
向 ) 或
[ 角度 (A)/ 圆心 (CE)/ 闭合 (CL)/ 方向
(D)/ 半宽 (H)/ 直线 (L)/ 半径 (R)/ 第二个点
(S)/ 放弃 (U)/ 宽度 (W)]：L ↙
指定下一点或 [ 圆弧 (A)/ 闭合 (C)/ 半宽
(H)/ 长度 (L)/ 放弃 (U)/ 宽度 (W)]：@0,-80 ↙
指定下一点或 [ 圆弧 (A)/ 闭合 (C)/ 半宽
(H)/ 长度 (L)/ 放弃 (U)/ 宽度 (W)]：A ↙
指定圆弧的端点 ( 按住 Ctrl 键以切换方
向 ) 或
```

```
[ 角度 (A)/ 圆心 (CE)/ 闭合 (CL)/ 方向
(D)/ 半宽 (H)/ 直线 (L)/ 半径 (R)/ 第二个点
(S)/ 放弃 (U)/ 宽度 (W)]：R ↙
指定圆弧的半径：10 ↙
指定圆弧的端点 ( 按住 Ctrl 键以切换方
向 ) 或 [ 角度 (A)]：@10,-10 ↙
指定圆弧的端点 ( 按住 Ctrl 键以切换方
向 ) 或
[ 角度 (A)/ 圆心 (CE)/ 闭合 (CL)/ 方向
(D)/ 半宽 (H)/ 直线 (L)/ 半径 (R)/ 第二个点
(S)/ 放弃 (U)/ 宽度 (W)]：L ↙
指定下一点或 [ 圆弧 (A)/ 闭合 (C)/ 半宽
(H)/ 长度 (L)/ 放弃 (U)/ 宽度 (W)]：@15,0 ↙
指定下一点或 [ 圆弧 (A)/ 闭合 (C)/ 半宽
(H)/ 长度 (L)/ 放弃 (U)/ 宽度 (W)]： ↙
```

❹ 结果如图所示。

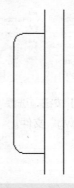

❺ 选择【修改】▶【偏移】菜单命令，偏移距离指定为"5"，然后在绘图区域中选择下图所示的多段线作为偏移对象。

❻ 在多段线的内侧单击指定偏移方向，如图所示。

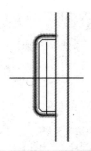

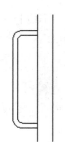

⑦ 按【Enter】键确认，结果如图所示。

16.5.2 绘制万向轮

万向轮可以利用插入图块的形式创建，具体操作步骤如下。

① 选择【插入】➤【块】菜单命令，弹出【插入】对话框。

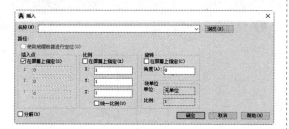

② 单击【浏览】按钮，选择"素材 \ch16\ 万向轮侧立面图 .dwg"文件。

③ 单击【确定】按钮，在命令提示下输入【FRO】并按【Enter】键确认，命令行提示如下。

> 命令：_insert
> 指定插入点或 [基点 (B)/ 比例 (S)/X/Y/Z/ 旋转 (R)]：FRO ✓

④ 在绘图区域中捕捉下图所示端点作为基点。

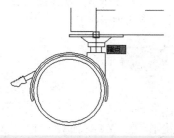

⑤ 在命令提示下指定万向轮侧立面图的插入位置，命令行提示如下。

> 基点：< 偏移 >：@80,0 ✓

⑥ 结果如图所示。

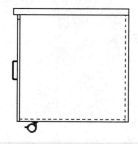

⑦ 选择【修改】➤【复制】菜单命令，在绘图区域中选择万向轮侧立面图作为复制对象，如图所示。

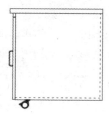

⑧ 按【Enter】键确认，然后在命令提示下分别指定相应坐标点的位置，命令行提示如下。

> 指定基点或 [位移 (D)/ 模式 (O)] < 位移 >： // 在空白位置处任意单击一点即可
> 指定第二个点或 [阵列 (A)] < 使用第一个点作为位移 >：@405,0 ✓
> 指定第二个点或 [阵列 (A)/ 退出 (E)/ 放弃 (U)] < 退出 >： ✓

⑨ 结果如图所示。

⑩ 选择【修改】➤【分解】菜单命令，将后方的万向轮分解，并将其刹车部分选中，如图所示。

⑪ 按键盘【Del】键将后方万向轮刹车部分删除后，结果如图所示。

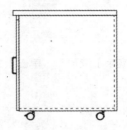

16.6 为活动柜添加标注及文字说明

🎬 本节视频教程时间：5 分钟

可以为活动柜添加相应的标注及文字说明，以便使信息表达的更加详细、准确。

◤ 16.6.1 修改标注样式

为活动柜添加标注之前首先要设置标注样式，具体操作步骤如下。

❶ 选择【格式】➤【标注样式】菜单命令，弹出【标注样式管理器】对话框，单击【修改】按钮。

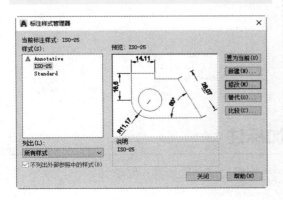

❷ 弹出【修改标注样式：ISO-25】对话框，选择【线】选项卡，进行下图所示设置。

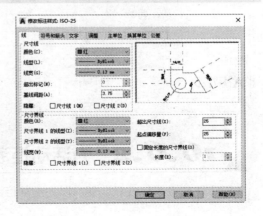

❸ 选择【符号和箭头】选项卡，进行下图所示设置。

❹ 选择【文字】选项卡，单击【文字样式】右侧的□按钮。

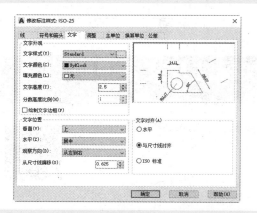

❺ 弹出【文字样式】对话框，对其进行下图所示的设置。

❻ 单击【应用】按钮后单击【关闭】按钮，将【文字样式】对话框关闭，系统自动返回【修改标注样式：ISO-25】对话框。在【文字】选项卡中进行下图所示的相关设置。

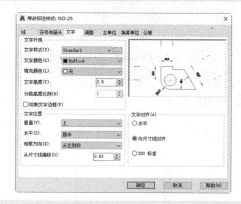

❼ 选择【主单位】选项卡，进行下图所示设置。

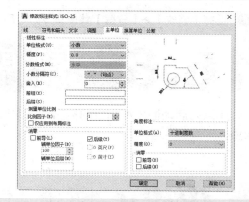

❽ 单击【确定】按钮，返回【标注样式管理器】对话框，将标注样式【ISO-25】置为当前。

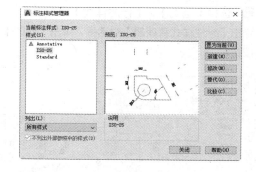

16.6.2 为活动柜添加标注

标注样式设置完成后，便可以为活动柜添加相应标注了，具体操作步骤如下。

❶ 选择【默认】选项卡，单击【图层】面板中的图层下拉按钮，在弹出的下拉列表中选择【标注】图层。

❷ 选择【标注】➤【线性】菜单命令，对活动柜正立面图及侧立面图的相关尺寸进行标注，结果如图所示。

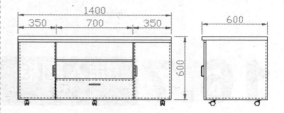

16.6.3　修改文字样式

为活动柜添加文字注释之前首先要设置文字样式，具体操作步骤如下。

❶ 选择【格式】➤【文字样式】菜单命令，弹出【文字样式】对话框。

❷ 单击【新建】按钮，弹出【新建文字样式】对话框，将样式名命名为【说明】，如图所示。

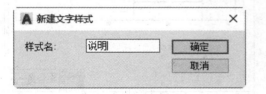

❸ 单击【确定】按钮，返回【文字样式】对话框，将字体设置为"仿宋"，文字高度设置为"50"，如图所示。

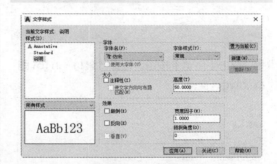

❹ 将【说明】文字样式置为当前，然后关闭【文字样式】对话框。

16.6.4　为活动柜添加文字说明

文字样式设置完成后，便可以为活动柜添加相应文字说明了，具体操作步骤如下。

❶ 选择【默认】选项卡，单击【图层】面板中的图层下拉按钮，在弹出的下拉列表中选择【文字】图层。

❷ 选择【绘图】➤【文字】➤【多行文字】菜单命令，为活动柜添加文字说明。

技术要求：
1、内芯材采用中密度板
2、表面橡木纯天然贴皮
3、油漆为半哑光亮度
4、拉手为铝合金扁平拉手
5、其余按现行标准执行

16.7 插入图框

本节视频教程时间：2分钟

活动柜图框可以以插入图块的形式进行创建，具体操作步骤如下。

❶ 选择【插入】➤【块】菜单命令，弹出【插入】对话框。

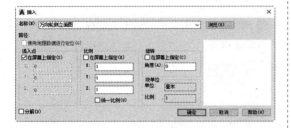

❷ 单击【浏览】按钮，选择"素材\ch16\图框.dwg"文件。

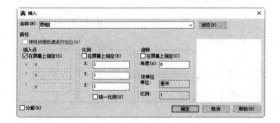

❸ 单击【确定】按钮，在绘图区域单击指定图块插入点，结果如图所示。

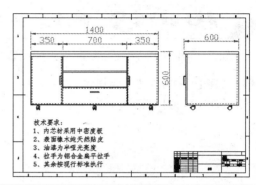

❹ 选择【绘图】➤【文字】➤【单行文字】菜单命令，为图框添加文字说明。

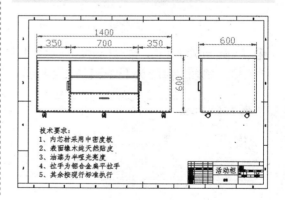

第

17

章

建筑设计案例——绘制残疾人
卫生间详图

本章视频教程时间：40 分钟

高手指引

残疾人卫生间在机场、车站等公共场所比较常见，通常都配备有专门的无障碍设施，为残障者、老人或病人提供便利。本章以残疾人卫生间中的挂式小便器俯视图及挂式小便器右视图的绘制为例，详细介绍残疾人卫生间详图的绘制方法。

重点导读

✚ 绘制挂式小便器俯视图
✚ 绘制挂式小便器右视图

17.1　残疾人卫生间设计的注意事项

本节视频教程时间：2 分钟

　　残疾人卫生间主要是为了给残障者、老人或病人提供方便而设立的无障碍卫生间，设计残疾人卫生间时通常需要注意以下几点。

　　（1）门的宽度：无障碍卫生间门的宽度不应低于 800mm，以便于轮椅的出入。

　　（2）门的种类：应当使用移动推拉门，并在门上安装横向拉手，便于乘坐轮椅的人开门或关门。在条件允许的情况下，可以使用电动门，使用者可以通过按钮控制门的打开或关闭。

　　（3）内部空间：无障碍卫生间内部空间不应少于 1.5m×1.5m。

　　（4）安全扶手：必须配备安全扶手，座便器扶手距离地面高度不应低于 700mm，小便器扶手离地不应低于 1180mm，台盆扶手离地不应低于 850mm。

　　（5）紧急呼叫系统：必须配备紧急呼叫系统，紧急呼叫系统可以选择安装于墙面，也可以选择安装于安全扶手上面。

17.2　残疾人卫生间详图的绘制思路

本节视频教程时间：1 分钟

　　绘制残疾人卫生间详图的思路是先绘制挂式小便器俯视图，并为其添加标注及文字说明，然后绘制挂式小便器右视图，同样为其添加标注及文字说明。具体绘制思路如下表所示。

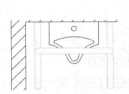

残疾人卫生间详图的绘制思路　　　绘制挂式小便器右视图　　　挂式小便器右视图添加注释

17.3　绘制挂式小便器俯视图

本节视频教程时间：22 分钟

　　绘制挂式小便器俯视图时，主要会应用到直线、圆、修剪、填充及参数化约束操作，具体操作步骤如下。

 17.3.1　设置绘图环境

❶ 在命令行输入【LA】调用图层管理器，在图层管理器中创建下图所示的几个图层。

❷ 在命令行输入【 D 】并按空格键调用【 标注样式管理器 】对话框，如下图所示。

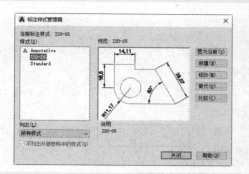

❸ 单击【 修改 】按钮，在弹出的对话框中选择【 符号和箭头 】选项卡，将箭头设置为【 建筑标记 】，如下图所示。

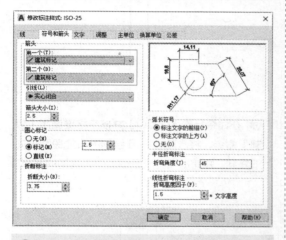

❹ 单击【 调整 】选项卡，将全局比例设置为 24，如下图所示。设置完成后单击【 确定 】按钮，并将修改后的标注样式置为当前。

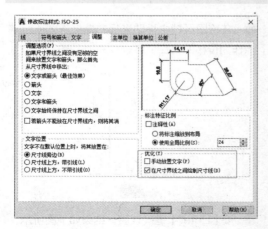

❺ 在命令行输入【 MLS 】并按空格键调用【 多重引线样式管理器 】对话框，如下图所示。

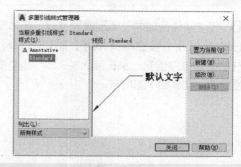

❻ 单击【 修改 】按钮，在弹出的对话框中选择【 引线格式 】选项卡，将【 箭头 】设置为【 小点 】，大小设置为 40，如下图所示。

❼ 单击【 内容 】选项卡，将文字高度设置为 60。设置完成后单击【 确定 】按钮，并将修改后的标注样式置为当前。

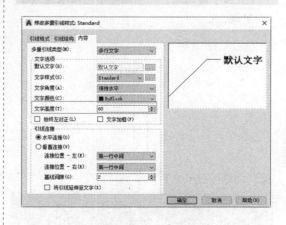

17.3.2 绘制墙体

❶ 将"墙体及地面"图层置为当前，在命令行输入【L】并按空格键调用【直线】命令，在绘图区域中绘制一条长度为"900"的竖直直线段，结果如下图所示。

❷ 在命令行输入【O】并按空格键调用【偏移】命令，将刚才绘制的直线段向右侧偏移"120"，结果如下图所示。

❸ 在命令行输入【L】并按空格键调用【直线】命令，在命令行提示下输入【FRO】并按【Enter】键确认，然后捕捉下图所示端点作为基点。

❹ 命令行提示如下。

```
基点：< 偏移 >：@-56,0
指定下一点或 [ 放弃 (U)]: @90,0
指定下一点或 [ 放弃 (U)]: @14,44
指定下一点或 [ 闭合 (C)/ 放弃 (U)]:
```

```
@24,-88
    指定下一点或 [ 闭合 (C)/ 放弃 (U)]:
@14,44
    指定下一点或 [ 闭合 (C)/ 放弃 (U)]:
@90,0
    指定下一点或 [ 闭合 (C)/ 放弃 (U)]:. //
按【Enter】键结束该命令
```

❺ 结果如下图所示。

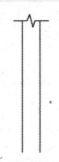

❻ 在命令行输入【CO】并按空格键调用【复制】命令，将步骤 4 ~ 6 绘制的直线段图形向下复制，并捕捉如图所示端点作为复制的基点。

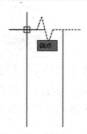

❼ 在绘图区域中移动光标并捕捉下图所示端点作为位移的第二个点。

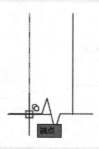

❽ 按【Enter】键确认后，结果如下图所示。

⑨ 在命令行输入【L】并按空格键调用【直线】命令，在命令行提示下输入【FRO】并按【Enter】键确认，然后捕捉下图所示端点作为基点。

⑩ 命令行提示如下。

基点：< 偏移 >: @0,-110
指定下一点或 [放弃 (U)]: @850,0
指定下一点或 [放弃 (U)]: // 按【Enter】键结束该命令

⑪ 结果如下图所示。

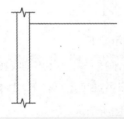

⑫ 在命令行输入【O】并按空格键调用【偏移】命令，将刚才绘制的直线段向下方偏移"120"，结果如下图所示。

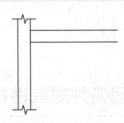

⑬ 在命令行输入【L】并按空格键调用【直线】命令，在命令行提示下输入【FRO】并按

【Enter】键确认，然后捕捉下图所示端点作为基点。

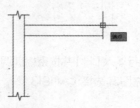

⑭ 命令行提示如下。

基点：< 偏移 >: @0,56
指定下一点或 [放弃 (U)]: @0,-90
指定下一点或 [放弃 (U)]: @44,-14
指定下一点或 [闭合 (C)/ 放弃 (U)]: @-88,-24
指定下一点或 [闭合 (C)/ 放弃 (U)]: @44,-14
指定下一点或 [闭合 (C)/ 放弃 (U)]: @0,-90
指定下一点或 [闭合 (C)/ 放弃 (U)]: // 按【Enter】键结束该命令

⑮ 结果如下图所示。

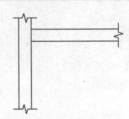

⑯ 在命令行输入【TR】并按空格键调用【修剪】命令，选择下图所示的两条水平直线段作为修剪边界。

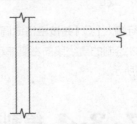

⑰ 在绘图区域中对多余线段进行相应修剪操作，然后按【Enter】键结束【修剪】命令，结果如下图所示。

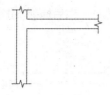

设置为"20"，然后在绘图区域中拾取内部点进行填充，结果如下图所示。

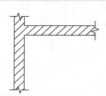

⑱ 在命令行输入【H】并按空格键调用【填充】命令，填充图案选择"ANSI31"，填充比例

 17·3·3 绘制挂式小便器（绘制直线及圆形部分）

❶ 将"挂式小便器"图层置为当前，在命令行输入【L】并按空格键调用【直线】命令，在命令行提示下输入【FRO】】并按【Enter】键确认，然后捕捉下图所示端点作为基点。

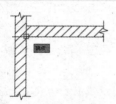

❷ 命令行提示如下。

> 基点：＜偏移＞：@195,0
> 指定下一点或 [放弃(U)]：@0,-195
> 指定下一点或 [放弃(U)]： // 按【Enter】
> 键结束该命令

❸ 结果如下图所示。

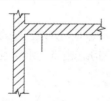

❹ 在命令行输入【O】并按空格键调用【偏移】命令，将刚才绘制的直线段向右侧偏移"410"，结果如下图所示。

❺ 在命令行输入【C】并按空格键调用【圆】命令,在命令行提示下输入【FRO】并按【Enter】键确认，然后捕捉下图所示端点作为基点。

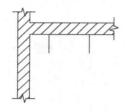

❻ 命令行提示如下。

> 基点：＜偏移＞：@205,-110
> 指定圆的半径或 [直径(D)]：54

❼ 结果如下图所示。

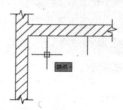

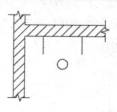

 17·3·4 绘制挂式小便器(绘制圆弧并对其进行约束)

❶ 单击【常用】选项卡 ➤ 【绘图】面板 ➤ 【圆弧】按钮，选择【起点、端点、半径】选项，然后在绘图区域中任意绘制一段圆弧，该圆弧半径为"203"，结果如下图所示。

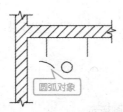

② 单击【参数化】选项卡 ➤【标注】面板 ➤【半径】按钮，对刚才绘制的圆弧图形进行半径标注，并且采用默认尺寸设置，结果如下图所示。

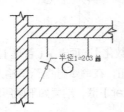

③ 单击【参数化】选项卡 ➤【几何】面板 ➤【重合】按钮，在绘图区域中单击选择第一个点，如下图所示。

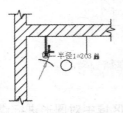

④ 继续在绘图区域中单击选择第二个点，如下图所示。

⑤ 结果如下图所示。

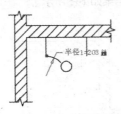

⑥ 单击【参数化】选项卡 ➤【标注】面板 ➤【竖

直】按钮，在绘图区域中对步骤 1 ~ 3 绘制的竖直直线段进行标注约束，并且采用系统默认尺寸设置，结果如下图所示。

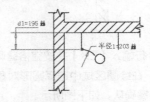

⑦ 单击【参数化】选项卡 ➤【几何】面板 ➤【固定】按钮，在绘图区域中选择点，如下图所示。

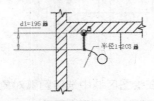

⑧ 结果如下图所示。

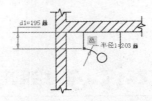

⑨ 单击【参数化】选项卡 ➤【几何】面板 ➤【相切】按钮，在绘图区域中选择第一个对象，如下图所示。

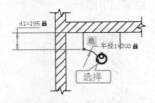

⑩ 继续在绘图区域中单击选择第二个对象，如下图所示。

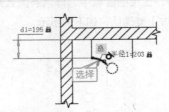

⑪ 结果如下图所示。

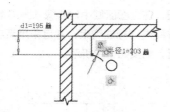

⑫ 在命令行输入【EX】并按空格键调用【延伸】命令，在绘图区域中选择圆形对象，并按【Enter】键确认，如下图所示。

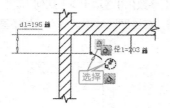

⑬ 继续在绘图区域中选择圆弧对象，并按【Enter】键确认，如下图所示。

⑭ 结果如下图所示。

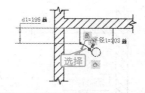

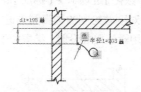

⑮ 单击【参数化】选项卡 ➤【管理】面板 ➤【删除约束】按钮，在命令行提示下输入【ALL】按两次【Enter】键，结果如下图所示。

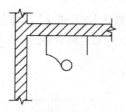

17·3·5 绘制挂式小便器（完善操作）

❶ 在命令行输入【MI】并按空格键调用【镜像】命令，在绘图区域中选择圆弧作为需要镜像的对象，以圆形的竖直中心线作为镜像线，并保留源对象，结果如下图所示。

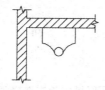

❷ 在命令行输入【TR】并按空格键调用【修剪】命令，在绘图区域中选择两条圆弧对象，按【Enter】键确认，如下图所示。

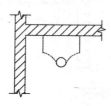

❸ 在绘图区域中对圆形进行修剪，并按【Enter】键结束该命令，结果如下图所示。

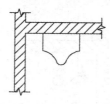

❹ 在命令行输入【O】并按空格键调用【偏移】命令，将绘图区域中的三条圆弧对象向上方偏移"23"，结果如下图所示。

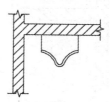

❺ 在命令行输入【C】并按空格键调用【圆】

命令，在命令行提示下输入【FRO】并按【Enter】键确认，然后在绘图区域中捕捉下图所示端点作为基点。

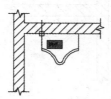

⑥ 命令行提示如下。

基点：< 偏移 >：@205，−526

指定圆的半径或 [直径 (D)]：395

⑦ 结果如下图所示。

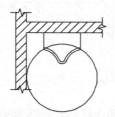

⑧ 在命令行输入【TR】并按空格键调用【修剪】命令，在绘图区域中选择步骤 4 中偏移生成的两条圆弧对象，按【Enter】键确认，如下图所示。

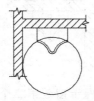

⑨ 在绘图区域中对圆形进行修剪，并按【Enter】键结束该命令，结果如下图所示。

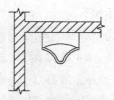

⑩ 在命令行输入【F】并按空格键调用【圆角】命令，圆角半径设置为"10"，在绘图区域中选择相应对象进行圆角操作，然后按【Enter】键结束该命令，结果如下图所示。

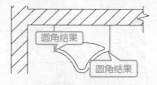

圆角结果

圆角结果

⑪ 在命令行输入【C】并按空格键调用【圆】命令，在命令行提示下输入【FRO】并按【Enter】键确认，然后在绘图区域中捕捉下图所示端点作为基点。

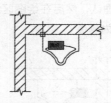

⑫ 命令行提示如下。

基点：< 偏移 >：@205，−60

指定圆的半径或 [直径 (D)] <395.0000>：20

⑬ 结果如下图所示。

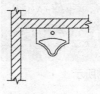

17.3.6 绘制安全抓杆

❶ 将"安全抓杆"层置为当前，在命令行输入【L】并按空格键调用【直线】命令，在命令行提示下输入【FRO】并按【Enter】键确认，然后在绘图区域中捕捉右图所示端点作为基点。

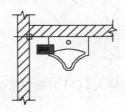

❷ 命令行提示如下。

基点：< 偏移 >: @55,0
指定下一点或 [放弃 (U)]: @10,–10
指定下一点或 [放弃 (U)]: @70,0
指定下一点或 [闭合 (C)/ 放弃 (U)]:
@10,10
指定下一点或 [闭合 (C)/ 放弃 (U)]:
// 按【Enter】键结束该命令

❸ 结果如下图所示。

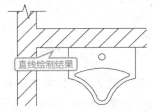

直线绘制结果

❹ 在命令行输入【L】并按空格键调用【直线】命令，在命令行提示下输入【FRO】并按【Enter】键确认，然后在绘图区域中捕捉下图所示端点作为基点。

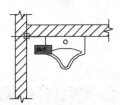

❺ 命令行提示如下。

基点：< 偏移 >: @75,–10
指定下一点或 [放弃 (U)]: @0,–540
指定下一点或 [放弃 (U)]: // 按【Enter】键结束该命令

❻ 结果如下图所示。

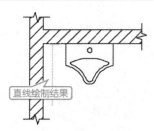

直线绘制结果

❼ 在命令行输入【O】并按空格键调用【偏

移】命令，将刚才绘制的竖直直线段向右侧偏移"50"，结果如下图所示。

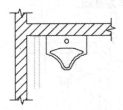

❽ 单击【默认】选项卡➢【绘图】面板➢【圆】按钮，选择【两点】选项，在绘图区域中分别捕捉步骤 4 ~ 7 中所绘制的两条竖直直线段的下方端点绘制一个圆形，结果如下图所示。

圆形绘制结果

❾ 在命令行输入【CO】并按空格键调用【复制】命令，选择步骤 1 ~ 8 所绘制的图形作为需要复制的对象，并按【Enter】键确认，如下图所示。

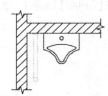

❿ 当命令行提示指定第二个点时，输入"@600,0"按两次【Enter】键结束该命令，结果如下图所示。

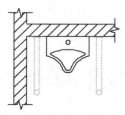

⓫ 在命令行输入【C】并按空格键调用【圆】命令，在命令行提示下输入【FRO】并按【Enter】键确认，然后在绘图区域中捕捉下图所示端点作为基点。

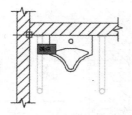

⑫ 命令行提示如下。

> 基点：< 偏移 >：@100,–250
> 指定圆的半径或 [直径 (D)] <25.0000>：25

⑬ 结果如下图所示。

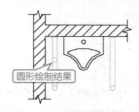

⑭ 在命令行输入【 CO 】并按空格键调用【 复制 】命令，选择步骤 11 ~ 13 所绘制的圆形作为需要复制的对象，并按【 Enter 】键确认，如下图所示。

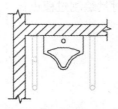

⑮ 当命令行提示指定第二个点时，输入 "@600,0" 按两次【 Enter 】键结束该命令，结果如下图所示。

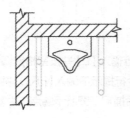

⑯ 在命令行输入【 L 】并按空格键调用【 直线 】命令，绘制两条水平直线段将步骤 11 ~ 15 中得到的两个圆形连接起来，结果如下图所示。

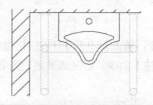

⑰ 在命令行输入【 TR 】并按空格键调用【 修剪 】命令，选择步骤 16 绘制的两条水平直线段作为修剪边界，如下图所示。

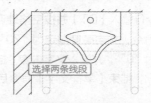

⑱ 在绘图区域中对多余对象进行修剪，并结束【 修剪 】命令，结果如下图所示。

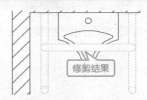

⑲ 重复调用【 修剪 】命令，在绘图区域中对另外两处多余对象进行修剪，结果如下图所示。

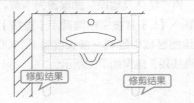

 17·3·7 添加尺寸标注及文字说明

❶ 将 "标注" 层置为当前，在命令行输入【 DLI 】并按空格键调用【 线性标注 】命令，标注结果如下图所示。

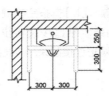

❷ 在命令行输入【MLD】并按空格键调用【多重引线标注】命令，标注结果如下图所示。

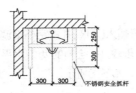

❸ 在命令行输入【DT】并按空格键调用【单行文字】命令，文字高度指定为"70"，旋转角度指定为"0"，并输入文字内容"挂式小便器俯视图"，结束【单行文字】命令后结果如

下图所示。

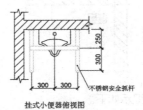

挂式小便器俯视图

❹ 在命令行输入【L】并按空格键调用【直线】命令，在绘图区域中绘制两条任意长度的水平直线段，结果如下图所示。

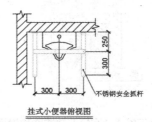

挂式小便器俯视图

17.4 绘制挂式小便器右视图

本节视频教程时间：15 分钟

挂式小便器右视图的绘制方法与其俯视图类似，下面将对其绘制过程进行详细介绍。

17.4.1 绘制墙体及地面

❶ 将"墙体及地面"图层置为当前，在命令行输入【L】并按空格键调用【直线】命令，在绘图区域中绘制一条长度为"1100"的竖直直线段，结果如下图所示。

❷ 在命令行输入【O】并按空格键调用【偏移】命令，将刚才绘制的直线段向右侧偏移"120"，结果如下图所示。

❸ 在命令行输入【L】并按空格键调用【直线】命令，在命令行提示下输入【FRO】并按【Enter】键确认，然后捕捉下图所示端点作为基点。

④ 命令行提示如下。

基点：< 偏移 >：@-56,0

指定下一点或 [放弃 (U)]：@90,0

指定下一点或 [放弃 (U)]：@14,-44

指定下一点或 [闭合 (C)/ 放弃 (U)]：@24,88

指定下一点或 [闭合 (C)/ 放弃 (U)]：@14,-44

指定下一点或 [闭合 (C)/ 放弃 (U)]：@90,0

指定下一点或 [闭合 (C)/ 放弃 (U)]：// 按【 Enter 】键结束该命令

⑤ 结果如下图所示。

⑥ 在命令行输入【 L 】并按空格键调用【 直线 】命令，在命令行提示下输入【 FRO 】并按【 Enter 】键确认，然后捕捉下图所示端点作为基点。

⑦ 命令行提示如下。

基点：< 偏移 >：@90,0

指定下一点或 [放弃 (U)]：@-1000,0

指定下一点或 [放弃 (U)]：// 按【 Enter 】键结束该命令

⑧ 结果如下图所示。

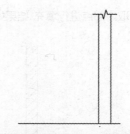

⑨ 在命令行输入【 REC 】并按空格键调用【 矩形 】命令，然后在绘图区域中捕捉如下图所示端点作为矩形的第一个角点。

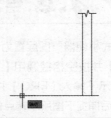

⑩ 在命令行提示下输入"@1000,-220"并按【 Enter 】键确认，以指定矩形的另一个角点，结果如下图所示。

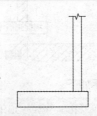

⑪ 在命令行输入【 H 】并按空格键调用【 填充 】命令，填充图案选择"ANSI31"，填充比例设置为"20"，角度设置为"90"，然后在绘图区域中拾取内部点进行填充，结果如下图所示。

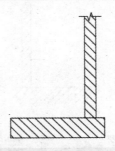

⑫ 在命令行输入【 H 】并按空格键调用【 填充 】命令，填充图案选择"AR-CONC"，填充比例设置为"1"，角度设置为"0"，然后在绘

图区域中拾取内部点进行填充,结果如下图所示。

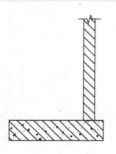

⓭ 选择步骤 9 ~ 10 绘制的矩形,按【Del】键将其删除,结果如下图所示。

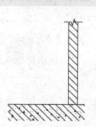

𝟣𝟩·𝟦·𝟤 绘制挂式小便器（绘制直线段）

❶ 将"挂式小便器"图层置为当前,在命令行输入【L】并按空格键调用【直线】命令,在命令行提示下输入【FRO】并按【Enter】键确认,然后捕捉下图所示端点作为基点。

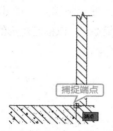

❷ 命令行提示如下。

基点：< 偏移 >：@0,368
指定下一点或 [放弃 (U)]：@-220,0
指定下一点或 [放弃 (U)]：// 按【Enter】键结束该命令

❸ 结果如下图所示。

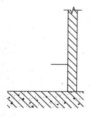

❹ 在命令行输入【L】并按空格键调用【直线】命令,在命令行提示下输入【FRO】并按【Enter】键确认,然后捕捉下图所示端点作为基点。

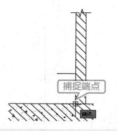

❺ 命令行提示如下。

基点：< 偏移 >：@0,759
指定下一点或 [放弃 (U)]：@-61,0
指定下一点或 [放弃 (U)]：@0,-150
指定下一点或 [闭合 (C)/ 放弃 (U)]：// 按【Enter】键结束该命令

❻ 结果如下图所示。

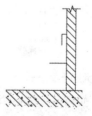

𝟣𝟩·𝟦·𝟥 绘制挂式小便器（绘制弧形部分）

❶ 在命令行输入【C】并按空格键调用【圆】命令,在命令行提示下输入【FRO】并按【Enter】键确认,然后捕捉下图所示端点作为基点。

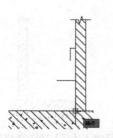

❷ 命令行提示如下。

基点：< 偏移 >：@-230,421
指定圆的半径或 [直径 (D)]：50

❸ 结果如下图所示。

圆形绘制结果

❹ 单击【常用】选项卡 ➤【绘图】面板 ➤【圆】按钮，选择【相切、相切、半径】选项，然后在绘图区域中单击指定第一个切点，如下图所示。

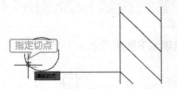

指定切点

❺ 在绘图区域中移动光标单击指定第二个切点，如下图所示。

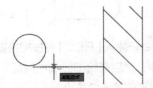

❻ 在命令行提示下输入"161"并按【Enter】键确认，以指定圆的半径，结果如下图所示。

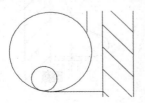

❼ 在命令行输入【TR】并按空格键调用【修剪】命令，在绘图区域中选择两个圆形及一条水平直线段作为修剪边界，如下图所示。

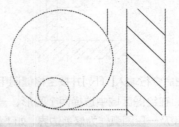

❽ 在绘图区域中将多余对象修剪掉，并结束该命令，结果如下图所示。

❾ 单击【常用】选项卡 ➤【绘图】面板 ➤【圆】按钮，选择【相切、相切、半径】选项，然后在绘图区域中单击指定第一个切点，如下图所示。

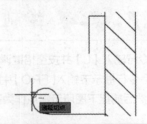

❿ 在绘图区域中移动光标单击指定第二个切点，如下图所示。

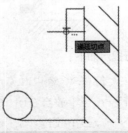

⓫ 在命令行提示下输入"260"并按【Enter】键确认，以指定圆的半径，结果如下图所示。

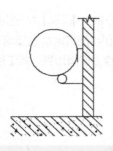

⑫ 在命令行输入【TR】并按空格键调用【修剪】命令，在绘图区域中选择两个圆形、一条竖直直线段及一段圆弧作为修剪边界，如下图所示。

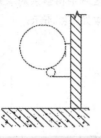

⑬ 在绘图区域中将多余对象修剪掉，并结束该命令，结果如下图所示。

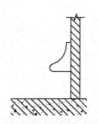

⑭ 在命令行输入【F】并按空格键调用【圆角】命令，圆角半径设置为"10"，然后在绘图区域中选择下图所示的两个图形对象作为需要圆角的对象。

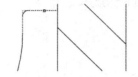

⑮ 结果如下图所示。

17·4·4 绘制挂式小便器（绘制直线段及矩形）

❶ 在命令行输入【L】并按空格键调用【直线】命令，在命令行提示下输入【FRO】并按【Enter】键确认，然后捕捉下图所示端点作为基点。

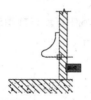

❷ 命令行提示如下。

基点：＜偏移＞:@-56,0
指定下一点或 [放弃 (U)]: @-14,-21
指定下一点或 [放弃 (U)]: @-32,0
指定下一点或 [闭合 (C)/ 放弃 (U)]:
@-14,21
指定下一点或 [闭合 (C)/ 放弃 (U)]: //
按【Enter】键结束该命令

❸ 结果如下图所示。

❹ 在命令行输入【REC】并按空格键调用【矩形】命令，然后在绘图区域中捕捉下图所示端点作为矩形的第一个角点。

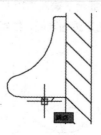

⑤ 在命令行提示下输入 "@32,-35" 并按 【Enter】键确认,以指定矩形的另一个角点, 结果如下图所示。

17·4·5 绘制安全抓杆

① 将 "安全抓杆" 层置为当前,在命令行输入【PL】并按空格键调用【多段线】命令,在命令行提示下输入【FRO】并按【Enter】键确认,然后在绘图区域中捕捉下图所示端点作为基点。

② 命令行提示如下。

基点:< 偏移 >:@0,675
当前线宽为 0.0000
指定下一个点或 [圆弧 (A)/ 半宽 (H)/ 长度 (L)/ 放弃 (U)/ 宽度 (W)]: @-450,0
指定下一点或 [圆弧 (A)/ 闭合 (C)/ 半宽 (H)/ 长度 (L)/ 放弃 (U)/ 宽度 (W)]: a
指定圆弧的端点 (按住 Ctrl 键以切换方向) 或
[角度 (A)/ 圆心 (CE)/ 闭合 (CL)/ 方向 (D)/ 半宽 (H)/ 直线 (L)/ 半径 (R)/ 第二个点 (S)/ 放弃 (U)/ 宽度 (W)]: @0,250
指定圆弧的端点 (按住 Ctrl 键以切换方向) 或
[角度 (A)/ 圆心 (CE)/ 闭合 (CL)/ 方向 (D)/ 半宽 (H)/ 直线 (L)/ 半径 (R)/ 第二个点 (S)/ 放弃 (U)/ 宽度 (W)]: l
指定下一点或 [圆弧 (A)/ 闭合 (C)/ 半宽 (H)/ 长度 (L)/ 放弃 (U)/ 宽度 (W)]: @450,0
指定下一点或 [圆弧 (A)/ 闭合 (C)/ 半宽 (H)/ 长度 (L)/ 放弃 (U)/ 宽度 (W)]: // 按

【Enter】键结束该命令

③ 结果如下图所示。

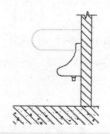

④ 在命令行输入【O】并按空格键调用【偏移】命令,偏移距离指定为 "50",将上一步绘制的多段线向内侧偏移,结果如下图所示。

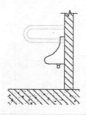

⑤ 在命令行输入【L】并按空格键调用【直线】命令,在命令行提示下输入【FRO】并按【Enter】键确认,然后在绘图区域中捕捉下图所示端点作为基点。

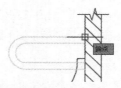

⑥ 命令行提示如下。

基点:< 偏移 >: @-275,255
指定下一点或 [放弃 (U)]: @0,-255
指定下一点或 [放弃 (U)]: @25,-25
指定下一点或 [闭合 (C)/ 放弃 (U)]:

@25,25

　　指定下一点或 [闭合 (C)/ 放弃 (U)]:
@0,255

　　指定下一点或 [闭合 (C)/ 放弃 (U)]:
// 按【Enter】键结束该命令

❼ 结果如下图所示。

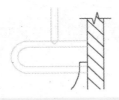

❽ 单击【常用】选项卡➤【绘图】面板➤【圆】按钮，选择【两点】选项，然后在绘图区域中分别捕捉上一步绘制的两条竖直直线段的上端

点作为圆直径的两个端点，结果如下图所示。

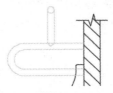

❾ 在命令行输入【TR】并按空格键调用【修剪】命令，选择步骤 1 ～ 8 绘制的图形作为修剪边界，对多余对象进行修剪操作，然后结束该命令，结果如下图所示。

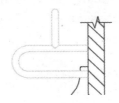

17.4.6 添加尺寸标注及文字说明

❶ 将"标注"层置为当前，在命令行输入【DLI】并按空格键调用【线性标注】命令，标注结果如下图所示。

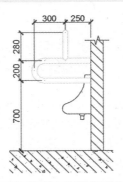

❷ 在命令行输入【MLD】并按空格键调用【多重引线标注】命令，标注结果如下图所示。

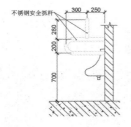

❸ 在命令行输入【DT】并按空格键调用【单行文字】命令，文字高度指定为"70"，旋转角度指定为"0"，并输入文字内容"挂式小便器右视图"，结束【单行文字】命令后结果如下图所示。

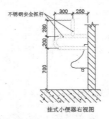

❹ 在命令行输入【L】并按空格键调用【直线】命令，在绘图区域中绘制两条任意长度的水平直线段，结果如下图所示。

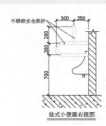

第6篇
高手秘籍篇

18 第章 AutoCAD 与 3D 打印

19 第章 AutoCAD 2018 辅助工具的使用

第

18

章

AutoCAD 与 3D 打印

 本章视频教程时间：23 分钟

高手指引

　　3D 打印技术最早出现在 20 世纪 90 年代中期，它与普通打印机工作原理基本相同，打印机内装有液体或粉末等"打印材料"，与计算机连接后，通过计算机控制把"打印材料"一层层叠加起来，最终把计算机上的蓝图变成实物。

　　3D 打印的流程是：先通过计算机建模软件建模，再将建成的 3D 模型"分区"成逐层的截面，即切片，然后指导打印机逐层打印。

重点导读

- 3D 打印的概念和应用领域
- 3D 打印的材料选择

18.1　什么是 3D 打印

本节视频教程时间：5 分钟

3D 打印（3DP）即快速成型技术的一种，它是一种以数字模型文件为基础，运用粉末状金属或塑料等可粘合材料，通过逐层打印的方式来构造物体的技术。

18.1.1　3D 打印与普通打印的区别

3D 打印与普通打印的原理相同，但又有着实实在在的区别，3D 打印与普通打印的区别见下表。

区别项	普通打印	3D 打印
打印材料	传统的墨水和纸张组成	主要是由工程塑料、树脂或石膏粉末组成的，这些成型材料都是经过特殊处理的，但是不同技术与材料各自的成型速度和模型强度以及分辨率、模型可测试性、细节精度都有很大区别
计算机模板	需要的是能构造各种平面图形的模板，如 Word、PowerPoint、PDF、Photoshop 等作为基础的模板	以三维的图形为基础
打印机结构	两轴移动架	三轴移动架
打印速度	很快	很慢

相对于普通打印机，3D 打印机有以下优缺点。

● 1. 优点

节省工艺成本：制造一些复杂的模具不需要增加太大成本，只需量身定做，多样化小批量生产即可。

节省流程费用：有些零件一次成型，无需组装。

设计空间无限：设计空间可以无限扩大，只有想不到的，没有打印不出来的模型。

节省运输和库存：零时间交付，甚至省去了库存和运输成本，只要家里有打印机和材料，直接下载 3D 模型文件即可完成生产。

减少浪费：减少测试材料的浪费，直接在计算机上测试模型即可。

精确复制：材料可以任意组合，并且可以精确地复制实体。

● 2. 缺点

打印机价格成本高：相对于几千元的普通打印机，3D 打印机动辄上万甚至几十万几百万。

材料昂贵：3D 打印机虽然在多材料打印上已经取得了一定的进展，但除非这些进展成熟并有效，否则材料依然会是 3D 打印的一大障碍。

道德底线问题：2012 年 11 月，苏格兰科学家利用人体细胞首次通过 3D 打印机打印出人造肝脏组织，如同克隆技术一样，我们在惊喜之余不禁要问，这是否有违道德，又该如何处理，如果无法尽快找到解决办法，可能会遇到极大的道德挑战。

18.1.2 3D 打印的成型方式

3D 打印最大特点是小型化和易操作，多用于商业、办公、科研和个人工作室等环境。而根据打印方式的不同，3D 打印技术又可以分为热爆式 3D 打印、压电式 3D 打印和 DLP 投影式 3D 打印等。

1. 热爆式 3D 打印

热爆式 3D 打印工艺的原理是将粉末由储存桶送出一定分量，再以滚筒将送出之粉末在加工平台上铺上一层很薄的原料，打印头依照 3D 计算机模型切片后获得的二维层片信息喷出粘着剂，粘住粉末。做完一层，加工平台自动下降一点，储存桶上升一点，刮刀由升高了的储存桶把粉末推至工作平台并把粉末推平，如此循环便可得到所要的形状。

3. DLP 投影式 3D 打印

工艺的成型原理是利用直接照灯成型技术 (DLPR) 把感光树脂成型，AutoCAD 的数据由计算机软件进行分层及建立支撑，再输出黑白色的 Bitmap 档。每一层的 Bitmap 档会由 DLPR 投影机投射到工作台上的感光树脂，使其固化成型。

DLP 投影式 3D 打印的优点：利用机器出厂时配备的软件，可以自动生成支撑结构并打印出完美的三维部件。

热爆式 3D 打印的特点是速度快（是其他工艺的 6 倍），成本低（是其他工艺的 1/6）。缺点是精度和表面光洁度较低。Zprinter 系列是全球唯一能够打印全彩色零件的三维打印设备。

2. 压电式 3D 打印

类似于传统的二维喷墨打印，可以打印超高精细度的样件，适用于小型精细零件的快速成型。相对来说设备维护更加简单，表面质量好，z 轴精度高。

18.2 3D 打印的应用领域

本节视频教程时间：1 分钟

3D 打印在航天、汽车、电子、建筑、医疗以及生活用品等诸多领域都有了广泛应用。

1. 航天科技

2014 年 8 月 31 日，美国宇航局的工程师们刚刚完成了 3D 打印火箭喷射器的测试。2014 年 9 月底，他们又完成首台成像望远镜，所有元件基本通过 3D 打印技术制造。这款长 50.8 毫米的望远镜将全部由铝和钛制成，而且只需通过 3D 打印技术制造 4 个零件即可。相比而言，传统制造方法所需的零件数是 3D 打印的 5~10 倍。此外，在 3D 打印的望远镜中，可将用来减少望远镜中杂散光的仪器挡板做成带有角度的样式，这是传统制作方法在一个零件中所无法实现的。

2. 汽车领域

世界第一台 3D 打印车已经问世——这辆由美国 Local Motors 公司设计制造、名叫"Strati"的小巧两座家用汽车开启了汽车行业新篇章。整个车身上靠 3D 打印出的部件总数为 40 个，相较传统汽车 20000 多个零件来说可谓十分简洁。充满曲线的车身先由黑色塑料制造，再层层包裹碳纤维以增加强度，这一制造设计尚属首创。

3. 电子领域

2014 年 11 月 10 日，全世界首款 3D

打印的笔记本电脑 Pi-Top 已开始预售了，价格仅为传统产品的一半。

4. 建筑领域

在建筑领域，有了 3D 打印技术之后，很多难以想象的复杂造型得以实现。

2014 年 8 月，10 幢 3D 打印建筑在上海张江高新青浦园区内交付使用，作为当地动迁工程的办公用房。这些"打印"的建筑墙体是用建筑垃圾制成的特殊"油墨"，按照计算机设计的图纸和方案，经一台大型 3D 打印机层层叠加喷绘而成，10 幢小屋的建筑过程仅花费 24 小时。

5. 医疗领域

3D 打印产品可以根据确切体形定制，因此通过 3D 打印制造的医疗植入物将提高一些人的生活质量。目前 3D 不仅可以打印钛质骨植入物、义肢及矫正设备等，还成功打印出了肝脏模型、头盖骨、脊椎、心脏等。

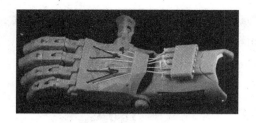

6. 生活用品

用 3D 打印的方式可满足造型复杂的小批量生活用品定制，既满足个性需求又物美价廉，如手机壳、灯罩、时装等。

18.3 3D 打印的材料选择

本节视频教程时间：2 分钟

据了解，目前可用的 3D 打印材料种类已超过 200 种，但对应现实中纷繁复杂的产品还是远远不够的。如果把这些打印材料进行归类，可分为石化产品类、生物类产品、金属类产品、石灰混凝土产品等几大类，在业内比较常用的有以下几种。

1. 工业塑料

这里的工业塑料是指用于工业零件或外壳材料的工业用塑料，是强度、耐冲击性、耐热性、硬度及抗老化性均优的塑料。

PC 材料：是真正的热塑性材料，具备工程塑料的所有特性。高强度，耐高温，抗冲击，抗弯曲，可以作为最终零部件使用，应用于交通工具及家电行业。

PC-ISO 材料：是一种通过医学卫生认证的热塑性材料，广泛应用于药品及医疗器械行业，可以用于手术模拟，颅骨修复，牙科等专业领域。

PC-ABS 材料：是一种应用最广泛的热塑性工程塑料，应用于汽车,家电及通信行业。

2. 树脂

这里的树脂指的是 UV 树脂，由聚合物单体与预聚体组成，其中加有光（紫外光）引发剂（或称为光敏剂）。在一定波长的紫外光（250~300nm）照射下立刻引起聚合反应完成固化。它一般为液态，一般用于制作高强度、耐高温、防水等的材料。

Somos 19120 材料为粉红色材质，铸造专用材料。成型后直接代替精密铸造的蜡膜原型，避免开模具的风险，大大缩短周期，拥有低留灰烬和高精度等特点。

Somos 11122 材料为半透明材质，类 ABS 材料，抛光后能做到近似透明的艺术效果。此种材料广泛用于医学研究、工艺品制作和工业设计等行业。

Somos Next 材料为白色材质，类 PC 新材料，材料韧性较好，精度和表面质量更佳，制作的部件拥有最先进的刚性和韧性结合。

3. 尼龙铝粉材料

这种材料在尼龙的粉末中掺杂了铝粉，利用 SLS 技术进行打印，其成品就有金属光泽，经常用于装饰品和首饰的创意产品的打印中。

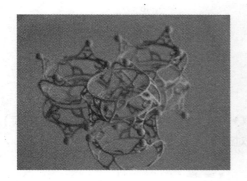

4. 陶瓷

陶瓷粉末采用 SLS 进行烧结，上釉陶瓷产品可以用来盛食物，很多人用陶瓷来打印个性化的杯子，当然 3D 打印并不能完成陶瓷的高温烧制，需要在打印完成之后进行高温烧制。

5. 不锈钢

不锈钢坚硬，而且有很强的牢固度。不锈钢粉末采用 SLS 技术进行 3D 烧结，可以

选用银色、古铜色以及白色。不锈钢可以制作模型、现代艺术品以及很多功能性和装饰性的用品。

6. 有机玻璃

有机玻璃材料表面光洁度好，可以打印出透明和半透明的产品，目前利用有机玻璃材质，可以打出牙齿模型用于牙齿矫正的治疗。

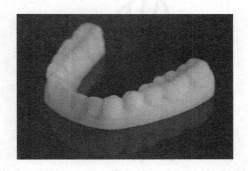

7. 石膏

石膏粉末是一种优质复合材料，颗粒均匀细腻，颜色超白，这种材料打印的模型可磨光、钻孔、攻丝、上色并电镀，实现更高的灵活性。打印模型的应用行业包括：运输、能源、消费品、娱乐、医疗保健、教育等市场。

18.4 打印温莎椅模型

本节视频教程时间：11 分钟

我们这里主要介绍将 "dwg" 格式的 3D 图转换成为 3D 打印机认识的 "stl" 格式，然后在 Repetier Host V1.06 打印软件中进行打印设置。具体的打印机设置以及最终的成型，根据各打印机型号不同设置也不同，打印成型时间也不一致，我们这里暂不做介绍。

18.4.1 将 "dwg" 文件转换为 "stl" 格式

设计软件和打印机之间协作的标准文件格式是 "stl" 文件格式，因此在打印前首先应将 AutoCAD 生成的 "dwg" 文件转换成 "stl" 格式。将 "dwg" 格式转换为 "stl" 格式的具体操作步骤如下。

❶ 打开 "素材 \CH18\ 温莎椅 .dwg" 文件，如下图所示。

❷ 选择【输出】选项卡➤【三维打印】面板➤【发送到三维打印服务】按钮，AutoCAD 弹出【三维打印 –准备打印模型】对话框，如下图所示。

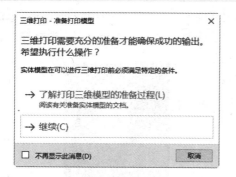

❸ 单击【继续】按钮，当十字光标变成选择状态时，选择整个温莎椅，如下图所示。

❹ 按空格键结束选择后弹出【三维打印选项】对话框，如下图所示。

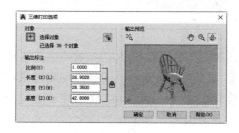

❺ 单击【确定】按钮，在弹出的【创建 STL 文件】对话框中选择合适的保存位置，将图形保存为 "温莎椅 .stl"，如下图所示。

 提示 在 AutoCAD 2018 中除了通过面板调用【输出】命令外，还可以通过以下方法调用输出命令。

（1）选择【文件】➤【输出】菜单命令。

（2）在命令行输入【EXPORT/EXP】命令并按空格键确定。

（3）单击应用程序 **A** ➤【输出】➤【其他格式】选项。

在弹出的【输出数据】对话框中选择文件类型为"平版印刷（*.stl）"即可。

18.4.2 安装 3D 打印软件

3D 打印软件有很多种，我们这里主要介绍接下来要用到的 Repetier Host V1.06 的安装。

❶ 打开放置安装程序的文件夹，然后双击 setupRepetierHost_1_0_6.exe 文件，弹出语言选择对话框，如下图所示。

❷ 选择语言后单击【OK】，进入到安装欢迎界面，如下图所示。

❸ 单击【Next】按钮，进入到安装条款界面，选择【I accept the agreement】选项，然后单击【Next】按钮。

❹ 在弹出的选择安装路径界面，单击【Browse……】选择程序要放置的位置，然后单击【Next】按钮，如下图所示。

❺ 在弹出的界面选择切片程序，这里选择默认的程序即可，然后单击【Next】按钮。

⑥ 在弹出的界面选择开始程序放置的位置，选择默认位置即可，如下图所示。

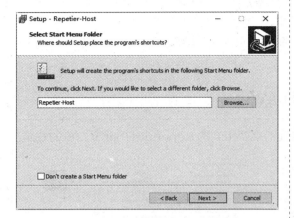

⑦ 在弹出的界面选择【Create a desk icon】，然后单击【Next】按钮，如下图所示。

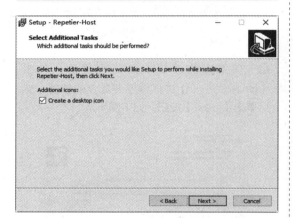

⑧ 在弹出的准备安装界面上单击【Install】按钮，如下图所示。

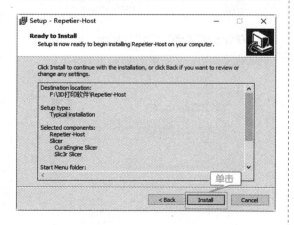

⑨ 程序按照指定的安装位置进行安装，如下图所示。

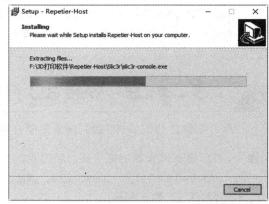

⑩ 安装完成后弹出安装完成界面，如下图所示。

⑪ 上一步如果选择了【Launch Repetier-Host】按钮，单击【Finish】按钮会弹出程序界面，如下图所示。

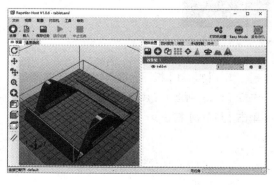

18.4.3 Repetier Host 打印设置

将 "dwg" 文件转换为 "stl" 文件后，接下来将转换后的 3D 模型载入 Repetier Host，然后进行切片并生成代码，最后运行任务打印即可完成温莎椅模型的 3D 打印。

1. 载入模型

❶ 启动 Repetier Host 1.06，如下图所示。

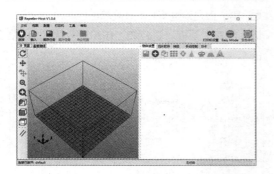

❷ 单击【载入】按钮📄，在弹出的【导入 Gcode 文件】对话框中选择上节转换的 "stl" 文件，如下图所示。

❸ 将 "温莎椅 .stl" 文件导入后如下图所示。

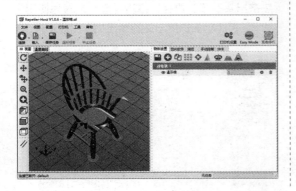

❹ 按【F4】键将视图调整为 "适合打印体积" 视图，如下图所示。

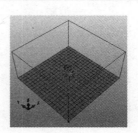

> 📝 **提示** 左侧窗口辅助平面上面有一个框，这个加上框的辅助平面，形成了一个立方体，代表该 3D 打印机所能打印的最大范围。如果 3D 打印机的设置是正确的，只要 3D 模型在这个框里面，就不用担心超出可打印范围，或打印的过程中出现问题。如果需要近距离观察模型，按【F5】键，即可回到 "适合对象" 视图，如下图所示。
>
>

❺ 单击左侧工具栏的旋转按钮↻，然后按住鼠标左键可以对模型进行旋转，多方位观察模型，如下图所示。

提示　单击✥按钮可以不以盒子的中心为中心进行平移，而是以模型的中心为中心进行平移。单击✥按钮，可以让模型在 x-y 平面上移动，而不会在 z 轴上改变模型的位置。

⑥ 单击右侧窗口工具栏的缩放物体按钮▲，在弹出的控制面板上将 x 轴方向的比例改为 1.5 倍，如下图所示。

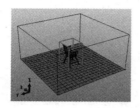

提示　有的时候载入的模型尺寸不对，太大或者太小，这时候就需要使用缩放功能了。默认情况下，x, y, z 三个轴是锁定的，也就是在 x 里面键入的数值，如 1.5 倍，会同时在三个轴方向上起作用。

2. 切片配置向导设置（首次进入切片才会出现）

❶ 单击右侧窗口【切片软件】选项卡，如下图所示。

❷ Repetier Host 1.06 有两个切片软件，即 Slic3r 和 CuraEngine，这里选择默认的 Slic3r，单击【配置】按钮，稍等几秒钟后会弹出配置向导窗口（首次进入 Slic3r 会弹出该窗口），如下图所示。

❸ 第一页是欢迎窗口，直接单击【Next】按钮，进入到第二页面，选择和上位机固件相同风格的 G-code，如下图所示。

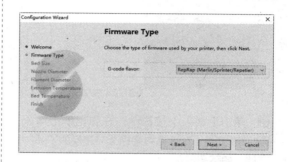

❹ 单击【Next】按钮，进入第三页面按照热床的实际尺寸进行填写，如下图所示。

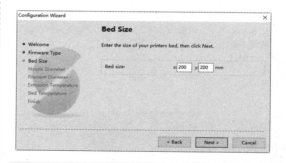

❺ 单击【Next】按钮，进入第四页面，设置加热挤出头的喷头直径，将喷头直径设置为使用的 3D 打印机加热挤出头的直径，如下图所示。

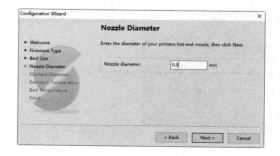

提示 加热挤出头直径通常在 0.2~0.5mm，根据自己使用的打印机的实际情况进行填写即可。

❻ 单击【Next】按钮，进入第五页面设置塑料丝的直径尺寸，如下图所示。

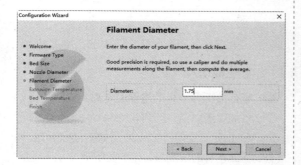

 提示 塑料丝目前有两种标准，3mm 和 1.75mm，根据自己的 3D 打印机使用的塑料丝，把数字填入即可。

❼ 单击【Next】按钮，进入第六页面设置挤出头加热温度，如下图所示。

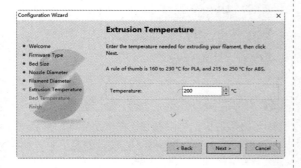

 提示 PLA 大约要设置在 160℃ ~230℃，ASB 大约要设置在 215℃ ~250℃。
这里设置的是 200℃，如果发现无法顺利出丝，再适当调高温度。

❽ 单击【Next】按钮，进入第七页面设置热床温度，根据使用的材料填入相应的温度，如果使用 PLA 材料，就填入数字 60，如果使用的是 ABS 就填入 110，如下图所示。

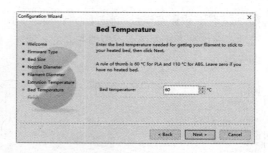

❾ 单击【Next】按钮，进入最后一页，单击【Finish】按钮结束整个设置后自动回到切片主窗口设置。

3. 切片主窗设置

❶ 切片配置向导设置完毕后回到切片主窗口设置，选择【Print Settings】选项卡➤【Layers and perimeters】选项，在这里对层高和第一层高度进行设置，如下图所示。

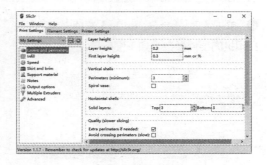

 提示 为了达到最好的效果，层高最大不应该超过挤出头喷嘴直径的 80%。由于我们使用了 Slic3r 向导设置了喷嘴的直径是 0.3mm，这里最大可以设定 0.24mm。
如果使用一个非常小的层高值（小于 0.1mm），那么第一层的层高就应该单独设置。这是因为一个比较大的层高值，使得第一层更容易粘在加热板上，有助于提高整体 3D 打印的质量。

❷ 层和周长设置完毕后，单击【Infill（填充）】选项，在该选项界面可以设置填充密度、填充图样等。

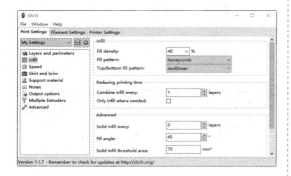

❸ 填充设置完毕后，单击【Flament Settings】选项卡，在该选项卡下可以查看设置向导中设置的耗材相关的参数，如下图所示。

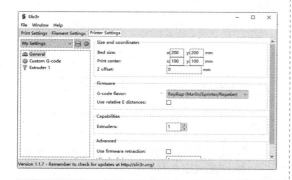

❹ 单击【Printer Settings】选项卡查看关于打印机的硬件参数，如下图所示。

❺ 单击左侧窗口列表的【Extruder 1】选项，可以查看挤出头的参数设定，如下图所示。

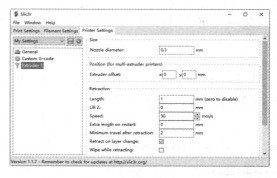

4. 生成切片

❶ 所有关于 Slic3r 的基础设定都完成后关闭 Slic3r 的配置窗口，回到 Repetier-Host 主窗口，单击【开始切片 Slic3r】按钮，之后可以看到生成切片的进度条，如下图所示。

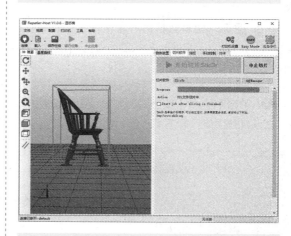

❷ 代码生成过程完成之后，窗口会自动切换到预览标签页，可以看到，左侧是完成切片后的模型 3D 效果，右侧是一些统计信息。

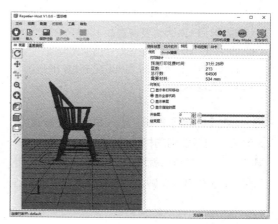

❸ 在预览中可以查看每一层3D打印的情况，例如我们将结束层设置为 50，然后选择【显示指定的层】就可以查看第 50 层的打印情况，如下图所示。

编辑 G-code 代码，如下图所示。

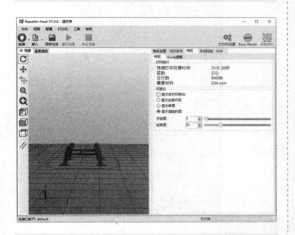

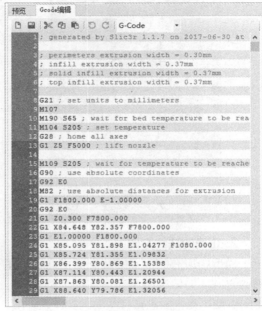

❹ 单击【Gcode】编辑标签，可以直接观察、

5. 运行任务

运行任务本身很简单，首先确定 Repetier-Host 已经和 3D 打印机连接好了，然后单击【运行任务】按钮，任务就开始运行了。打印最开始的阶段，实际上是在加热热床和挤出头，除了状态栏上有些基础信息之外，程序没什么动静，因此开始阶段没什么声音，挤出头可能也不会移动。

高手私房菜

📽 本节视频教程时间：4 分钟

技巧：3D 模型打印的要求

3D 打印机对模型有一定的要求，不是所有的 3D 模型都可以未经处理就能打印。首先 STL 模型要符合打印尺寸，与现实中的尺寸一致，其次就是模型的密封要好，不能有开口。至于面片的法向和厚度，可以在软件里设置，也可以在打印机设置界面设置。不同的打印机一般都有自己的打印程序设置软件，但其原理都是相同的，就像我们在计算机中的普通打印机设置一样。

1. 3D 模型必须是封闭的

3D 模型必须是封闭的，模型不能有开口边。有时要检查出模型是否存在这样的问题有些困难，如果不能发现此问题，可以使用【netfabb】这类专业的 STL 检查工具对模型进行检查，它会标记出存在开口问题的区域。

下图是未封闭（下一图）的模型和封闭（下二图）的模型对比图，如果给这两个轮胎充气，右边的轮胎肯定可以充满，左边的则是漏气的。

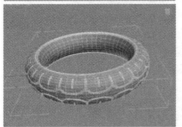

下一图是一个带厚度的轮胎模型,这个厚度是在软件中制作而成的。下二图是不带厚度的模型,可以在打印软件中设置打印厚度。

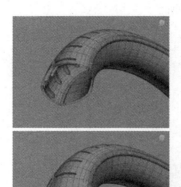

2. 正确的法线方向

模型中所有的面上的法向需指向一个正确的方向。如果模型中包含了颠倒的法向,打印机就不能判断出是模型的内部还是外部。

如果将下一图的中下半部分的面进行法向翻转,得到的是下二图中翻转的面,这样模型是无法进行 3D 打印的。

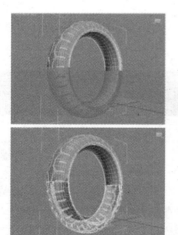

3. 3D 模型的最大尺寸和壁厚

3D 模型最大尺寸根据 3D 打印的最大尺寸而定,当模型超过打印机的最大尺寸时,模型就不能被完整地打印出来。

打印机的喷嘴直径是一定的,打印模型的壁厚应考虑到打印机能打印的最小壁厚,否则,会出现失败或错误的模型。

4. 设计打印底座

用于 3D 打印的模型最好底面是平坦的,这样既能增加模型的稳定性,又不需要增加支撑。可以直接用于截取底座获得平坦的底面,或者添加个性化的底座。

5. 预留容差度

对于需要组合的模型,需要特别注意预留容差度。要找到正确的度比较困难,一般在需要紧密结合的地方预留 0.8mm 的宽度,在较宽松的地方预留 1.5mm 的宽度。

6. 删除多余的几何形状和重复的面片

建模时的一些参考点、线、面以及一些隐藏的几何形状,在建模完成时需要删除这些多余的几何形状。

建模时两个面叠加在一起就会产生重复面片,需要删除重复的面片。

第**19**章

AutoCAD 2018 辅助工具的使用

本章视频教程时间：20 分钟

高手指引

　　AutoCAD 2018 具有强大的图形绘制功能，但要在没有安装 AutoCAD 的计算机上查看或简单编辑 AutoCAD 文件，重新安装 AutoCAD 就会比较麻烦，这时就可以安装一些辅助的小工具来查看或进行简单编辑，本章将介绍一些常用的 AutoCAD 2018 辅助工具的使用。

重点导读

+ 掌握看图工具的使用方法
+ 掌握简易画图工具的使用方法
+ 掌握中望 CAD 2017 的扩展功能

19.1 看图工具的使用

本节视频教程时间：3 分钟

　　有很多实用的小工具，可以方便地在没有安装 AutoCAD 的计算机中查看 DWG 文件。

　　CAD 迷你看图是一款小巧的 DWG 文件浏览工具，支持 AutoCAD DWG/DXF 等常用图纸文件，不用打开 AutoCAD 即可轻松完成图形文件的管理和浏览工作。可脱离 AutoCAD 浏览多张 DWG 和 DXF 图纸，有平移、缩放、打印、批注和保存转换版本等功能。使用 CAD 迷你看图工具查看 CAD 文件的具体操作步骤如下。

❶　下载、安装并启动 CAD 迷你看图件，单击【打开图纸】按钮。

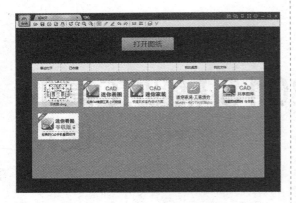

❷　在弹出的【打开】对话框中选择"素材\CH19\组合柜.dwg"文档，并单击【打开】按钮。打开 CAD 图纸文件，单击工具栏中的【平移】按钮，即可移动图形。

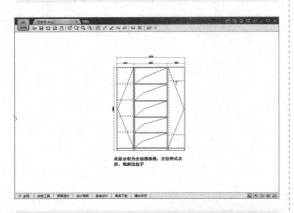

❸　单击工具栏中的【实时缩放】按钮，即可放大或缩小图形。

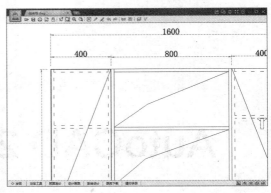

> **提示**　向上滚动鼠标中间的滚轮或按住鼠标左键向上拖曳可放大图形，向下滚动鼠标中间的滚轮或按住鼠标左键向下拖曳可缩小图形。

❹　单击工具栏中的【返回全图】按钮，即可显示全部图形。

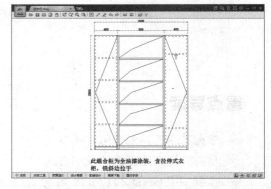

❺　单击工具栏中的【测量长度】按钮，在图形查看区域单击选择需要测量长度的线段的第一个端点，并依次选择其他端点。

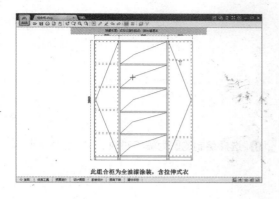
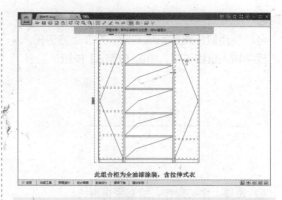

提示 单击【测量面积】按钮可测量选择区域的面积，方法与测量长度的方法类似，这里不再赘述。

⑦ 在合适位置处单击，即可显示测量结果。

⑥ 按【Esc】键结束直线的选择，即可自动显示测量直线的长度，拖曳鼠标光标可以改变标注的位置。

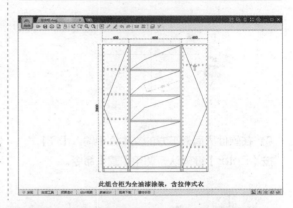

19.2 简易画图工具的使用

本节视频教程时间：3 分钟

CAD 迷你画图是一款小巧实用的 CAD 画图软件。它是目前 CAD 画图中最简单易用的画图软件，支持 DWG 文件选择性打印、DWG 格式转 PDF 格式文件、简明 CAD 画图工具、快速浏览 DWG 图纸功能和尺寸测量和标注功能。使用 CAD 迷你画图工具绘制灯具平面图的具体操作步骤如下。

❶ 启动 CAD 迷你画图软件，单击【新建图纸】按钮。

❷ 即可在新选项卡中新建"新文件 1"文件，单击【直线】按钮，在绘图区任意一点单击，以指定直线上的第一点。

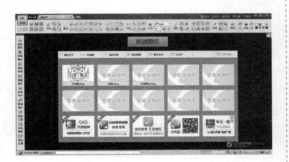

❸ 拖曳鼠标并单击指定直线上的第二点，也可以使用鼠标选择直线方向，并在上方的输入框中输入直线长度，单击【确定】按钮。

❹ 重复上面的操作，绘制竖直直线。

❺ 在软件界面最下方的文本框中输入【C】，按【Enter】键确认，调用【圆】命令。

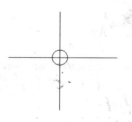

❻ 单击两条直线的交点，将其指定为圆的圆心，拖曳鼠标并单击，指定圆的半径。

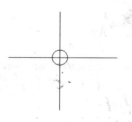

❼ 单击【偏移】按钮，在绘图区任意单击一点，在绘图区上方的输入框中输入"1200"，单击【确定】按钮。

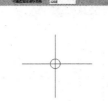

❽ 选择绘制的圆为偏移对象。

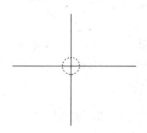

❾ 在圆外侧任意位置单击一点，指定偏移一侧的点，按【Esc】键或单击鼠标右键结束【偏移】命令。查看绘制的同心圆。

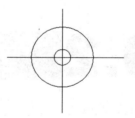

❿ 选择同心圆中的小圆，单击【复制】按钮，绘图区上方将显示【复制：已复制到剪贴板】。

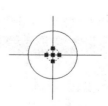

⓫ 单击【粘贴】按钮，单击同心圆中大圆与竖直直线上方的交点，完成圆的复制。

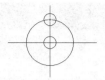

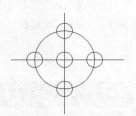

⑫ 重复上述步骤，依次选择大圆与直线的交点，完成灯具平面图的绘制，最后只需要保存绘制完成的图形即可。

提示 CAD 迷你画图工具仅有 AutoCAD 软件的部分命令，这部分命令使用方法与 AutoCAD 稍有不同，但大致类似。

19.3 中望 CAD 2017 的使用

本节视频教程时间：12 分钟

中望 CAD，是中望数字化设计软件有限责任公司自主研发的新一代二维 CAD 平台软件，运行更快更稳定，功能持续进步，更兼容最新 DWG 文件格式；创新的智能功能系列，如智能语音、手势精灵等，简化 CAD 设计，是 CAD 正版化的首选解决方案。

19.3.1 认识中望 CAD 2017

2016 年 5 月，中望 CAD 推出了最新版本中望 CAD 2017。作为广州中望数字化设计软件有限责任公司自主研发的全新一代二维 CAD 平台软件，中望 CAD 通过独创的内存管理机制和高效的运算逻辑技术，软件在长时间的设计工作中快速稳定运行；动态块、光栅图像、关联标注、最大化视口、CUI 定制 Ribbon 界面系列实用功能，手势精灵、智能语音、Google 地球等独创智能功能，最大限度提升生产设计效率；强大的 API 接口为 CAD 应用带来无限可能，满足不同专业应用的二次开发需求。

19.3.2 中望 CAD 2017 的安装

中望 CAD 2017 的安装步骤如下。

❶ 双击中望 CAD 2017 的安装程序，弹出安装向导界面，单击【安装】按钮，如下图所示。

❷ 弹出选择安装产品界面，选择需要安装产品后，单击【下一步】按钮，如下图所示。

❸ 弹出许可证协议面板，勾选【我接受许可协议中的条款】复选框，单击【下一步】按钮。如下图所示。

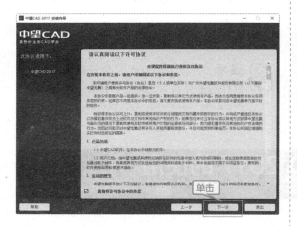

❹ 弹出【配置】界面，单击【更改】按钮，选择安装路径，选择好安装路后单击【下一步】按钮，如下图所示。

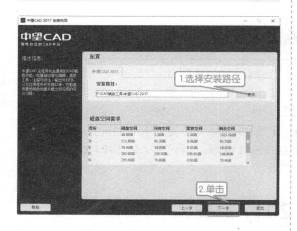

❺ 开始安装程序，如下图所示。

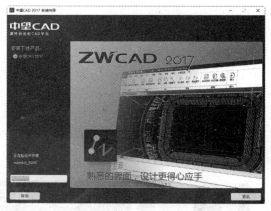

❻ 程序安装完成后，弹出【安装完成】界面，选择【Ribbon 样式】，然后单击【完成】按钮即可完成安装，如下图所示。

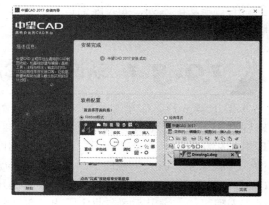

提示　中望 CAD 有很多产品，例如机械版、建筑版、电气版、通信版等，我们这里选择的是通用版本。

19·3·3　中望 CAD 2017 的工作界面

中望 CAD 2017 与 Auto CAD 2018 的界面非常相似，由功能选项按钮、标题栏、快速访问工具栏、绘图窗口、命令窗口和状态栏组成，如下图所示。

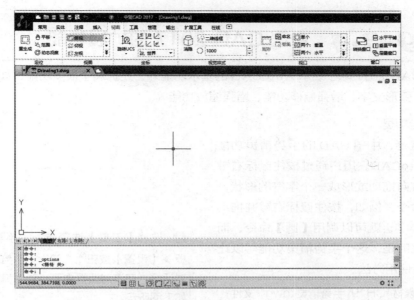

中望 CAD 2017 的界面显示大部分与 AutoCAD 2018 相似，功能也相同。中望 CAD 2017 没有三维建模窗口和三维基础窗口，但并不是说就不能创建和显示三维图形。

❶ 打开"CH19\ 显示三维图形 .dwg"文件，如下图所示。

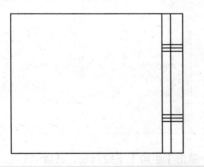

❷ 选择【视图】选项卡➤【视图】面板➤【西南等轴测】，如下图所示。

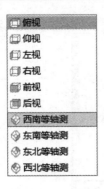

❸ 结果如下图所示。

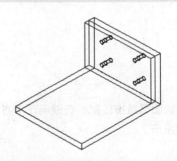

❹ 单击【视图】选项卡➤【视觉样式】面板➤【消隐】按钮，结果如下图所示。

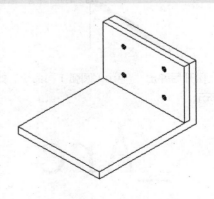

19·3·4 中望 CAD 2017 的扩展功能

中望 CAD 2017 除了继承 AutoCAD 的基本功能外，还扩展了很多功能，如手势精灵、智能语音、弧形文字、增强偏移功能、增强缩放功能等。

1. 手势精灵

毋庸置疑，中望 CAD 的手势精灵功能领先于 AutoCAD。用户通过按住鼠标右键并向一定方向拖动或形成一个字符的形状，即可调用命令。例如，按住鼠标右键并拖动形成一个 C 字，就可以调用【圆】命令；而更为人性化的是，这个手势精灵功能可以让用户自定义使用方法。

❶ 打开"素材 \CH19\ 手势精灵 .dwg"文件，如下图所示。

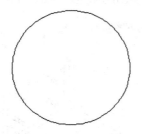

❷ 在绘图区域按住鼠标右键向左下方拖动，如下图所示。

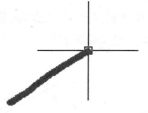

❸ 松开后弹出"_Arc（圆弧）"命令，如下图所示。

_Arc

❹ 然后在绘图区域任意单击三点，绘制一段与圆相交的圆弧，如下图所示。

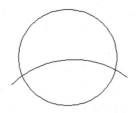

❺ 选择【工具】选项卡➤【手势精灵】面板➤【设置】按钮，弹出【手势精灵设置】对话框，在该对话框中可以对手势进行设置，如下图所示。

❻ 单击【手势】下拉列表，选择"T"，如下图所示。

❼ 在【命令】输入窗口输入 "_Trim"，然后单击【添加】按钮，如下图所示。

❽ 单击【保存】按钮，回到绘图窗口后按住鼠标右键"写"一个"T"，如下图所示。

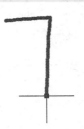

❾ 松开后弹出 "_Trim（修剪）" 命令，如下图所示。

_Trim

❿ 然后选择圆弧和圆进行修剪，结果如下图所示。

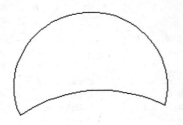

提示 （1）手势精灵只有在手势精灵启动下才可以使用，即通过选择【工具】选项卡➤【手势精灵】面板➤【手势精灵】按钮使其处于激活状态下才可以使用。

（2）手势精灵根据书写自动判断，因此书写不准确时可能会判断失误，出现其他命令。

2. 智能语音

中望 CAD 2017 的智能语音功能能够将音频插入到 CAD 文件中，智能语音功能在多个部门进行图纸交流的时候能发挥很好的作用，比传统的文字注解更加生动、直观明了。

❶ 打开 "素材\CH19\智能语音.dwg" 文件，如下图所示。

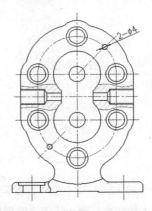

❷ 选择【工具】选项卡➤【智能语音】面板➤【创建语音】按钮，然后捕捉图中的中心点为插入点，如下图所示。

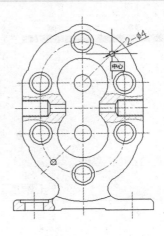

❸ 插入后如下图所示。

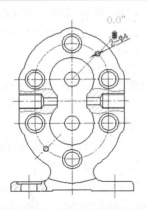

❹ 鼠标单击录音图标，然后按住鼠标左键进行录音，如下图所示。

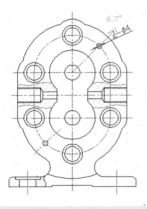

❺ 选择【工具】选项卡➤【智能语音】面板➤【语音管理器】按钮，弹出【语音管理器】对话框，在该对话框中可以对语音进行播放、查找、删除或设置，如下图所示。

❻ 选中该段语音，单击【设置】按钮，在弹出的【语音设置】对话框中可以选中显示或隐藏语音图标，也可以更改录音人和语音类型，如下图所示。

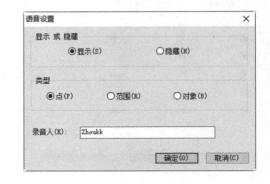

3. 创建弧形文字

在 AutoCAD 中创建弧形文字非常困难，但是在中望 CAD 2017 中创建弧形文字非常简单，具体操作步骤如下。

❶ 打开中望 CAD 2017，新建一个图形文件，选择【常用】选项卡➤【绘制】面板➤单击三点绘制圆弧按钮，然后任意单击三点绘制一段圆弧，如下图所示。

❷ 选择【扩展工具】选项卡➤【文本工具】面板➤【弧形文本】按钮，然后选择刚绘制的圆弧，在弹出的创建弧形文字对话框中进行下图所示的设置。

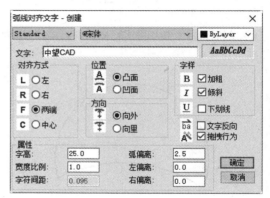

❸ 单击【确定】按钮后结果如下图所示。

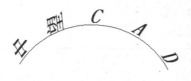

4. 增强偏移功能

中望 CAD 2017 中在偏移多段线的同时可以创建圆角和倒角，具体操作步骤如下。

❶ 打开"素材 \CH19\ 增强偏移功能 .dwg"文件，如下图所示。

❷ 选择【扩展工具】选项卡 ➤【编辑工具】面板 ➤【增强偏移】按钮，命令行提示如下。

命令：_EXOFFSET
设置：距离 = 30，图层 = Source 偏移类型 = Normal：
指定偏移距离或 [通过 (T)] <30>：10
选择偏移对象或 [选项 (O)/ 取消 (U)]：o
指定一个选项以设置：[距离 (D)/ 图层 (L)/ 偏移类型 (G)]：G
为 PLINE 对象指定偏移类型 [正常 (N)/ 圆角 (F)/ 倒角 (C)]：F
指定一个选项以设置：[距离 (D)/ 图层 (L)/ 偏移类型 (G)]：　　　 // 按空格键
选择偏移对象或 [选项 (O)/ 取消 (U)]：　 // 选择矩形
指定点以确定偏移所在一侧或 [选项 (O)/ 取消 (U)]：
　　　 // 在矩形外侧任意一点单击
选择偏移对象或 [选项 (O)/ 取消 (U)]：
// 按空格键结束命令

❸ 偏移后结果如下图所示。

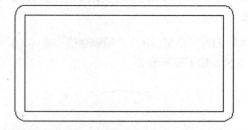

❹ 重复步骤 2，命令行提示如下：

命令：EXOFFSET
设置：距离 = 10，图层 = Source 偏移类型 = Fillet：
指定偏移距离或 [通过 (T)] <10>：20
选择偏移对象或 [选项 (O)/ 取消 (U)]：o
指定一个选项以设置：[距离 (D)/ 图层 (L)/ 偏移类型 (G)]：G
为 PLINE 对象指定偏移类型 [正常 (N)/ 圆角 (F)/ 倒角 (C)]：C
指定一个选项以设置：[距离 (D)/ 图层 (L)/ 偏移类型 (G)]：　　　 // 按空格键
选择偏移对象或 [选项 (O)/ 取消 (U)]：　 // 选择矩形
指定点以确定偏移所在一侧或 [选项 (O)/ 取消 (U)]：
　　　 // 在矩形外侧任意一点单击
选择偏移对象或 [选项 (O)/ 取消 (U)]：
// 按空格键结束命令

❺ 偏移后结果如下图所示。

5. 增强缩放功能

AutoCAD 中的缩放功能是等比例缩放，即 x 轴和 y 轴同比例缩放，但是在中望

CAD 2017 中增强缩放功能却能不等比例缩放，及 x 轴和 y 轴的缩放比例不相同，具体操作步骤如下。

❶ 打开"素材 \CH19\ 增强缩放功能 .dwg"文件，如下图所示。

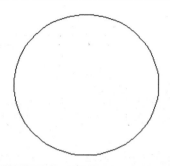

❷ 选择【扩展工具】选项卡 ➤【编辑工具】面板 ➤【增强缩放】按钮，命令行提示如下。

```
命令：_EXSCALE
请选取要缩放的实体 < 退出 >：
 找到 1 个                // 选择圆
请选取要缩放的实体 < 退出 >：      // 按空格键
X 方向比例 < 退出 >：1
Y 方向比例 < 退出 >：2
```

❸ 缩放后结果如下图所示。

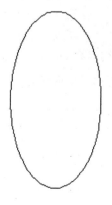

6. 创建折断线

在绘制较大图形时，对于中间相同的部分，常用折断线将其省去，在 AutoCAD 中绘制折断线比较困难，但在中望 CAD 2017 中可以直接用折断线命令绘制，具体操作步骤如下。

❶ 打开"素材 \CH19\ 创建折断线 .dwg"文件，如下图所示。

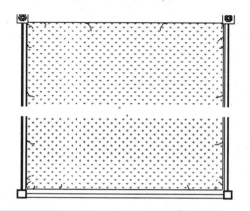

❷ 选择【扩展工具】选项卡 ➤【编辑工具】面板 ➤【折断线】按钮，根据命令行提示进行如下设置。

```
命令：BREAKLINE
块 = BRKLINE.DWG，块尺寸 = 1.000，延伸距 = 1.250.
指定折线起点或 [ 块 (B)/ 尺寸 (S)/ 延伸 (E)]:s
折线符号尺寸 <1.000000>:3
块 = BRKLINE.DWG，块尺寸 = 3.000，延伸距 = 1.250.
指定折线起点或 [ 块 (B)/ 尺寸 (S)/ 延伸 (E)]:e
折线延伸距离 <1.250000>:50
块 = BRKLINE.DWG，块尺寸 = 3.000，延伸距 = 50.000.
```

❸ 当命令提示指定折断线起点时，捕捉左侧最外侧直线的端点，如下图所示。

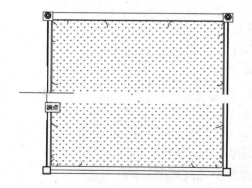

❹ 当命令提示指定折断线终点时，捕捉右侧最外侧直线的端点，如下图所示。

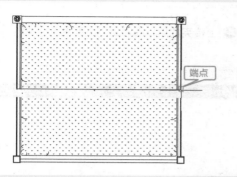

❺ 当命令提示指定折线符号位置时，捕捉折线的中点，如下图所示。

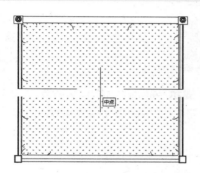

❻ 折断线创建完成后如下图所示。

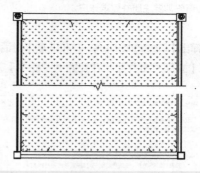

❼ 重复上述步骤，绘制另一条折断线，结果如下图所示。

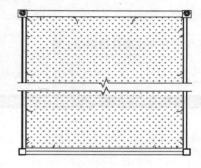

高手私房菜

本节视频教程时间：2 分钟

技巧：AutoCAD 共享设计视图的应用

在 AutoCAD 2018 中可以将设计视图上载到 AutoCAD 提供的安全的云位置，以便从浏览器查看和共享文件。审阅者无需登录或甚至无需基于 AutoCAD 的产品即可查看您的图形，并且无法替换您的 DWG 源文件

❶ 打开"素材 \CH19\ 轴套 .dwg"文件，单击【A360】选项卡下【共享】组中的【共享设计视图】按钮。

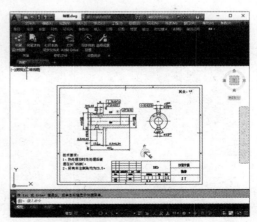

提示 使用 AutoCAD 2018 共享设计视图时，首先需要注册并登录账户。

提示 需要使用支持 WebGL 标准的浏览器才能正常上载，如 Chrome 和 Firefox 浏览器。

❷ 弹出【DesignShare-发布选项】对话框，选择【立即发布并显示在我的浏览器中】选项。

❹ 上传完成后，即可看到共享的视图文件。

❸ 即可打开浏览器并且自动上传。

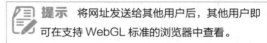

提示 将网址发送给其他用户后，其他用户即可在支持 WebGL 标准的浏览器中查看。